高等学校机械设计制造及其自动化专业系列教材

材 料 力 学

（第三版）

主　编　张功学　李建军

西安电子科技大学出版社

✳ 内 容 简 介 ✳

本书根据教育部《高等学校理工科非力学专业力学基础课程教学基本要求》对材料力学课程的内容加以精选，考虑到机械类卓越工程师培养的需求，在保证基础扎实的前提下广泛涉及诸多工程实践，强化对学生工程应用能力的培养。

全书共 12 章。前 6 章为材料力学基础与基本变形，第 7、8 两章为应力状态分析与组合变形，第 9 章为压杆稳定，第 10 章为构件的疲劳强度，第 11 章为能量法，第 12 章为静不定问题分析。各章均附有思考题与习题，并在书末附有习题答案。本书的推荐学时数为 56～80 学时。

本书可供本科机械、包装、土木、航空、航天、装备、制造、地质、采矿、冶金、材料专业学生学习之用。

图书在版编目(CIP)数据

材料力学/张功学，李建军主编． －3 版． －西安：西安电子科技大学出版社，2022.9
ISBN 978 - 7 - 5606 - 6535 - 1

Ⅰ. ①材… Ⅱ. ①张… ②李… Ⅲ. ①材料力学－高等学校－教材
Ⅳ. ①TB301

中国版本图书馆 CIP 数据核字(2022)第 111065 号

策　　划　马乐惠
责任编辑　张　玮
出版发行　西安电子科技大学出版社(西安市太白南路 2 号)
电　　话　(029)88202421　88201467　　邮　编　710071
网　　址　www. xduph. com　　　　电子邮箱　xdupfxb001@163.com
经　　销　新华书店
印刷单位　咸阳华盛印务有限责任公司
版　　次　2022 年 9 月第 3 版　　2022 年 9 月第 1 次印刷
开　　本　787 毫米×1092 毫米　1/16　印张 18.5
字　　数　435 千字
印　　数　1～2000 册
定　　价　44.00 元
ISBN 978 - 7 - 5606 - 6535 - 1/TB
XDUP 6837003 - 1
＊＊＊如有印装问题可调换＊＊＊

前 言

本书是以第二版为基础，综合考虑了"材料力学"课程的教学实际和体现材料力学研究内容与时俱进的要求，整体上仍保持第二版的体系、特色及风格修订而成的。

与第二版相比，本书在内容和编排方面做了必要的增删与修改，依据最新的规范和标准，更新了相关的计算公式和数据表格，增删了相应的例题和习题，更正了第二版中存在的不妥之处。为了方便师生使用第三版教材，全书采用 N、mm、MPa 单位制。

本版的修订工作由张功学、李建军、赵志明和高羡明四位老师完成。其中，张功学负责第 1 章～第 3 章的修订；李建军负责第 4 章～第 6 章的修订；赵志明负责第 7 章～第 9 章的修订；高羡明负责第 10 章～第 12 章的修订；张功学和李建军对全书进行了统稿校阅，并担任本书主编。另外，王永琴、雷静、张艳华、刘苗、何冰冰、晋会锦老师在例题、图形、习题的校核等方面做了大量工作。

限于编者水平，书中难免存在疏漏和不足之处，敬请广大师生和读者批评指正。

编　者

2022 年 3 月

第二版前言

本书第一版出版后，我们听取了兄弟院校教师及广大读者的意见，依据教育部《高等学校理工科非力学专业力学基础课程教学基本要求》，结合当前材料力学课程的教学实际，对第一版教材进行了修改。

此次修订对全书的内容和文句做了必要的增删和修改，订正了一版中存在的印刷错误以及符号使用不够规范之处，删除了课堂教学中很少讲授的"非金属材料的力学性能简介"一章，重新编写了"应力状态分析与强度理论"和"组合变形"两章内容，更换补充了部分例题、习题。

本版的修订工作由张功学、李建军两位老师完成，张功学负责第1～7章及附录的修订，李建军负责第8～12章的修订。最后，由张功学对全书进行了统稿校阅。张功学任主编，李建军任副主编。

本书虽经修改，但由于编者水平所限，疏漏之处仍在所难免，衷心希望大家提出批评和指正。

联系方式 E-mail：zhanggx@sust.edu.cn

编　者
2016 年 5 月

第一版前言

材料力学是为高等院校机械、包装、土木、航空、航天、装备、制造、地质、采矿、冶金、材料等专业本科生开设的一门技术基础课，是机械设计、结构计算等课程的重要理论基础。本书考虑到当前应用型本科院校的生源特点和实际情况，根据国家教育部颁布的《高等学校理工科非力学专业力学基础课程教学基本要求》，结合编者20多年的教学经验编写而成，可满足56～80学时的材料力学课程教学需求。

本书内容以构件的基本变形为主线索，同时介绍了应力状态分析、组合变形、压杆稳定、构件的疲劳、能量法、静不定问题分析等材料力学课程的基本内容。为了开阔学生的眼界，同时还介绍了工程中应用越来越广泛的复合材料、高分子聚合物、工业陶瓷等非金属材料的力学性能。考虑到各院校学时大幅度减少的实际情况，编写本书时简化了理论推导过程，同时可使学生在有限的教学时间内掌握构件的强度、刚度、稳定性计算方法，了解工程材料的力学行为，为后续专业课的学习打下良好基础。

本书共13章。前6章为绪论与基本变形部分，第7、8章为复杂应力状态部分，第9章为压杆稳定，第10章为构件的疲劳强度，第11章为能量法，第12章为静不定问题，第13章为非金属材料的力学性能简介。

参加本书编写工作的有张功学、侯东生教授和西安石油大学李军强教授。张功学、侯东生任主编。其中张功学编写第1、4、5、6、13章及附录；侯东生编写第2、3、9、10、11、12章；李军强编写第7、8章。

西安理工大学王忠民教授详细审阅了本书，并提出了许多宝贵意见，在此表示衷心的感谢。

由于编者水平有限，书中的不足之处在所难免，恳请各位读者批评指正。

主编张功学 E-mail:zhanggx@sust.edu.cn

编 者
2007 年 8 月

目　　录

第 1 章 绪 论

1.1 材料力学的任务与研究对象

机械和工程结构都是由许多零件或部件组成的，组成机械与工程结构的零、部件统称为**构件**。当机械或工程结构工作时，每个构件都将受到外力的作用。在外力作用下，构件的形状、尺寸都将发生变化，这种变化称为**变形**。构件的变形分为两类：一类是外力卸除后能够消失的变形，称为**弹性变形**；另一类是外力卸除后不能消失的变形，称为**塑性变形**或**残余变形**。

1.1.1 材料力学的任务

实践表明：构件的变形与作用力有关。当作用力过大时构件将产生显著塑性变形或发生断裂，这在工程中是不允许的。为了保证机械或工程结构能够安全、正常工作，构件应有足够的能力承担相应的载荷。为此，一般需要满足如下三方面的要求。

(1) **强度要求**：在规定载荷作用下构件不应发生破坏。这里所指的破坏，不仅是指构件在外力作用下的断裂，还包含构件产生过大的塑性变形，如储气罐在工作时不应发生爆裂。强度是指构件抵抗破坏的能力。

(2) **刚度要求**：在规定载荷作用下构件不应发生过大的弹性变形，如机床主轴若产生过大弹性变形会影响加工精度。刚度是指构件抵抗弹性变形的能力。

(3) **稳定性要求**：在规定载荷作用下构件应保持其原有的平衡状态。受压的细长杆件，如千斤顶的螺杆、内燃机的挺杆等，当压力增大到一定值时会突然变弯。稳定性是指构件保持其原有平衡状态的能力。

在工程中，一般构件都应满足上述三个要求，但对某一个具体构件往往又有所侧重。如储气罐主要要求保证强度，车床主轴主要要求具备足够的刚度，受压的细长杆则要求足够的稳定性。此外，对某些特殊构件可能还有相反的要求，例如为了防止超载，当载荷超出某一范围时，安全销应立即破坏。又如为了降低振动冲击，车辆的缓冲弹簧应有较大的弹性变形等。

在设计构件时，不仅要满足上述三方面的安全性要求，还应尽可能选用合适的材料，减少材料的用量，以降低成本或减轻重量。也就是说，设计构件时既要考虑安全性，又要考虑经济性。安全性要求选用优质材料或增大横截面尺寸，经济性要求尽可能使用廉价材料或减小横截面尺寸，这两个要求是彼此矛盾的。材料力学的任务就是在满足强度、刚度和稳定性要求的前提下，以最经济的成本为构件确定合理的截面形状和尺寸，选择合适的材料，为设计构件提供必要的理论基础和计算方法。

1.1.2 材料力学的研究对象

工程中有各种形状的构件,按照其几何特征,主要可分为杆件、板件和块。

一个方向的尺寸远大于其他两个方向尺寸的构件,称为**杆件**(见图 1-1)。杆件是工程中最常见、最基本的构件。梁、轴、柱等均属杆类构件。

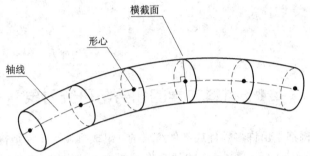

图 1-1

杆件横截面的几何中心称为**形心**,各横截面形心的连线称为杆件的**轴线**。横截面与轴线相互正交。轴线为直线的杆称为**直杆**;轴线为曲线的杆称为**曲杆**。所有横截面形状和尺寸相同的杆称为**等截面杆**;横截面的形状和尺寸不完全相同的杆称为**变截面杆**。

一个方向的尺寸远小于其他两个方向尺寸的构件,称为**板件**(见图 1-2)。平分板件厚度的几何面,称为**中面**。中面为平面的板件称为**板**(见图 1-2(a)),中面为曲面的板件称为**壳**(见图 1-2(b))。薄壁容器等均属此类构件。

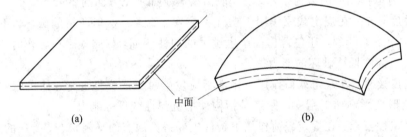

(a)   (b)

图 1-2

三个方向几何尺寸相近的构件称为**块**。

材料力学的主要研究对象是杆,以及由若干杆组成的简单杆系,同时也研究一些形状与受力均比较简单的板、壳、块。至于一般较复杂的杆系与板壳问题,则属于结构力学与弹性力学的研究范畴。工程中的大部分构件属于杆件,杆件分析的原理与方法是分析其他形式构件的基础。

1.2 材料力学的基本假设

构件在外力作用下会产生变形,制造构件的材料称为变形固体。变形固体的性质是多方面的,从不同角度研究问题,侧重面也有所不同。在研究构件的强度、刚度、稳定性问题时,为了抽象出力学模型,掌握与研究问题有关的主要因素,略去一些次要因素,材料力学对变形固体做出如下基本假设:

（1）**连续性假设**：假设组成固体的物质毫无间隙地充满了固体的几何空间。实际上，组成固体的粒子之间存在着空隙（图 1-3 是球墨铸铁的显微组织，图 1-4 是普通碳素钢的显微组织，图 1-5 是优质碳素钢的显微组织）。但这种空隙的大小与构件尺寸相比极其微小，可以忽略不计，于是就认为固体在其整个体积内是连续的。这样，构件内的一些力学量（例如各点的位移）可用坐标的连续函数来表示，对这些函数可进行坐标增量为无限小的极限分析。

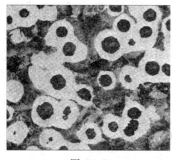

图 1-3   图 1-4   图 1-5

应该指出，连续性不仅存在于构件变形前，而且存在于变形后，即构件内变形前相邻的质点变形后仍保持邻近，既不产生新的空隙或空洞，也不出现重叠现象。所以，上述假设也称为变形连续性假设。

（2）**均匀性假设**：假设固体内各点处具有完全相同的力学性能。材料在外力作用下所表现的性能，称为材料的力学性能。就工程中使用最多的金属材料来说，组成金属的各晶粒的力学性能并不完全相同。但构件或构件的任何一部分都包含了无数晶粒，而且无规则地排列，固体的力学性能是各晶粒力学性能的统计平均值，所以可认为各部分的力学性能是均匀的。这样，如果从固体中取出一部分，不论大小，也不论从何处取出，其力学性能总是相同的。

上述两种假设可统称为均匀连续性假设。以此假设为基础，研究构件的强度、刚度、稳定性问题所得出的结论是满足工程要求的。而对于发生在晶粒大小范围内的力学问题，均匀连续性假设则不成立。

（3）**各向同性假设**：假设材料沿各个方向具有完全相同的力学性能。沿各个方向具有相同力学性能的材料称为各向同性材料。例如玻璃为典型的各向同性材料。金属的各个晶粒均属于各向异性体，但由于金属构件所含晶粒极多，而且晶粒的排列也是完全无序的，因此，在各个方向上力学性质趋于相同，宏观上可将金属视为各向同性材料。在今后的讨论中一般都将变形固体假定为各向同性的。

综上所述，在材料力学中，一般将实际材料看作是连续、均匀和各向同性的可变形固体。实践表明，在此基础上所建立的理论与分析结果，与大多数工程材料制成的构件的实际情况相吻合，符合工程要求。

但是，上述假设并不适用于所有材料，竹子、木材、胶合板及某些人工合成材料的宏观力学性能就是各向异性的，沿各个方向力学性能不同的材料称为各向异性材料。某些高强度或超高强度材料对缺陷具有较强的敏感性，考虑这些材料制成的构件的强度时，便不能采用均匀连续性假设。

1.3　外力与内力

1. 外力及其分类

研究某一构件时,该构件以外的其他物体作用在该构件上的力称为**外力**。

按外力的作用方式,可将作用在构件上的外力分为表面力和体积力。表面力是作用于物体表面的力,又可分为分布力和集中力。分布力是连续作用于物体表面的力,如作用于油缸内壁上的油压力等。有些分布力是沿杆件轴线作用的,如楼板对屋梁的作用力。若外力分布面积远小于物体的表面尺寸,或沿杆件轴线分布范围远小于轴线长度,就可将其视为作用于一点的集中力,如车轮对钢轨的压力、轴承对轴的支承力等。体积力是连续分布于物体内各点的力,如物体的自重和惯性力等。

按载荷随时间变化的情况又可将外力分为静载荷与动载荷。载荷缓慢地由零增加到某一定值,以后即保持不变,或变动不显著,这种载荷称为**静载荷**。如机器缓慢地放置在基础上,机器的重量对基础的作用便是静载荷。载荷随时间的变更而变化,这种载荷称为**动载荷**。随时间交替变化的载荷称为交变载荷,物体的运动在短时内突然改变所引起的载荷称为冲击载荷。

材料在静载荷和动载荷作用下的性能颇不相同,分析方法也迥异。因为静载荷问题比较简单,所建立的理论和方法又可作为解决动载荷问题的基础,所以,先研究静载荷问题,后研究动荷问题。

2. 内力与截面法

构件即使不受外力作用,内部各质点之间仍然存在着相互作用力。构件受到外力作用产生变形时,构件内部各质点之间的相对位置将发生变化,同时各质点间的相互作用力也将发生改变。材料力学中的内力,是指在外力作用下构件各质点间相互作用力的改变量,即"附加内力"。这样,内力随外力的增加而增加,达到一定限度时就会引起构件失效,因而内力与构件的破坏、变形密切相关。

由刚体静力学可知,为了分析两物体之间的相互作用力,必须将该二物体分离。同样,要分析构件的内力,例如要分析图 1-6(a)所示杆件横截面 $m-m$ 上的内力,可以假想沿着该截面将杆件切开,切开截面的内力如图 1-6(b)所示。由连续性假设可知,内力是作用在切开截面上的连续分布力。

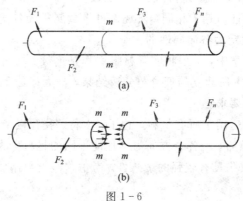

(a)

(b)

图 1-6

应用力系简化理论,将上述分布力向横截面的任一点(如形心 C)简化,得主矢 $\boldsymbol{F}_R$ 与主矩 $\boldsymbol{M}$(见图 1-7(a))。为了分析内力,沿截面轴线方向建立坐标轴 x,在所切横截面内建立坐标轴 y 与 z,并将主矢与主矩沿上述三轴分解(见图 1-7(b)),得内力分量 F_N、F_{Sy} 与 F_{Sz},以及内力偶矩 M_x、M_y 与 M_z。

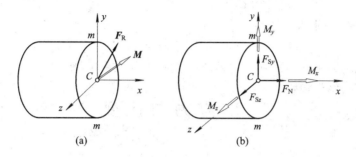

图 1-7

沿着轴线的内力分量 F_N,称为**轴力**;作用线位于所切横截面的内力分量 F_{Sy} 与 F_{Sz},称为**剪力**;矢量沿着轴线的内力偶矩分量 M_x,称为**扭矩**;矢量位于所切横截面的内力偶矩 M_y 与 M_z,称为**弯矩**。

将杆件假想地切开以显示内力,并由平衡条件建立内力与外力间的关系或由外力确定内力的方法,称为**截面法**,它是分析杆件内力的一般方法,可将其归纳为以下三个步骤:

(1) 截:欲确定构件某一截面上的内力时,假想地用一平面将构件沿该截面分为两部分。

(2) 取:取其中任一部分为研究对象,弃去另一部分,并用作用于截面上的内力代替弃去部分对留下部分的作用。

(3) 算:对留下的部分建立静平衡方程,确定该截面上的内力。

例 1-1 某摇臂钻床如图 1-8(a)所示,承受载荷 F 作用。试确定 $m-m$ 截面上的内力。

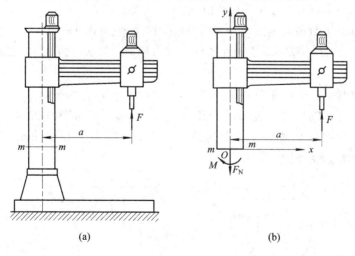

图 1-8

解 (1) 截:沿 $m-m$ 截面假想地将立柱截开。

(2) 取:取上半部分为研究对象,并选取 Oxy 坐标系,如图 1-8(b)所示。

（3）算：整个钻床处于平衡状态，上半部分在载荷及内力作用下亦应处于平衡状态。列出静平衡方程为

$$\begin{cases} \sum F_y = 0, & F - F_N = 0 \\ \sum M_O = 0, & Fa - M = 0 \end{cases}$$

求得内力 F_N 和 M 分别为

$$F_N = F, \qquad M = Fa$$

求出的内力是 m - m 截面上分布内力系向 O 点简化的结果。

1.4　应力与应变

1. 应力

前面所求出的杆件横截面上的内力是分布内力系向截面形心简化的结果。它说明了截面上的内力与作用在杆件上的外力的平衡关系，但不能说明分布内力系在截面内某一点处的强弱程度。显然构件的变形和破坏，不仅取决于内力的大小，还取决于内力的分布状况。为此引入内力集度即应力的概念。

设在图 1 - 9(a)所示受力构件的 m - m 截面上，围绕 C 点取一微小面积 ΔA，ΔA 上内力的合力为 ΔF。则 ΔF 与 ΔA 的比值称为 ΔA 上的**平均应力**，并用 p_m 表示，即

$$p_m = \frac{\Delta F}{\Delta A} \tag{1-1}$$

一般情况下，内力在截面上并非均匀分布，平均应力的大小、方向将随所取 ΔA 的大小不同而变化。当 $\Delta A \to 0$ 时，平均应力的极限值称为 C 点的**内力集度**，或总应力 p，即

$$p = \lim_{\Delta A \to 0} \frac{\Delta F}{\Delta A} = \frac{dF}{dA} \tag{1-2}$$

总应力 p 的方向就是当 $\Delta A \to 0$ 时 ΔF 的极限方向。

通常将总应力 p 沿截面的法向与切向分解为两个量(见图 1 - 9(b))。沿截面法向的应力分量称为**正应力**，用 σ 表示；沿截面切向的应力分量称为**切应力**，用 τ 表示。显然有

$$p^2 = \sigma^2 + \tau^2 \tag{1-3}$$

在国际单位制中，应力的单位为 Pa(帕)，1 Pa$=1$ N/m^2。由于这个单位太小，使用起来不方便，通常用 MPa(兆帕)表示，1 MPa$=10^6$ Pa$=10^6$ N/m$^2=1$ N/mm^2。为了计算方便，本书规定各物理量单位如下：力的单位为 N，长度的单位为 mm，力矩的单位为 N·mm，应力的单位为 MPa。

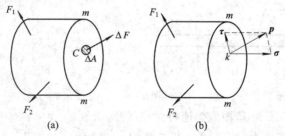

(a) 　　　　　　　　　　　　(b)

图 1 - 9

2. 应变

假想将构件分割成许多微小的单元体。构件受力后不仅各单元体的位置发生改变，而且单元体棱边的长度发生改变（见图 1 - 10(a)），相邻棱边间的夹角也发生改变（见图 1 - 10(b)）。

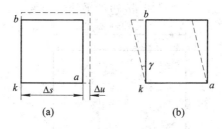

图 1 - 10

设棱边 ka 的原长为 Δs，长度改变量为 Δu，则 Δu 与 Δs 的比值称为棱边 ka 的**平均线应变**，用 ε_m 表示，即

$$\varepsilon_m = \frac{\Delta u}{\Delta s} \tag{1-4}$$

一般情况下，棱边 ka 各点处的变形程度并不相同。为了精确地描述 k 点沿棱边 ka 方向的变形情况，应选取无限小的单元体进行研究，由此可得平均线应变的极限值：

$$\varepsilon = \lim_{\Delta s \to 0} \frac{\Delta u}{\Delta s} \tag{1-5}$$

称其为 k 点处沿棱边 ka 方向的**线应变**。采用同样方法，还可确定 k 点处沿其他方向的线应变。杆件伸长时 $\varepsilon > 0$，杆件缩短时 $\varepsilon < 0$。

当单元体变形时，相邻棱边间的夹角一般也会发生改变。微体相邻棱边所夹直角的改变量（见图 1 - 9(b)）称为**切应变**，用 γ 表示。切应变的单位为弧度（rad）。其正负规定为：直角变大，$\gamma > 0$；直角变小，$\gamma < 0$。

由定义可以看出线应变与切应变均是量纲为 1 的量。

构件的整体变形是构件的微体局部变形组合叠加的结果，而微体的局部变形则可用线应变与切应变来度量。

例 1 - 2 如图 1 - 11 所示杆件 AB，杆长 $l_0 = 200$ mm，由于温度沿杆件轴向变化，在截面 x 处，沿轴线方向的线应变 $\varepsilon_x = (1.265 \times 10^{-4} \text{mm}^{-\frac{1}{2}}) \sqrt{x}$。试求杆内的最大轴向线应变 ε_{max}、杆件 AB 长度的改变量 u 及平均轴向线应变 ε_m。

解 显然，在端点 B 处，线应变最大，其取值为

$$\varepsilon_{max} = (1.265 \times 10^{-4}) \sqrt{200} \approx 1.789 \times 10^{-3}$$

为了计算整个杆件的长度改变量，在截面 x 处，取长为 dx 的微段，由于温度变化，该微段的长度改变量为

$$du = \varepsilon_x dx = (1.265 \times 10^{-4}) \sqrt{x} \cdot dx$$

整个杆件的长度改变量为

$$u = \int_0^{l_0} du = \int_0^{200} (1.265 \times 10^{-4}) \sqrt{x} \cdot dx \approx 0.239 \text{ mm}$$

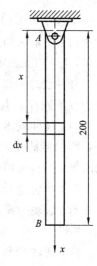

图 1 - 11

所以，平均线应变为

$$\varepsilon_m = \frac{u}{l_0} = \frac{0.239}{200} = 1.195 \times 10^{-3}$$

例 1 - 3　两边固定的矩形薄板如图 1 - 12 所示。变形后 ab 和 ad 两边保持为直线。a 点沿垂直方向向下移动 0.025 mm。试求 ab 边的平均线应变和 ab、ad 两边夹角的变化量。

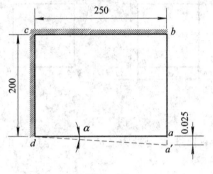

图 1 - 12

解　ab 边的平均线应变为

$$\varepsilon_m = \frac{\overline{a'b} - \overline{ab}}{\overline{ab}} = \frac{0.025}{200} = 1.25 \times 10^{-4}$$

变形后 ab 和 ad 两边的夹角变化量为

$$\angle ba'd - \frac{\pi}{2} = \gamma$$

由于 γ 非常微小，显然有

$$\gamma = -\alpha \approx -\tan\alpha = -\frac{0.025}{250} = -1 \times 10^{-4} \text{ rad}$$

1.5　杆件变形的基本形式

工程中很多构件都可简化为杆件，如连杆、传动轴、立柱、丝杠等。某些构件，如齿轮的轮齿、曲轴的轴颈等，并不是典型的杆件，但在近似计算或定性分析时亦可简化为杆。所以，杆是工程中最常见、最基本的构件。

杆件受外力作用时发生的变形是多种多样的。对其进行仔细分析，可以将杆件的变形分为以下四种基本形式：

(1) 拉伸或压缩变形：这种变形是由沿轴线方向作用的外力所引起的变形，表现为杆件长度的伸长或缩短，任意横截面间只有沿轴线方向的线位移(见图 1 - 13(a))。如起吊重物的钢索、构成桁架的杆件等都属于拉伸或压缩变形。

(2) 剪切变形：这种变形是由等值、反向、相距很近、作用线垂直于轴线的一对力引起的变形，表现为横截面沿外力作用方向发生相对错动(见图 1 - 13(b))。机械中常用的连接件，如铆钉、键、销钉、螺栓等的变形属于剪切变形。

(3) 扭转变形：这种变形是由力偶矩大小相等、转向相反、作用面均垂直于杆件轴线的两个力偶引起的变形，表现为杆件的任意两个横截面绕轴线发生相对转动(见图 1 - 13(c))。如汽车的传动轴、转向轴、水轮机的主轴等发生的变形均属于扭转变形。

（4）弯曲变形：这种变形是由垂直于杆件轴线的横向力，或由作用于纵向对称面内的一对等值、反向的力偶引起的变形，表现为杆件轴线由直线变为曲线（见图 1 - 13(d)）。如火车轮轴、起重机大梁的变形均属于弯曲变形。

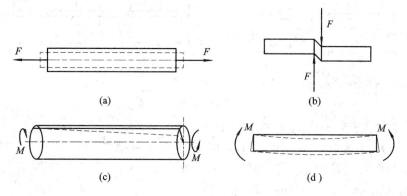

图 1 - 13

有一些杆件同时发生两种或两种以上的基本变形，例如车床主轴工作时同时发生扭转、弯曲及压缩三种基本变形；钻床立柱同时发生拉伸与弯曲两种基本变形。这种变形称为组合变形。本书首先依次讨论四种基本变形形式的强度及刚度计算，然后再讨论组合变形。

思　考　题

1 - 1　何谓强度、刚度与稳定性？刚度与强度有何区别？

1 - 2　材料力学的任务是什么？它能解决工程中哪些方面的问题？

1 - 3　材料力学对变形固体做了哪些假设？假设的根据是什么？

1 - 4　何谓内力？何谓截面法？用截面求内力的关键是什么？

1 - 5　何谓应力？何谓正应力与切应力？应力的单位是什么？

1 - 6　何谓线应变与切应变？它们的量纲各是什么？切应变的单位是什么？

习　　题

1 - 1　分别求题 1 - 1 图所示结构中构件 $m - m$、$n - n$ 横截面上的内力，并指明各构件的变形形式。

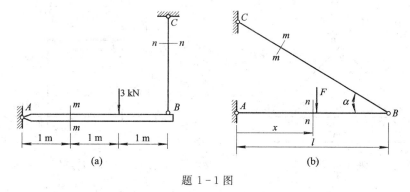

题 1 - 1 图

1-2 分别求出题1-2图所示杆件指定截面上的内力。

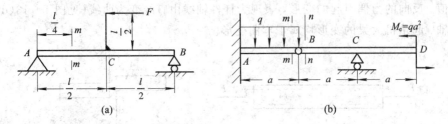

(a)   (b)

题1-2图

1-3 如题1-3图所示,拉伸试样上 A、B 两点的距离为 l,称为标距。受力作用后,用变形仪测出两点的距离增量为 $\Delta l = 5 \times 10^{-2}$ mm,若 $l = 100$ mm,试求 A、B 两点间的平均线应变。

题1-3图

1-4 在题1-4图所示结构中,当力作用在把手上时,引起摇臂 AB 顺时针转过 $\theta = 0.002$ rad,求绳子 BC 的平均线应变。

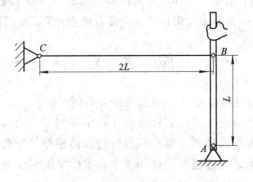

题1-4图

1-5 如题1-5图所示,三角形薄板因受外力作用而变形,角点 B 垂直向上的位移为 0.03 mm,水平位移为 0,变形过程中 AB 与 BC 始终保持为直线。试求沿 OB 方向的平均线应变,并求 AB 与 BC 两边在 B 点的切应变。

1-6 构件变形后的形状如题1-6图中虚线所示。试求棱边 AB 与 AD 的平均线应变,以及 A 点处直角 $\angle BAD$ 的切应变。

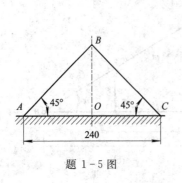

题1-5图

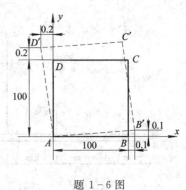

题1-6图

第2章 轴向拉压与材料的力学性能

2.1 引　言

在生产实践中经常遇到承受拉伸或压缩的杆件。例如，图 2-1(a)所示的连接螺栓承受拉力作用，图 2-1(b)所示的活塞杆承受压力作用。此外，如起重钢索在起吊重物时承受拉力作用；千斤顶的螺杆在顶起重物时承受压力作用；而桁架中的杆件，则不是受拉就是受压。

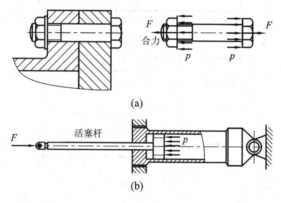

图 2-1

工程中受拉或受压的杆件很多，它们的外形各不相同，加载方式也迥异，但它们的共同特点是：作用于杆件上的外力或其合力的作用线沿杆件轴线，而杆件的主要变形为轴向伸长或缩短。作用线沿杆件轴线的载荷，称为**轴向载荷**。以轴向伸长或缩短为主要特征的变形形式，称为**轴向拉压**。以轴向拉压为主要变形的杆件，称为**拉压杆**。图 2-2 是等截面拉压杆的力学简图，图中虚线表示变形后的形状。

图 2-2

本章研究拉压杆的内力与应力、材料在拉伸与压缩时的力学性能、拉压杆的强度计算、拉压杆的变形以及简单拉压静不定问题。此外，本章还将介绍连接件的强度计算。

2.2　拉压杆的内力与应力

2.2.1　轴力与轴力图

对于图 2-3(a)所示两端承受轴向载荷 F 作用的拉压杆，为了显示和确定横截面上的内力，应用截面法，沿横截面 $m-m$ 假想地将杆件分成两部分(见图 2-3(b)、(c))。两段杆件在横截面 $m-m$ 上相互作用的内力是一个分布力系，其合力为 F_N。根据二力平衡条件可知，F_N 必沿杆件轴线方向，所以称为轴力。轴力或为拉力，或为压力。习惯上把拉伸时的轴力规定为正，压缩时的轴力规定为负。轴力的代数值可以由杆件左段(或右段)的平衡方程 $\sum F_x = 0$ 求得。由图 2-3(b)，得

$$F_N - F = 0$$

即

$$F_N = F$$

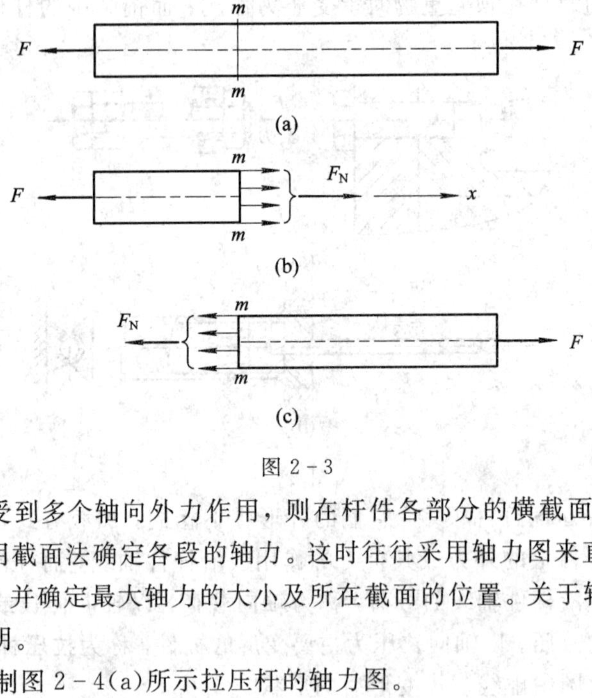

(a)

(b)

(c)

图 2-3

若拉压杆同时受到多个轴向外力作用，则在杆件各部分的横截面上，轴力不尽相同，因而，应当分段应用截面法确定各段的轴力。这时往往采用轴力图来直观地表示轴力沿杆件轴线的变化情况，并确定最大轴力的大小及所在截面的位置。关于轴力图的绘制，可通过下面的例题来说明。

例 2-1　试绘制图 2-4(a)所示拉压杆的轴力图。

解　(1) 计算杆件各段的轴力。根据该拉压杆承受的外力，将杆件分为 AB、BC、CD 三段，分别以 1-1、2-2 与 3-3 截面为各段代表性截面。

先计算 AB 段的轴力。沿 1-1 截面假想地将杆件截开，取其受力简单的左段杆为研究对象，假定该截面上的轴力 F_{N1} 为正(见图 2-4(b))，由平衡方程 $\sum F_x = 0$，得

$$F_{N1} - 6 = 0$$

故

$$F_{N1} = 6 \text{ kN}$$

再计算 BC 段的轴力。沿 2-2 截面假想地将杆件截开，以左段作为研究对象，假设轴力 F_{N2} 为正(见图 2-4(c))，由平衡方程 $\sum F_x = 0$，得

$$F_{N2} + 18 - 6 = 0$$

故　　　　　　　　　　　　　　　　$$F_{N2} = -12 \text{ kN}$$

F_{N2} 为负值，表示实际轴力方向与假设方向相反，即为压力。

同样可算得 CD 段 $3-3$ 截面(见图 $2-4$(d))上的轴力为 $F_{N3} = -4 \text{ kN}$。

（2）绘轴力图。以平行于杆轴的坐标 x 表示横截面的位置，垂直于杆轴的另一坐标 F_N 表示相应截面的轴力，绘制的这种图线就是轴力图(见图 $2-4$(e))。在工程中，有时可将 x 和 F_N 坐标轴省略，这样的轴力图如图 $2-4$(f)所示。轴力图需要标明轴力的单位与各段的正、负和数值，并且要与杆件的横截面位置相对应，以便清晰表明轴力沿杆轴的变化情形。显然，由轴力图 $2-4$(e)、(f)可以看出，该拉压杆在 AB 段受拉，在 BCD 段受压；杆内轴力的最大值为 12 kN。

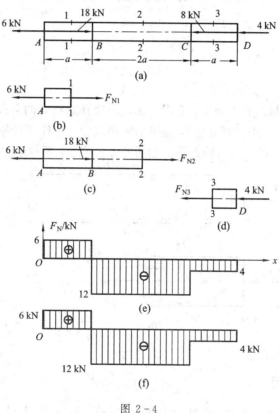

图 $2-4$

2.2.2　横截面上的应力

仅根据轴力并不能判断拉压杆是否有足够的强度。例如用同一种材料制成粗细不同的两根杆，在相同的拉力作用下，两杆的轴力是相同的。但当拉力逐渐增大时，细杆会先被拉断。这说明拉压杆的强度不仅与轴力有关，而且与横截面面积有关。所以必须用横截面上的应力来量度杆件的内力集中程度。

在拉压杆的横截面上，与轴力 F_N 对应的应力是正应力 σ。根据连续性假设，横截面上到处都存在着内力，为了求得内力在横截面上的分布规律，必须先通过试验观察杆件的变形情况。

图 2-5(a)所示为一等截面直杆，变形前，在其侧面画两条垂直于杆轴的横线 ab 与 cd。然后，在杆两端施加一对大小相等、方向相反的轴向载荷 F。拉伸变形后，发现横线 ab 与 cd 仍为直线，且仍垂直于杆件轴线，只是间距增大，分别平移至图示 $a'b'$ 与 $c'd'$ 位置。根据这一现象，可以假设：变形前原为平面的横截面，变形后仍保持为平面且仍垂直于轴线。这就是轴向拉压时的平面假设。由此可以设想，组成拉压杆的所有纵向纤维的伸长是相同的。又由于材料是均匀的，所有纵向纤维的力学性能相同，可以推断各纵向纤维的受力是一样的。因此，拉压杆横截面上各点的正应力 σ 相等，即横截面上的正应力是均匀分布的。

设图 2-5(b)所示的拉压杆横截面面积为 A，则各面积微元 dA 上的内力元素 σdA 组成一个垂直于横截面的平行力系，其合力就是轴力 F_N。根据静力学力系简化的理论，可得

$$F_N = \int_A \sigma \, dA = \sigma \int_A dA = \sigma A$$

所以

$$\sigma = \frac{F_N}{A} \tag{2-1}$$

式(2-1)已为大量试验所证实，适用于横截面为任意形状的等截面拉压杆。当杆的横截面沿轴线缓慢变化时(小锥度直杆)，也可以应用式(2-1)计算横截面上的正应力。

由式(2-1)可知，正应力与轴力具有相同的正负符号，即拉应力为正，压应力为负。

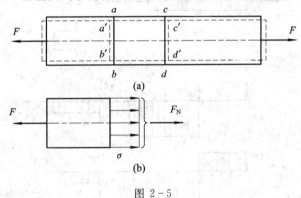

图 2-5

2.2.3 圣维南原理

当作用在杆端的轴向外力，沿横截面非均匀分布时，外力作用点附近各截面的应力，也为非均匀分布。圣维南(Saint-Venant)原理指出，力作用于杆端的分布方式，只影响杆端局部范围内的应力分布，影响区域的轴向范围约为 1~2 个杆端的横向尺寸。此原理已为大量试验与计算所证实。例如，图 2-6(a)所示承受集中力 F 作用的杆，其截面宽度为 h，在 $x=h/4$ 与 $x=h/2$ 的横截面 1-1 与 2-2 上，应力明显为非均匀分布(见图 2-6(b)、(c))，但在 $x=h$ 的横截面 3-3 上，应力则趋向均匀分布(见图 2-6(d))。因此，只要外力合力的作用线沿杆件轴线，在离外力作用面稍远处，横截面上的应力分布均可视为均匀的。至于外力作用处的应力分析，则需另行讨论。在材料力学和常规工程设计计算中，一般都不考虑加载方式的影响。

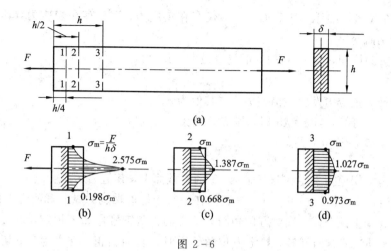

图 2 - 6

2.2.4　拉压杆斜截面上的应力

前面研究了拉压杆横截面上的应力，为了更全面地了解杆内的应力情况，还需研究斜截面上的应力。

考虑图 2 - 7(a)所示拉压杆，利用截面法，沿任一斜截面 $m-m$ 将杆切开，该截面的方位以其外法线轴 n 与 x 轴间的夹角 α 表示。仿照证明横截面上正应力均匀分布的方法，可知斜截面 $m-m$ 上的应力 p_α 亦为均匀分布(见图 2 - 7(b))，且其方向与杆轴平行。

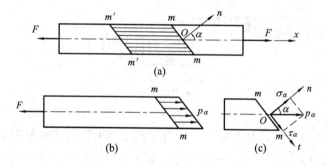

图 2 - 7

设杆件横截面面积为 A，则根据上述分析，得杆左段的平衡方程为

$$p_\alpha \frac{A}{\cos\alpha} - F = 0$$

由此得截面 $m-m$ 上各点处的应力为

$$p_\alpha = \frac{F}{A} \cos\alpha = \sigma \cos\alpha$$

式中，$\sigma = F/A$ 代表杆件横截面上的正应力。

将应力 p_α 沿截面法向与切向分解(见图 2 - 7(c))，得斜截面上的正应力与切应力分别为

$$\sigma_\alpha = p_\alpha \cos\alpha = \sigma \cos^2\alpha \tag{2-2}$$

$$\tau_\alpha = p_\alpha \sin\alpha = \frac{\sigma}{2} \sin2\alpha \tag{2-3}$$

可见，在拉压杆的任一斜截面上，不仅存在正应力，而且存在切应力，其大小均随截面方位的变化而变化。

由式(2-2)可知，当 $\alpha = 0°$ 时，正应力最大，其值为

$$\sigma_{max} = \sigma \qquad (2-4)$$

即拉压杆的最大正应力发生在横截面上，其值为 σ。

由式(2-3)可知，当 $\alpha = 45°$ 时，切应力最大，其值为

$$\tau_{max} = \frac{\sigma}{2} \qquad (2-5)$$

即拉压杆的最大切应力发生在与杆轴成 $45°$ 的斜截面上，其值为 $\sigma/2$。

此外，当 $\alpha = 90°$ 时，$\sigma_\alpha = \tau_\alpha = 0$，这表示在平行于杆件轴线的纵向截面上无任何应力。

为便于应用上述公式，现对方位角与切应力的正负符号作如下规定：以 x 轴正向为始边，向斜截面外法线方向旋转，规定方位角 α 逆时针转向为正，反之为负；切应力使得研究对象顺时针转动为正，反之为负。按此规定，图 2-7(c) 所示之 α 与 τ_α 均为正。

例 2-2　图 2-8(a) 所示右端固定的阶梯形圆截面杆，同时承受轴向载荷 F_1 与 F_2 作用。试计算杆横截面上的最大正应力。已知载荷 $F_1 = 20$ kN，$F_2 = 50$ kN，杆件 AB 段与 BC 段的直径分别为 $d_1 = 20$ mm 与 $d_2 = 30$ mm。

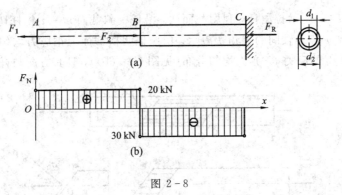

图 2-8

解　(1) 计算约束力。设杆右端的约束力为 F_R，则由整个杆的平衡方程 $\sum F_x = 0$，得

$$F_R = F_2 - F_1 = 50 \times 10^3 - 20 \times 10^3 = 30 \times 10^3 \text{ N}$$

(2) 轴力分析。设 AB 与 BC 段的轴力均为拉力，并分别用 F_{N1} 与 F_{N2} 表示，则由截面法可知

$$F_{N1} = F_1 = 20 \times 10^3 \text{ N}$$

$$F_{N2} = -F_R = -30 \times 10^3 \text{ N}$$

所得 F_{N2} 为负，说明 BC 段轴力应为压力。根据上述轴力值，可画出杆的轴力图，如图 2-8 (b) 所示。

(3) 应力计算。由式(2-1)可知，AB 段内任一横截面上的正应力为

$$\sigma_{AB} = \frac{F_{N1}}{A_1} = \frac{4F_{N1}}{\pi d_1^2} = \frac{4 \times (20 \times 10^3)}{\pi \times 20^2} \approx 63.7 \text{ MPa （拉应力）}$$

而 BC 段内任一横截面上的正应力则为

$$\sigma_{BC} = \frac{F_{N2}}{A_2} = \frac{4F_{N2}}{\pi d_2^2} = \frac{4 \times (-30 \times 10^3)}{\pi \times 30^2} \approx -42.4 \text{ MPa （压应力）}$$

可见，杆内横截面上的最大的正应力为

$$\sigma_{\max} = \sigma_1 = 63.7 \text{ MPa}$$

例 2 - 3 图 2 - 9(a) 所示的轴向受压等截面杆，横截面面积 $A = 400 \text{ mm}^2$，载荷 $F = 50 \text{ kN}$。试计算斜截面 m - m 上的正应力与切应力。

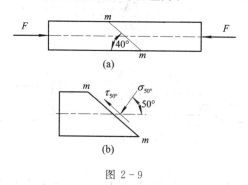

图 2 - 9

解 杆件横截面上的正应力为

$$\sigma = \frac{F_N}{A} = -\frac{50 \times 10^3}{400} = -125 \text{ MPa}$$

斜截面 m - m 的方位角为

$$\alpha = 50°$$

于是，由式 (2 - 2) 与式 (2 - 3) 得截面 m - m 的正应力与切应力分别为

$$\sigma_{50°} = \sigma \cos^2 \alpha = -125 \cos^2 50° \approx -51.6 \text{ MPa}$$

$$\tau_{50°} = \frac{\sigma}{2} \sin 2\alpha = -\frac{125}{2} \sin 100° \approx -61.6 \text{ MPa}$$

其实际指向如图 2 - 9(b) 所示。

2.3 材料拉伸与压缩时的力学性能

构件的强度、刚度与稳定性，不仅与构件的形状、尺寸及所受外力有关，而且与材料的力学性能有关。材料的**力学性能**也称为**机械性能**，是指材料在外力作用下所表现出的变形、破坏等方面的特性。材料的力学性能要通过试验来测定。在室温下，以缓慢平稳的加载方式进行试验，是测定材料力学性能的基本试验。本节以低碳钢材料与铸铁材料为主要代表，介绍常温（室温）静载（加载速度平稳缓慢）条件下材料拉伸时的力学性能，并对材料压缩时的力学性能作简单说明。

2.3.1 拉伸试验与应力-应变曲线

为了便于比较不同材料的试验结果，需要将试验材料按国家标准的规定加工成标准试样。常用的标准拉伸试样如图 2 - 10 所示，标记 m 与 n 之间的杆段为试验段，其长度 l 称为**标距**。对于试验段直径为 d 的圆截面试样（见图 2 - 10(a)），通常规定

$$l = 10d \qquad 或 \qquad l = 5d$$

而对于试验段横截面面积为 A 的矩形截面试样(见图 2-10(b)),则规定

$$l=11.3\sqrt{A} \qquad \text{或} \qquad l=5.65\sqrt{A}$$

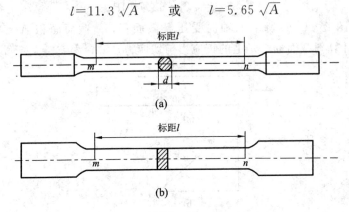

图 2-10

试验时,首先将试样安装在材料试验机的上、下夹头内(见图 2-11),并在标记 m 和 n 处安装测量变形的仪器。然后开动试验机,缓慢加载,试验段的拉伸变形用 Δl 表示。通过测量力与变形的装置,试验机可以自动记录所加载荷以及相应的伸长量,得到拉力 F 与变形 Δl 间的关系曲线如图 2-11 所示,称为**试样的拉力-伸长曲线**或**拉伸图**。试验一直进行到试样断裂为止。

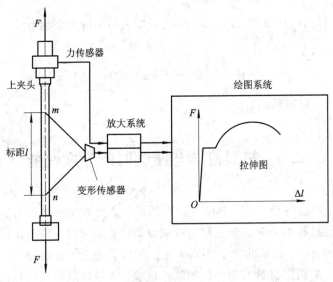

图 2-11

显然,试样的拉力-伸长曲线不仅与试样的材料有关,而且与试样横截面尺寸及其标距的大小 l 有关。为了消除试样尺寸的影响,反映材料本身的性质,根据轴向拉伸时应力、应变的概念,将拉力-伸长曲线的纵坐标 F 除以试样横截面的原面积 A,得出正应力: $\sigma=\dfrac{F}{A}$;同时,将其横坐标 Δl 除以试验段的原长 l(即标距),得到线应变:$\varepsilon=\dfrac{\Delta l}{l}$(因在标距 l 内变形是均匀的,任意点的线应变与平均线应变相同)。以 σ 为纵坐标,以 ε 为横坐标,作图表示 σ 与 ε 的关系曲线,称为材料的**应力-应变曲线**。

2.3.2 低碳钢拉伸时的力学性能

低碳钢(含碳量 0.25％以下)是工程中广泛使用的金属材料,其应力-应变曲线非常典型。图 2-12 所示为 Q235 钢的应力-应变曲线。现以该曲线为基础,并根据试验过程中观察到的现象,介绍低碳钢拉伸时的力学性能。

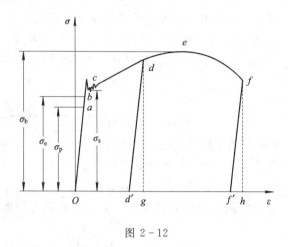

图 2-12

1. 弹性阶段($O{\sim}b$)

在拉伸的初始阶段,应力-应变曲线为一直线(图中之 Oa),说明在此阶段内,正应力与线应变成正比,即

$$\sigma \propto \varepsilon$$

引入比例常数 E,可得

$$\sigma = E\varepsilon \tag{2-6}$$

上述关系称为**胡克定律**,比例常数 E 称为材料的**弹性模量**。

线性阶段最高点 a 所对应的应力,称为材料的**比例极限**,用 σ_p 表示;直线 Oa 的斜率在数值上等于材料的弹性模量 E。Q235 钢的比例极限为 $\sigma_p \approx 200\,\text{MPa}$,弹性模量为 $E \approx 200\,\text{GPa}$。

从 a 点到 b 点,图线 ab 稍微偏离直线 Oa,正应力 σ 和线应变 ε 不再保持严格的线性关系,但变形仍然是弹性的,即卸除载荷后变形将完全消失,试件恢复原始尺寸。b 点所对应的应力是材料只产生弹性变形的最高应力,称为**弹性极限**,用 σ_e 表示。对于大多数材料,在应力-应变曲线上,a、b 两点非常接近,工程上常忽略这点差别,也可以说,应力不超过弹性极限时,材料服从胡克定律。

2. 屈服阶段($b{\sim}c$)

超过弹性极限之后,应力与应变之间不再保持线性关系。当应力增加至某一定值时,应力-应变曲线呈现水平阶段(可能有微小波动)。在此阶段内,应力几乎不变,而应变急剧增大,材料暂时失去抵抗变形的能力,这种现象称为**屈服**。屈服时所对应的应力最小值称为材料的**屈服应力**或**屈服极限**,用 σ_s 表示,低碳钢 Q235 的屈服极限为 $\sigma_s \approx 235\,\text{MPa}$。如果试件表面光滑,屈服时试件表面出现与轴线约成 45°的线纹(见图 2-13)。如前所述,在杆件的 45°斜截面上作用有最大切应力,因此,上述

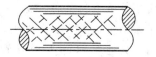

图 2-13

线纹可认为是由最大切应力所引起的，称之为**滑移线**。

材料屈服时将产生显著塑性变形，而构件的塑性变形将影响机械与结构的正常工作，所以屈服极限 σ_s 是衡量塑性材料强度的重要指标之一。

3. 强化(硬化)阶段($c \sim e$)

经过屈服阶段之后，材料又恢复了抵抗变形的能力。这时，要使材料继续变形需要增大应力。经过屈服滑移之后，材料重新呈现抵抗继续变形的能力，这种现象称为**冷作硬化或强化**。强化阶段的最高点 e 所对应的应力，称为材料的**强度极限**，用 σ_b 表示。低碳钢Q235的强度极限为 $\sigma_b \approx 380$ MPa。强度极限是材料所能承受的最大应力，它是衡量材料强度的另一重要指标。

4. 颈缩阶段($e \sim f$)

当应力增至最大值 σ_b 之后，试件的某一局部显著收缩(见图 2-14)，产生所谓颈缩现象。由于在颈缩部分横截面面积急剧减小，使试件继续变形所需之拉力也相应减小，应力-应变曲线相应呈现下降趋势，最后

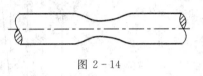

图 2-14

导致试件在颈缩处断裂。低碳钢断裂时先在中心部分沿横截面方向断开，然后沿 45°面剪断，断面呈杯口状。

综上所述，在整个拉伸过程中，材料经历了弹性、屈服、强化与颈缩四个阶段；存在四个特征点，相应的应力依次为比例极限 σ_p、弹性极限 σ_e、屈服极限 σ_s 与强度极限 σ_b；出现了屈服、强化与颈缩三种现象。

2.3.3　卸载定律及冷作硬化现象

如将试件拉伸到超过弹性范围后的任意一点处，如图 2-12 中的 d 点，然后缓慢卸除拉力，应力、应变关系将沿图中 dd' 直线回到 d' 点。斜直线 dd' 近似地平行于直线 Oa。说明材料在卸载过程中应力与应变呈线性关系，这就是**卸载定律**。拉力全部卸除后，图中 $d'g$ 表示消失的弹性应变，表示为 ε_e，Od' 表示不可恢复的塑性应变，表示为 ε_p。所以在超过弹性范围后的任一点处 d，其应变包括两部分：$\varepsilon = \varepsilon_e + \varepsilon_p$。

试件卸载后，在短期内再次加载，应力和应变关系基本上沿卸载时的斜直线 $d'd$ 变化，直到 d 点后又沿曲线 def 变化。可见，在再次加载过程中，直到 d 点以前，材料的应力和应变关系服从胡克定律。比较曲线 $Oabcdef$ 和 $d'def$，可见第二次加载时，其比例极限有显著提高。这种现象称为**冷作硬化现象**或**加工硬化现象**。冷作硬化现象经退火后可消除。

工程中某些构件对塑性要求不高时，可利用冷作硬化提高材料的强度，如起重用的钢索和建筑用的钢筋，常用冷拔工艺提高其强度。又如对某些构件表面进行喷丸处理，使其表面产生塑性变形，形成冷作硬化层以提高构件表面的强度。另一方面，冷作硬化过程也会带来某些不利因素，如构件初加工后，由于冷作硬化使材料表面变脆变硬，给进一步加工带来困难，且容易产生裂纹，形成隐患。因此，对某些材料加工时，往往需要在工序之间采用退火处理，以消除冷作硬化现象。

2.3.4　材料的塑性

材料能经受较大塑性变形而不破坏的能力，称为材料的**塑性**或**延性**。材料的塑性用延伸率或断面收缩率度量。

试样拉断后，由于保留了塑性变形，试验段的长度由原来的 l 变为 l_1，将残余变形与试验段原长 l 的比值，称为**材料的延伸率**，并用 δ 表示，即

$$\delta = \frac{l_1 - l}{l} \times 100\% \qquad (2-7)$$

低碳钢的延伸率约为 $25\% \sim 30\%$。延伸率大的材料，在轧制或冷压成型时不易断裂，并能承受较大的冲击载荷。在工程中，通常将延伸率较大（$\delta \geqslant 5\%$）的材料称为**延性或塑性材料**；延伸率较小（$\delta < 5\%$）的材料称为**脆性材料**。结构钢、铝合金、黄铜等为塑性材料；而工具钢、灰铸铁、玻璃、陶瓷等属于脆性材料。

设试样的原始横截面面积为 A，拉断后缩颈处的最小截面面积为 A_1，则断面收缩率为

$$\psi = \frac{A - A_1}{A} \times 100\% \qquad (2-8)$$

Q235 钢的断面收缩率 $\psi \approx 60\%$。

应当指出，材料的塑性和脆性并不是固定不变的，它们会因制造工艺、变形速度、应力状态和温度等条件而变化。

2.3.5　其他材料拉伸时的力学性能

图 2-15 所示为 30 铬锰硅钢、50 钢、硬铝等金属材料的应力-应变曲线。可以看出，它们断裂时均具有较大的残余变形，属于塑性材料。不同的是，有些材料不存在明显的屈服阶段。

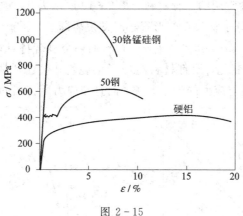

图 2-15

对于不存在明显屈服阶段的塑性材料，工程中通常以卸载后产生数值为 0.2% 的残余应变所对应的应力作为屈服应力，称为**名义屈服极限**，并用 $\sigma_{0.2}$ 表示。如图 2-16 所示，在横坐标 ε 轴上取 $\overline{OC} = 0.2\%$，自 C 点作直线平行于 OA，并与应力-应变曲线相交于 D，D 点对应的正应力即为材料的名义屈服极限 $\sigma_{0.2}$。

至于脆性材料，例如铸铁，从开始受力直至断裂，变形始终很小，既不存在屈服阶段，也无颈缩现象。图 2-17 所示为铸铁拉伸时的应力-应变曲线，断裂时的应变仅为 $0.4\% \sim 0.5\%$，断

口垂直于试样轴线，即断裂发生在最大拉应力作用面，断口表面呈粗糙颗粒状。

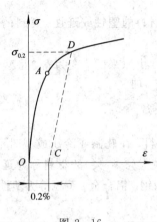

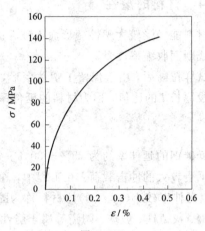

图 2-16   图 2-17

由于铸铁的 σ-ε 曲线没有明显的直线部分，弹性模量 E 的数值随应力的大小而变。但在工程中铸铁承受的拉应力不能很高，在较低拉应力下，可近似地认为服从胡克定律，取 σ-ε 曲线的割线代替曲线的开始部分，并以割线的斜率作为其弹性模量。

2.3.6 复合材料与高分子材料的拉伸力学性能

近年来，复合材料得到广泛应用。复合材料具有强度高、刚度大与密度小的特点。碳/环氧(即碳纤维增强环氧树脂基体)是一种常用复合材料，图 2-18 所示为某种碳/环氧复合材料沿纤维方向与垂直于纤维方向的拉伸应力-应变曲线。可以看出，材料的力学性能随加力方向变化，即并非完全各向同性，而且断裂时残余变形很小。其他复合材料亦具有类似特点。

高分子材料也是一种常用的工程材料，图 2-19 所示为几种典型高分子材料拉伸时的应力-应变曲线。有些高分子材料在变形很小时即发生断裂，属于脆性材料；有些高分子材料的延伸率甚至高达 $500\%\sim600\%$。高分子材料的一个显著特点是，随着温度升高，不仅应力-应变曲线发生很大变化，而且材料经历了由脆性、塑性到粘弹性的转变。所谓粘弹性，是指材料的变形不仅与应力的大小有关，而且与应力所持续的时间有关。

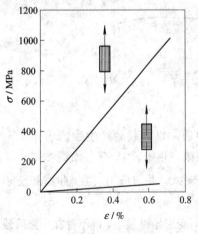

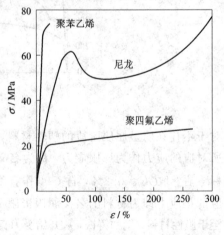

图 2-18   图 2-19

2.3.7　材料在压缩时的力学性能

材料受压时的力学性能由压缩试验测定。一般细长压杆压缩时容易产生失稳现象，常采用短粗圆柱形试样。

低碳钢压缩时的应力-应变曲线如图 2-20(a)所示，为了便于比较，图中还画出了拉伸时的应力-应变曲线。可以看出，屈服之前压缩曲线与拉伸曲线基本重合，压缩与拉伸时的屈服应力与弹性模量基本相同。不同的是，过了屈服阶段后，随着压力不断增大，低碳钢试样愈压愈"扁平"（见图 2-20(b)），因而得不到压缩强度极限。因为可以从拉伸试验测定低碳钢压缩时的力学性能，所以一般不进行低碳钢压缩试验。

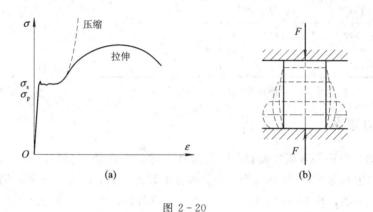

图 2-20

铸铁压缩时的应力-应变曲线如图 2-21(a)所示。压缩强度极限远高于拉伸强度极限（约为 3～4 倍）。其他脆性材料如混凝土与石料等也具有上述特点，所以脆性材料宜作承压构件。铸铁压缩破坏的形式如图 2-21(b)所示，断口的方位角约为 45°～55°。由于该截面上存在着较大的切应力，所以，铸铁压缩破坏是由最大切应力所引起的。

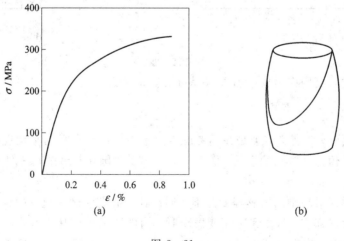

图 2-21

为便于查阅与比较，表 2-1 列出了几种常用材料在常温、静载下 σ_s、σ_b 和 δ 的数值。

表 2-1　几种常用材料的主要力学性能

材料名称	牌　号	σ_s/MPa	σ_b/MPa	$\delta_5/\%$
普通碳素钢	Q235 Q255	235 255	375~500 410~550	21~26 19~24
优质碳素钢	45 55	355 380	600 645	16 13
低合金钢	16Mn	345	510	21
合金钢	40Cr	785	980	9
铸钢	ZG270-500	270	500	18
灰铸铁	HT250		250(拉伸)	
铝合金	LY12	274	412	19

注：表中 δ_5 是指 $l=5d$ 的标准试样的伸长率。

2.3.8　应力集中

由于结构与使用等方面的需要，许多构件常常带有沟槽(如螺纹)、油孔和圆角(构件由粗到细的过渡圆角)等。在外力作用下，构件中邻近沟槽、油孔或圆角的局部范围内，应力急剧增大。例如，图 2-22(a)所示含圆孔的受拉薄板，圆孔处截面 $A-A$ 上的应力分布如图 2-22(b)所示，最大局部应力 σ_{max} 显著超过该截面的平均应力。由于截面急剧变化所引起的应力局部增大现象称为**应力集中**。

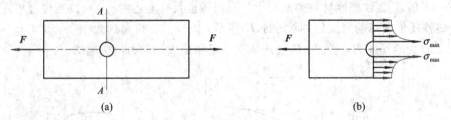

图 2-22

应力集中的程度用应力集中因数 K 表示，其定义为

$$K = \frac{\sigma_{max}}{\sigma_n} \tag{2-9}$$

式中：σ_n 为名义应力。名义应力是在不考虑应力集中条件下求得的平均应力。最大局部应力是由试验或数值计算方法确定的。图 2-23 给出了含圆孔与带圆角板件在轴向受力时的应力集中系数。

各种材料对应力集中的敏感程度并不相同。对于由脆性材料制成的构件，当由应力集中所形成的最大局部应力 σ_{max} 到达强度极限时，构件即发生破坏。因此，在设计脆性材料构件时，应考虑应力集中对杆件承载能力的削弱。但是，像灰口铸铁这类材料，其内部的不均匀性与缺陷往往是应力集中的主要因素，而杆件外形改变引起的应力集中成为次要因素，对杆件的承载能力不会带来明显的影响。

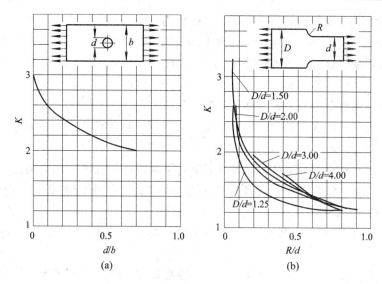

图 2 - 23

对于由塑性材料制成的构件，应力集中对其在静载荷作用下的强度影响很小。因为当最大局部应力 σ_{max} 达到屈服应力 σ_s 后，该处材料的变形可以继续增长而应力却不再加大。如果继续增大载荷，则所增加的载荷将由同一截面的未屈服部分承担，以致屈服区不断扩大（见图 2 - 24），应力分布逐渐趋于均匀。所以，在研究塑性材料构件的静强度问题时，通常可以不考虑应力集中的影响。

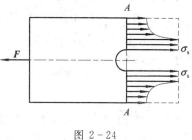

图 2 - 24

然而，对于周期性变化的应力或冲击载荷作用下的构件，应力集中对各种材料的强度都有很大的影响，往往是构件破坏的根源。这一问题将在第 10 章中讨论。所以，在工程设计中，要特别注意减小构件的应力集中。

2. 4 　 拉压杆的强度计算

2. 4. 1 　 失效与许用应力

材料的拉伸压缩试验表明，当正应力达到强度极限 σ_b 时，会引起断裂；对于塑性材料，在断裂之前，当正应力达到屈服极限 σ_s 时，将产生屈服（显著塑性变形）。构件工作时发生断裂是不允许的，发生屈服一般也是不允许的，因为出现塑性变形后，构件的形状尺寸发生了变化，已经不能正常工作。所以，从强度方面考虑，断裂是构件破坏或失效的一种形式，屈服是构件破坏或失效的另一种形式。除强度失效外，构件还有刚度失效、稳定性失效、疲劳破坏等。本节主要讨论拉压杆的强度失效问题，其他形式的失效将于以后介绍。

通常将材料的强度极限与屈服极限统称为材料的**极限应力**，用 σ_u 表示。对于脆性材料，强度极限为其唯一强度指标，通常以强度极限作为极限应力；对于塑性材料，其屈服应力小于强度极限，通常以屈服应力作为极限应力。

根据分析计算所得构件的应力，称为**工作应力**。在理想情况下，为了充分利用材料的强度，似乎可以使构件的工作应力接近于材料的极限应力，但实际上是不可能的，原因如下：

(1) 作用在构件上的外力常常估计不准确。

(2) 构件的外形与所受外力往往比较复杂，进行分析计算常常需要进行一些简化。因此，计算所得应力(即工作应力)与实际应力有一定的差别。

(3) 实际材料的组成与品质难免存在差异，不能保证构件所用材料与标准试样具有完全相同的力学性能，更何况由标准试样测得的力学性能，本身也带有一定的分散性，这种差别在脆性材料中尤为显著。

所有这些不确定因素，都有可能使构件的实际工作条件比设想的要偏于不安全的一面。

(4) 为了确保安全，构件还应具有适当的强度储备，特别是对于因破坏将带来严重后果的构件，更应该给予较大的强度储备。

由此可见，构件工作应力的最大容许值，必须低于材料的极限应力。对于由确定材料制成的具体构件，工作应力的最大容许值，称为**许用应力**，并用$[\sigma]$表示。许用应力与极限应力的关系为

$$[\sigma] = \frac{\sigma_u}{n} \qquad\qquad (2-10)$$

式中，n 为大于 1 的因数，称为**安全因数**。

如上所述，安全因数是由多种因素决定的。各种材料在不同工作条件下的安全因数或许用应力，可从有关规范或设计手册中查到。在一般静强度计算中，对于塑性材料，按屈服应力所规定的安全因数 n_s 通常取为 1.5～2.2；对于脆性材料，按强度极限所规定的安全因数 n_b 通常取为 3.0～5.0，甚至更大。

2.4.2 强度条件

根据以上分析，为了保证拉压杆在工作时不因强度不够而破坏，杆内的最大工作应力 σ_{max} 不得超过材料的许用应力$[\sigma]$，即要求

$$\sigma_{max} = \left(\frac{F_N}{A}\right)_{max} \leqslant [\sigma] \qquad\qquad (2-11)$$

上述判据称为**拉压杆的强度条件**或**强度设计准则**。对于等截面拉压杆，上式可写为

$$\sigma_{max} = \frac{F_{N\,max}}{A} \leqslant [\sigma] \qquad\qquad (2-12)$$

利用上述条件，可以解决以下三类强度问题：

(1) 强度校核。当已知拉压杆的截面尺寸、许用应力和所受外力时，通过比较工作应力与许用应力的大小，以判断该杆在所受外力作用下能否安全工作。

(2) 设计截面。如果已知拉压杆所受外力和许用应力，根据强度条件可以确定该杆所需横截面的面积，进而设计构件横截面各部分的尺寸。例如对于等截面拉压杆，其所需横截面的面积为

$$A \geqslant \frac{F_{\text{N max}}}{[\sigma]} \qquad (2-13)$$

（3）确定承载能力。如果已知拉压杆的截面尺寸和许用应力，根据强度条件可以确定该杆所能承受的最大轴力，其值为

$$[F_{\text{N}}] = A[\sigma] \qquad (2-14)$$

根据杆件所承受的最大轴力，进而确定结构所能承受的最大载荷，即许可载荷。

需要指出的是，如果工作应力 $\sigma_{\max}$ 超过了许用应力 $[\sigma]$，但只要超过量（即 $\sigma_{\max}$ 与 $[\sigma]$ 之差）不大，不超过许用应力的 5%，在工程计算中仍然是允许的。

例 2 - 4　图 2 - 25 所示空心圆截面杆，外径 $D=20$ mm，内径 $d=15$ mm，承受轴向载荷 $F=20$ kN，材料的屈服应力 $\sigma_{\text{s}}=235$ MPa，安全系数 $n_{\text{s}}=1.5$。试校核杆的强度。

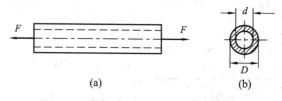

图 2 - 25

解　杆件横截面上的正应力为

$$\sigma = \frac{4F}{\pi(D^2 - d^2)} = \frac{4(20 \times 10^3)}{\pi(20^2 - 15^2)} \approx 145 \text{ MPa}$$

材料的许用应力为

$$[\sigma] = \frac{\sigma_{\text{s}}}{n_{\text{s}}} = \frac{235}{1.5} \approx 157 \text{ MPa}$$

可见，工作应力小于许用应力，说明杆件能够安全工作。

例 2 - 5　图 2 - 26 所示起重机的起重链条由圆钢制成，承受的最大拉力为 $F=15$ kN。已知圆钢材料为 Q235 钢，考虑到起重时链条可能承受冲击载荷，取许用应力 $[\sigma]=40$ MPa。若只考虑链环两边所受的拉力，试确定圆钢的直径 d。

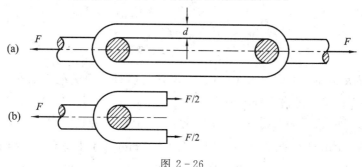

图 2 - 26

解　利用截面法，可以求得链环每边截面上的轴力为

$$F_{\text{N}} = \frac{1}{2}F$$

所需圆环的横截面面积为

$$A = \frac{1}{4}\pi d^2 \geqslant \frac{F_{\text{N}}}{[\sigma]}$$

由此可得链环的圆钢直径为

$$d \geqslant \sqrt{\frac{4F_N}{\pi[\sigma]}} = \sqrt{\frac{4 \times (7.5 \times 10^3)}{\pi \times 40}} = 15.5 \text{ mm}$$

故可选用 $d = 16$ mm 的标准链环圆钢。

例 2 - 6　图 2 - 27(a)所示为简易旋臂式吊车，斜拉杆由两根 50×50×5 的等边角钢所组成，水平杆由两根 10 号槽钢组成。材料都是 Q235 钢，许用应力 $[\sigma] = 120$ MPa。整个三角架可绕 O_1O_1 轴转动，电动葫芦可沿水平杆移动。当电葫芦在图示位置时，求最大起吊重量 F（包括电葫芦自重）。两杆自重略去不计。

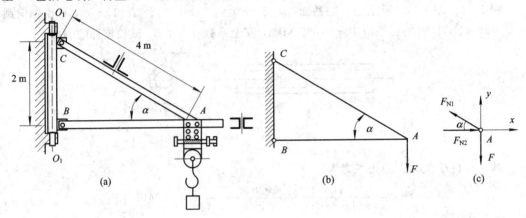

图 2 - 27

解　(1) 受力分析。AB、AC 两杆的两端均可简化为铰链连接，故吊车的计算简图如图 2 - 27(b)所示。取节点 A 为研究对象，其受力图如图 2 - 27(c)所示。设 AC 杆受拉力 F_{N1}，AB 杆受压力 F_{N2}。由平面汇交力系的平衡条件

$$\sum F_x = 0, \ F_{N2} - F_{N1}\cos 30° = 0$$
$$\sum F_y = 0, \ F_{N1}\sin 30° - F = 0$$

得

$$F_{N1} = 2F \tag{a}$$
$$F_{N2} = 1.73F \tag{b}$$

(2) 计算最大轴力。由附录 C 中的型钢表查得斜杆 AC 横截面面积 $A_1 = 2 \times 4.8 \times 10^2$ mm²。斜杆允许承担的最大轴力为

$$[F_{N1}] = A_1[\sigma] = 2 \times 4.8 \times 10^2 \times 120 = 1.152 \times 10^5 \text{ N}$$

对于水平杆 AB，由附录 C 查得 $A_2 = 2 \times 12.74 \times 10^2$ mm²。水平杆允许承担的最大轴力为

$$[F_{N2}] = A_2[\sigma] = 2 \times 12.74 \times 10^2 \times 120 \approx 3.06 \times 10^5 \text{ N}$$

(3) 确定承载能力。将 $[F_{N1}]$ 代入式(a)，得到按斜杆强度计算的吊车许用载荷 $[F_1]$:

$$[F_1] = \frac{1}{2}[F_{N1}] = \frac{1}{2}(1.152 \times 10^5) = 5.76 \times 10^4 \text{ N}$$

将 $[F_{N2}]$ 代入式(b)，得到按水平杆强度计算的吊车许用载荷 $[F_2]$:

$$[F_2] = \frac{[F_{N2}]}{1.732} = \frac{3.06 \times 10^5}{1.732} \approx 1.77 \times 10^5 \text{ N}$$

为保证整个吊车的安全，取上述两个许用载荷中之较小者。故最大起吊重量为

$$[F]=57.6 \text{ kN}$$

2.5 拉压杆的变形计算

当杆件承受轴向载荷时，其轴向与横向尺寸均发生变化。杆件沿轴线方向的变形称为**轴向变形**或**纵向变形**；垂直于轴线方向的变形称为**横向变形**。

2.5.1 拉压杆的轴向变形与胡克定律

设杆件的原长为 l（见图 2-28），横截面积为 A，在轴向拉力 F 的作用下，杆长变为 l_1，则杆件横截面上的正应力为

$$\sigma = \frac{F_N}{A} = \frac{F}{A} \tag{a}$$

而其轴向变形为

$$\Delta l = l_1 - l \tag{b}$$

由于拉压杆轴向应变是均匀的，因而其轴向线应变为

$$\varepsilon = \frac{\Delta l}{l} \tag{c}$$

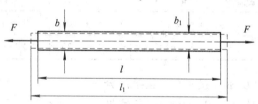

图 2-28

根据胡克定律，在比例极限内，线应变与正应力成正比，即

$$\varepsilon = \frac{\sigma}{E} \tag{2-15}$$

将式（a）、（c）代入式（2-15），可得

$$\Delta l = \frac{F_N l}{EA} \tag{2-16}$$

上述关系式仍称为**胡克定律**。它表明：在比例极限内，杆的轴向变形 Δl 与轴力 F_N 及杆长 l 成正比，与乘积 EA 成反比。乘积 EA 称为杆截面的抗拉（压）刚度。显然，在一定轴向载荷作用下，抗拉刚度愈大，杆的轴向变形愈小。由式（2-16）可知，轴向变形 Δl 与轴力 F_N 具有相同的正负符号，即伸长为正，缩短为负。

式（2-16）适用于杆件横截面面积 A 和轴力 F_N 皆为常量的情况。对于横截面面积、轴力、弹性模量沿杆轴逐段变化的拉压杆，则应由式（2-16）逐段计算变形，再求其代数和即可。

2.5.2 拉压杆的横向变形与泊松比

如图 2-29 所示，设杆件的原宽度为 b，受力后，杆件宽度变为 b_1，所以，杆的横向变形为

$$\Delta b = b_1 - b$$

而横向线应变则为

$$\varepsilon' = \frac{\Delta b}{b} \qquad (2-17)$$

试验表明，轴向拉伸时，杆轴向尺寸伸长，其横向尺寸减小；轴向压缩时，杆沿轴线缩短，其横向尺寸增大。横向线应变 ε' 与轴向线应变 ε 恒为异号。试验还表明，在比例极限内，横向线应变与轴向线应变成正比。

设将横向线应变与轴向线应变之比的绝对值用 μ 表示，则由上述试验可知

$$\mu = \left| \frac{\varepsilon'}{\varepsilon} \right| = -\frac{\varepsilon'}{\varepsilon}$$

或

$$\varepsilon' = -\mu\varepsilon \qquad (2-18)$$

比例系数 μ 称为**泊松比**。在比例极限内，μ 是一个常数，其值随材料而异，由试验测定。对绝大多数各向同性材料，$0 < \mu < 0.5$。

弹性模量 E 与泊松比 μ 都是材料的弹性常数。对于各向同性材料，E 和 μ 之值均与方向无关。几种常用材料的 E 和 μ 值如表 $2-2$ 所示。

表 $2-2$　常见材料的弹性模量与泊松比

弹性常数	钢与合金钢	铝合金	铜	铸铁	木(顺纹)
E/GPa	200～220	70～72	100～120	80～160	8～12
μ	0.25～0.30	0.26～0.34	0.33～0.35	0.23～0.27	—

例 2-7　图 $2-29$ 所示连接螺栓，连接部分的长度 $l = 600$ mm，直径 $d = 100$ mm，拧紧螺母时连接部分的伸长变形 $\Delta l = 0.30$ mm，螺栓用钢制成，其弹性模量 $E = 200$ GPa，泊松比 $\mu = 0.30$。试计算螺栓横截面上的正应力、螺栓的预紧力及横向变形。

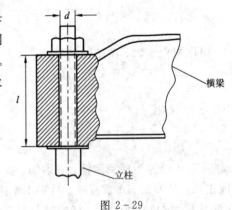

图 $2-29$

解　螺栓的轴向线应变为

$$\varepsilon = \frac{\Delta l}{l} = \frac{0.30}{600} = 5.0 \times 10^{-4}$$

根据胡克定律，得螺栓横截面上的正应力为

$$\sigma = E\varepsilon = 200 \times 10^3 \times 5.0 \times 10^{-4}$$
$$= 100 \text{ MPa}$$

螺栓的预紧力为

$$F = A\sigma = \frac{1}{4}\pi \times 100^2 \times 100 = 7.85 \times 10^5 \text{ N} = 785 \text{ kN}$$

由式 $(2-17)$ 知，螺栓的横向线应变为

$$\varepsilon' = -\mu\varepsilon = -0.30 \times 0.50 \times 10^{-3} = -1.5 \times 10^{-4}$$

由此得螺栓的横向变形为

$$\Delta d = \varepsilon'd = -1.5 \times 10^{-4} \times 100 = -0.015 \text{ mm}$$

即螺栓直径缩小 0.015 mm。

例 2-8　图 2-30 所示桁架由杆 1 和 2 组成，并在节点 A 承受集中载荷 F 作用。杆 1 用钢杆制成，弹性模量 $E_1 = 200$ GPa，横截面积 $A_1 = 100$ mm²，杆长 $l_1 = 1$ m；杆 2 用硬铝管制成，弹性模量 $E_2 = 70$ GPa，横截面积 $A_2 = 250$ mm²；载荷 $F = 10$ kN。求节点 A 的位移。

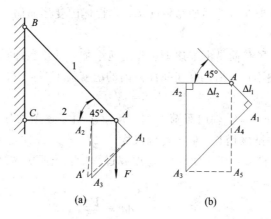

图 2-30

解　首先，根据节点 A 的平衡条件，求得杆 1 和杆 2 的轴力分别为

$$F_{N1} = \sqrt{2}F = \sqrt{2} \times (10 \times 10^3) \approx 1.414 \times 10^4 \text{ N} \quad （拉力）$$

$$F_{N2} = F = 1.0 \times 10^4 \text{ N} \quad （压力）$$

设杆 1 的伸长为 Δl_1，并用 $\overline{AA_1}$ 表示；杆 2 的缩短为 Δl_2，并用 $\overline{AA_2}$ 表示，则由胡克定律可知：

$$\Delta l_1 = \frac{F_{N1} l_1}{E_1 A_1} = \frac{1.414 \times 10^4 \times 1 \times 10^3}{200 \times 10^3 \times 100} = 0.707 \text{ mm（伸长）}$$

$$\Delta l_2 = \frac{F_{N2} l_2}{E_2 A_2} = \frac{1.0 \times 10^4 \times (1 \times \cos 45°) \times 10^3}{70 \times 10^3 \times 250} = 0.404 \text{ mm（缩短）}$$

加载前，杆 1 与杆 2 在节点 A 相连，受力后，各杆的长度虽然改变，但仍然相交于一点。因此，为了确定节点 A 位移后的新位置，分别以 B、C 为圆心，BA_1、CA_2 为半径画圆，其交点 A' 即为节点 A 的新位置（见图 2-30(a)）。

通常杆的变形均很小，上述圆弧线可近似地用其切线代替。于是，过 A_1 与 A_2 分别作 BA_1 与 CA_2 的垂线（见图 2-30(b)），其交点 A_3 可视为节点 A 的新位置。这种确定桁架节点位移的方法称为威里沃特图解法。

按此方法，得节点 A 的水平与铅垂位移分别为

$$\Delta x = \overline{AA_2} = \Delta l_2 = 0.404 \text{ mm} \quad （\leftarrow）$$

$$\Delta y = \overline{AA_4} + \overline{A_4 A_5} = \frac{\Delta l_1}{\sin 45°} + \frac{\Delta l_2}{\tan 45°} \approx 1.404 \text{ mm} \quad （\downarrow）$$

与结构原尺寸相比为很小的变形，称为**小变形**。在小变形条件下，通常即可按结构原有几何形状与尺寸计算约束力与内力，并可采用上述以切线代替圆弧的方法确定位移。因此，小变形是一个十分重要的概念，利用此条件，可使许多问题的分析计算大为简化。

2.5.3　轴向拉压时的应变能

在外力作用下，弹性体发生变形，载荷在相应位移上做功。与此同时，弹性体因变形具有做功的能力，即具有能量。当外力逐渐减小时，变形逐渐消失，弹性体又将释放出储存的能量而做功。如机械钟表的发条被拧紧而产生变形，发条内储存能量；随后发条在放松的过程中释放能量，带动齿轮系使指针转动。弹性体因变形而储存的能量，称为**应变能**，并用 V_ε 表示。

根据功能原理，如果载荷是由零逐渐、缓慢地增加，以致在加载过程中弹性体的动能与热能的变化均可忽略不计，则贮存在弹性体内的应变能 V_ε 等于外力所做之功 W，即

$$V_\varepsilon = W \tag{d}$$

图 2-31(a)所示杆件承受轴向载荷作用。载荷 f 由零逐渐增加，最后达到最大值 F；载荷 f 的相应位移 δ 也随之增长，最后达到最大值 Δl。在线弹性范围内，载荷 f 与位移 δ 呈线性关系，其关系如图 2-31(b)所示。在加载过程中，载荷所做之总功，数值上等于图示三角形 OAB 的面积，即

$$W = \int_0^{\Delta l} f \, \mathrm{d}\delta = \frac{F\Delta l}{2} \tag{e}$$

即载荷所做之总功，等于载荷 F 与相应位移 Δl 的乘积之半。

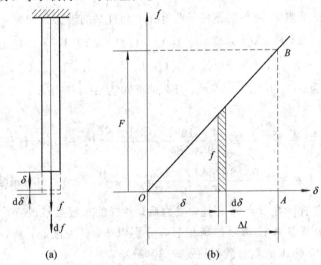

图 2-31

对于两端承受轴向载荷 F 作用下的等截面直杆，$F_N = F$，其轴向变形为

$$\Delta l = \frac{F_N l}{EA} = \frac{Fl}{EA} \tag{f}$$

故由式(d)、(e)、(f)可知，拉压杆的变形能为

$$V_\varepsilon = W = \frac{F_N \Delta l}{2} = \frac{F_N^2 l}{2EA} \tag{2-19}$$

弹性体单位体积内存储的应变能称为**应变能密度**，并用 ν_ε 表示。因为拉压杆各部分的受力与变形是均匀的，杆的每一单位体积内存储的变形能应相同，所以其应变能密度为

$$\nu_\varepsilon = \frac{V_\varepsilon}{V} = \frac{F_N^2 l}{2EA \cdot Al} = \frac{\sigma^2}{2E} = \frac{E\varepsilon^2}{2} = \frac{1}{2}\sigma\varepsilon \qquad (2-20)$$

利用功能原理可以解决与构件或结构变形有关的问题，这种方法称为**能量法**。

例 2-9　试用能量法求例 2-8 桁架节点 A 的竖直位移 Δy。

解　根据功能原理，载荷 F 所做之功等于桁架各杆存储的应变能，即

$$\frac{1}{2}F\Delta y = \frac{F_{N1}^2 l_1}{2E_1 A_1} + \frac{F_{N2}^2 l_2}{2E_2 A_2}$$

将 $F_{N1} = \sqrt{2}F$，$F_{N2} = F$ 代入上式，得

$$\Delta y = \frac{2Fl_1}{E_1 A_1} + \frac{Fl_2}{E_2 A_2} = \frac{2 \times (1.0 \times 10^4) \times 1 \times 10^3}{200 \times 10^3 \times 100} + \frac{(1.0 \times 10^4) \times (1 \times \cos 45°) \times 10^3}{70 \times 10^3 \times 250}$$

$$= 1.404 \text{ mm}$$

其结果与位移图解法所得结果相同。

直接根据功能原理只能求出结构在一个载荷作用下、载荷作用点沿载荷作用方向的位移。关于能量法的详细内容将在第 11 章中研究。

2.6　简单拉压静不定问题

2.6.1　静不定问题分析

在前面讨论的问题中，杆件的约束力与轴力都可由静平衡方程完全确定，这类问题称为**静定问题**。在有些情况下，杆件的约束力与轴力并不能全由静平衡方程解出，这类问题称为**静不定问题**或**超静定问题**。在静定问题中，未知力的数目等于独立静平衡方程的数目，所有未知力具有确定的解；在静不定问题中，未知力的数目多于独立静平衡方程的数目，即存在所谓的多余约束，未知力的解不完全确定。未知力数目与独立静平衡方程数目之差称为**静不定次数**。

在工程中，静不定结构得到广泛应用。多余约束使结构由静定变为静不定，问题由静力学可解变为静力学不可解，这只是问题的一方面。问题的另一方面是，多余约束对结构的变形有着限制作用，而变形与力又紧密相关，这就为求解静不定问题提供了补充条件。求解静不定问题需从静平衡、力与变形之间的关系及变形协调三个方面综合考虑。下面具体说明静不定问题分析求解的方法以及静不定结构的特性。

图 2-32(a) 为一简单桁架。1、2 杆各截面具有相同的抗拉刚度，均为 $E_1 A_1$，杆 3 各截面的抗拉刚度为 $E_3 A_3$，杆 1 与杆 3 的长度分别为 l_1 与 l_3，α、F 均为已知，试求各杆的轴力。

取节点 A 为研究对象。在载荷 F 作用下，各杆均伸长，故可设各杆均受拉，节点 A 的受力如图 2-32(b) 所示，其独立平衡方程为

$$\sum F_x = 0, \quad F_{N2} \sin\alpha - F_{N1} \sin\alpha = 0 \qquad (a)$$

$$\sum F_y = 0, \quad F_{N1} \cos\alpha + F_{N2} \cos\alpha + F_{N3} - F = 0 \qquad (b)$$

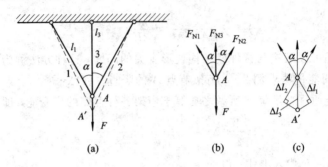

图 2 - 32

这里存在三个未知力，但是只有两个独立平衡方程，故为一静不定问题。

桁架三根杆原交于一点 A，变形后它们仍交于一点，此外，由于杆 1 与杆 2 的受力及抗拉刚度均相同，结构对称节点 A 应沿铅垂方向下移，由 A 移动到 A'，桁架的变形如图 2 - 32(c)所示。可见，为保证三杆变形后仍交于一点，即保证结构的连续性，杆 1、杆 2 的变形 Δl_1、Δl_2 与杆 3 的变形 Δl_3 之间应满足如下关系：

$$\Delta l_1 = \Delta l_2 = \Delta l_3 \cos\alpha \tag{c}$$

保证结构连续性所满足的变形几何关系，称为**变形协调条件**，该条件用数学方程写出来称之为**变形协调方程**。变形协调条件即为求解静不定问题的补充条件。

设三杆的变形均处于线弹性范围，则由胡克定律可知，各杆的变形与轴力间的关系分别为

$$\Delta l_1 = \frac{F_{N1} l_1}{E_1 A_1} \tag{d}$$

$$\Delta l_3 = \frac{F_{N3} l_3}{E_3 A_3} = \frac{F_{N3} l_1 \cos\alpha}{E_3 A_3} \tag{e}$$

表示变形与轴力的关系式称为物理方程。将式(d)、(e)代入式(c)，得到用轴力表示的变形协调方程即补充方程：

$$F_{N1} = \frac{E_1 A_1}{E_3 A_3} \cos^2\alpha F_{N3} \tag{f}$$

最后，联立求解方程(a)、(b)、(f)，得

$$F_{N1} = F_{N2} = \frac{F \cos^2\alpha}{\dfrac{E_3 A_3}{E_1 A_1} + 2\cos^3\alpha} \tag{g}$$

$$F_{N3} = \frac{F}{1 + 2\dfrac{E_1 A_1}{E_3 A_3} \cos^3\alpha} \tag{h}$$

所得结果均为正，说明各杆轴力均为拉力的假设是正确的。

由式(g)、(h)可以看出，各杆的轴力不仅与载荷 F 及杆间夹角 α 有关，而且与杆的抗拉刚度有关。一般来说，增大某杆刚度，该杆的轴力亦相应增大。实际上，这也正是静不定问题区别于静定问题的一个重要特征。

综上所述，求解静不定问题必须考虑以下三个方面：满足静平衡方程；满足变形协调条件；符合力与变形之间的物理关系。概而言之，即应综合考虑静力学、几何与物理三方面。

例 2-10 图 2-33 所示结构，梁 BD 可视为刚体，载荷 $F=50$ kN，杆 1 与杆 2 的弹性模量均为 E，横截面面积均为 A，许用拉应力 $[\sigma_t]=160$ MPa，许用压应力 $[\sigma_c]=120$ MPa，试确定各杆的横截面面积。

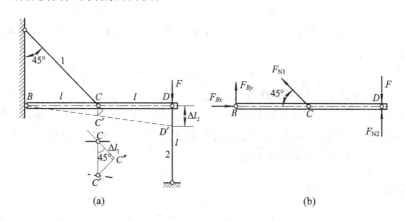

(a)   (b)

图 2-33

解 (1) 问题分析。刚性梁 BD 在 B 处受固定铰链支座约束，如果再受杆 1 或杆 2 中某一个二力杆件约束，结构就是一个平面静定结构；但是该结构是在杆 1 与杆 2 共同约束下，显然存在着多余约束，属于静不定结构。

在载荷 F 作用下，刚性梁 BD 将绕 B 点沿顺时针方向作微小转动(如图 2-33(a)之虚线所示)，杆 1 伸长，杆 2 缩短。与此相应，杆 1 受拉，杆 2 受压，其受力如图 2-33(b)所示，未知约束力共有 4 个，平面任意力系的独立平衡方程只有 3 个，故为一静不定问题。

(2) 建立平衡方程。因为本例只需求出轴力 F_{N1} 与 F_{N2}，建立平衡方程

$$\sum M_B = 0, \quad F_{N1}\sin 45° \cdot l + F_{N2} \cdot 2l - F \cdot 2l = 0 \tag{a}$$

另外两个包括未知力 F_{Bx}、F_{By} 的平衡方程不必一一列出。

(3) 建立补充方程。由变形关系图 2-33(a)，可写出变形协调方程为

$$\Delta l_2 = 2\,\overline{CC'} = 2\sqrt{2}\,\Delta l_1 \tag{b}$$

根据胡克定律，得物理方程为

$$\Delta l_1 = \frac{F_{N1}l_1}{EA} = \frac{\sqrt{2}\,F_{N1}l}{EA} \tag{c}$$

$$\Delta l_2 = \frac{F_{N2}l_2}{EA} = \frac{F_{N2}l}{EA} \tag{d}$$

将式(c)、(d)代入式(b)，得补充方程为

$$F_{N2} = 4F_{N1} \tag{e}$$

(4) 轴力计算与截面设计。联立求解平衡方程(a)与补充方程(e)，得

$$F_{N1} = \frac{2\sqrt{2}\,F}{8\sqrt{2}+1} = \frac{2\sqrt{2}(50\times 10^3)}{8\sqrt{2}+1} \approx 1.149\times 10^4 \text{ N}$$

$$F_{N2} = \frac{8\sqrt{2}\,F}{8\sqrt{2}+1} = \frac{8\sqrt{2}(50\times 10^3)}{8\sqrt{2}+1} \approx 4.59\times 10^4 \text{ N}$$

根据拉压杆的强度条件，得杆 1 与杆 2 所需之横截面面积分别为

$$A_1 \geqslant \frac{F_{N1}}{[\sigma_t]} = \frac{1.149 \times 10^4}{160} \approx 71.8 \text{ mm}^2$$

$$A_2 \geqslant \frac{F_{N2}}{[\sigma_c]} = \frac{4.599 \times 10^4}{120} \approx 383 \text{ mm}^2$$

但是，由于该结构的轴力是在 $A_1 = A_2$ 的条件下求得的，如果杆1与杆2取不同的面积，轴力将随之改变。因此，应取

$$A_1 = A_2 = 383 \text{ mm}^2$$

（5）讨论。求解静不定问题，在画变形图与受力图时，应该使受力图中的拉力或压力，分别与初步分析的变形图中的伸长与缩短一一对应，这样，建立物理方程时，仅需考虑绝对值即可。最后求得的轴力为正，说明对结构的变形与受力分析符合实际；否则，与之对应的变形及受力与初步分析的方向相反。

2.6.2 热应力与预应力

静不定问题的另一重要特征是，温度的变化以及制造误差会在静不定结构中产生应力，这些应力分别称为**热应力**（温度应力）与**预应力**（初应力、装配应力）。

静不定结构中的热应力是由于热膨胀（或收缩）受到约束而引起的。设杆件的原长为 l，材料的线膨胀系数为 α，则当温度改变 ΔT 时，杆长的改变量为

$$\Delta l_T = \alpha l \Delta T \tag{2-21}$$

对于图 2-34 所示的两端固定杆，由于温度变形被固定端所限制，杆内即引起热应力。

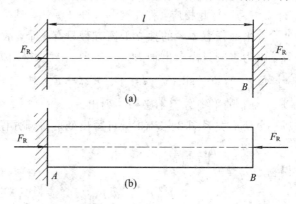

图 2-34

为了分析该杆的热应力，假想地将 B 端的约束解除，以支反力 F_R 代替其作用，杆的轴向变形包括由温度引起的变形和约束力引起的变形两部分，即

$$\Delta l = \Delta l_T - \Delta l_N = \alpha l \Delta T - \frac{F_R l}{EA}$$

由于杆的总长不变，因而有

$$\alpha l \Delta T - \frac{F_R l}{EA} = 0$$

由此求得杆内横截面上的正应力即热应力为

$$\sigma_T = \frac{F_R}{A} = E \alpha \Delta T$$

不难看出，当温升较大时，热应力的数值相当可观，不可忽视。例如，对于钢管，$E = 200$ GPa，$\alpha = 1.25 \times 10^{-5}/℃$，$\Delta T = 40℃$时，杆内的热应力 $\sigma_T = 100$ MPa。为了避免出现过高的热应力，蒸汽管道中有时设置伸缩节（见图 2-35），钢轨在两段接头之间预留一定量的缝隙等，以削弱热膨胀所受的限制，降低温度应力。

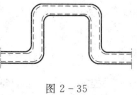

图 2-35

在加工制造构件时，尺寸上的一些微小误差难以避免。对于静定结构，加工误差只不过是造成结构几何形状的微小变化，不会引起内力。但对静不定结构，加工误差却往往要引起内力。例如图 2-32 所示桁架，若杆 3 比设计长度短 Δ，装配时为了将三根杆下端连接于一点，必须使杆 3 拉长，使杆 1、2 缩短。杆系经装配后，杆 3 内便产生拉应力，而杆 1、2 内便产生压应力。这种由于加工误差而在装配时产生的应力称为**装配应力**。装配应力是在载荷作用以前已经具有的应力，因而是一种初应力（预应力）。工程实际中，常利用预应力进行某些构件的装配（例如将轮圈套装在轮毂上），或提高某些构件的承载能力（例如采用预应力混凝土构件）。

例 2-11　在图 2-36(a)所示结构中，横梁 AB 为刚性杆。1、2 两杆的抗拉刚度分别为 $E_1 A_1$、$E_2 A_2$。由于加工误差，1 杆比名义长度短了 δ，试求 1、2 杆的内力。

解　(1) 静力平衡方程。设 1、2 杆的轴力分别为 F_{N1}、F_{N2}，见图 2-36(b)。由 AB 杆的平衡方程 $\sum M_A = 0$，得

$$F_{N1}a + 2F_{N2}a - 3Fa = 0 \qquad (a)$$

(2) 几何方程。由于横梁 AB 是刚性杆，因此结构变形后，它仍为直杆，由图 2-36(c)可以看出，1、2 两杆的伸长 Δl_1、Δl_2 与 δ 应满足以下关系：

$$\Delta l_2 = 2(\Delta l_1 - \delta) \qquad (b)$$

(3) 物理方程。两杆的变形如图所示，其伸长量分别为

$$\begin{cases} \Delta l_1 = \dfrac{F_{N1} l}{E_1 A_1} \\[2mm] \Delta l_2 = \dfrac{F_{N2} l}{E_2 A_2} \end{cases} \qquad (c)$$

联立求解式(a)、式(b)、式(c)，可以得到

$$F_{N1} = \frac{E_1 A_1}{E_1 A_1 + 4E_2 A_2}\left(3F + \frac{4E_2 A_2 \delta}{l}\right)$$

$$F_{N2} = \frac{2E_2 A_2}{E_1 A_1 + 4E_2 A_2}\left(3F - \frac{E_1 A_1 \delta}{l}\right)$$

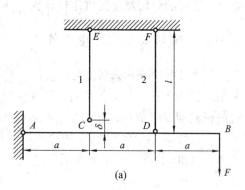

(a)

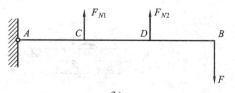

(b)

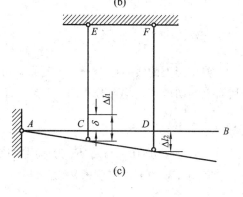

(c)

图 2-36

2.7　连接件的强度计算

工程实际中，为了将机械零部件或结构构件互相连接起来，通常要用到螺栓、铆钉、销轴、键块、木榫、焊接等连接方式。在这些连接中的螺栓、铆钉、销轴、键块、榫头等称为**连接件**。工程上常用的连接件以及被连接的构件在连接处的应力，都属于所谓"加力点附近的局部应力问题"。

由于应力的局部性质，连接件的横截面上或被连接件连接处的应力分布是很复杂的，很难作出也没有必要作出精确的理论分析。因此，对于连接件的强度问题，工程上大都采用实用计算法。这种方法的要点是：一方面，对连接件的受力与应力分布进行简化与假定，从而计算出各部分的"名义应力"；另一方面，根据同类连接件的实物或模拟破坏实验，由前述应力公式计算其破坏时的"极限应力"；然后根据上述两方面得到的计算结果，建立强度条件，作为连接件设计的依据。实践表明，这种实用计算法简便有效。本节只介绍螺栓、销钉、铆钉的剪切及挤压假定计算。

2.7.1　剪切与剪切强度条件

如图 2-37 所示，当作为连接件的销钉两侧承受一对大小相等、方向相反、作用线互相平行且相距很近的力作用时，其主要失效形式之一是沿两侧外力之间并与外力作用线平行的横截面发生剪切破坏。发生剪切破坏的横截面称为剪切面。剪切面上的内力既有剪力 F_S，又有弯矩，但弯矩很小，可以忽略。利用截面法和静力平衡方程不难求得剪切面上的剪力。例如，由图 2-37(c)可得

$$F_S = F_p$$

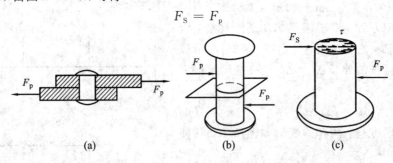

(a)　　　　　　　　　(b)　　　　　　　　　(c)

图 2-37

剪切面上的实际应力分布很复杂，切应力也非均匀分布。在实用计算中，一般假定剪切面上的切应力是均匀分布的。于是，有

$$\tau = \frac{F_S}{A} \qquad\qquad (2-22)$$

式中：A 为剪切面的面积；F_S 为作用在该剪切面上的剪力。

实用计算的剪切强度条件为

$$\tau = \frac{F_S}{A} \leqslant [\tau] \qquad\qquad (2-23)$$

式中：$[\tau]$为连接件的许用切应力，即

$$[\tau] = \frac{\tau_b}{n_b} \qquad (2-24)$$

τ_b 是根据连接件实物进行剪切破坏实验得到的强度极限,即通过实验获得破坏时的剪力值 F_{Sb},再由式(2-22)算得强度极限 τ_b。τ 与 τ_b 都是在同样假定前提下计算得到的应力数值,所以它们具有可比性。

实践表明,剪切实用计算中材料的许用切应力$[\tau]$与拉伸许用应力$[\sigma]$有关,对于钢材

$$[\tau] = (0.75 \sim 0.80)[\sigma] \qquad (2-25)$$

需要注意的是,在计算中要具体分析确定连接件有几个剪切面,以及每个剪切面上的剪力。例如图 2-37 所示的铆钉只有一个剪切面,而图 2-39 所示的铆钉则有两个剪切面。

2.7.2　挤压与挤压强度计算

在外力作用下,连接件与其所连接的构件相互接触并产生挤压,因而在二者接触面的局部区域产生垂直于接触面的挤压力 F_{bs} 与挤压应力 σ_{bs}。挤压应力过大时,二者接触的局部区域内将产生显著的塑性变形或被压溃,从而导致配合失效。

挤压接触面上的应力分布也是很复杂的。因此,在工程中同样采取实用计算的方法,即假定挤压应力在有效挤压面上均匀分布。有效挤压面简称挤压面,其面积用符号 A_{bs} 表示,它是指实际挤压面面积在垂直于总挤压力作用线平面上的投影。若实际挤压面为平面,如图 2-38(a)所示的键,则图示阴影部分实际挤压面的面积就是有效挤压面的面积 A_{bs}。对于销钉、铆钉等圆柱形连接件,其实际挤压面为半圆柱面,挤压面上的实际应力分布如图 2-38(b)所示。

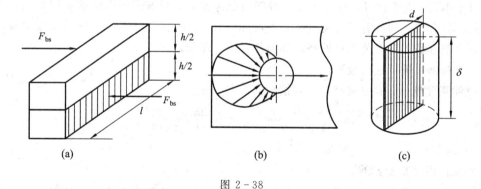

图 2-38

根据实验与分析结果,其最大挤压应力约等于有效挤压面上的平均应力。故对于圆柱形连接件,若直径为 d,连接板厚度为 δ,则有效挤压面的面积为 $A_{bs} = \delta d$,如图 2-37(c)所示。于是,挤压应力为

$$\sigma_{bs} = \frac{F_{bs}}{A_{bs}} \qquad (2-26)$$

实用计算的挤压强度条件为

$$\sigma_{bs} = \frac{F_{bs}}{A_{bs}} \leqslant [\sigma_{bs}] \qquad (2-27)$$

式中:$[\sigma_{bs}]$为许用挤压应力,它也是根据同类构件的挤压破坏实验确定极限挤压力,并由式(2-26)计算名义挤压强度极限,再除以挤压安全因数得到的。实验表明,对于钢材,有

$$[\sigma_{bs}] = (1.7 \sim 2.0)[\sigma] \tag{2-28}$$

式中：$[\sigma]$为拉伸许用应力。

例 2-12 图2-39所示的钢板铆接件中，已知钢板的许用应力为$[\sigma]=98$ MPa，许用挤压应力$[\sigma_{bs}]=196$ MPa，钢板厚度$\delta=10$ mm，宽度$b=100$ mm，铆钉直径$d=17$ mm，铆钉许用切应力$[\tau]=137$ MPa，挤压许用应力为$[\sigma_{bs}]=314$ MPa。若载荷$F_p=23.5$ kN。试校核钢板与铆钉的强度。

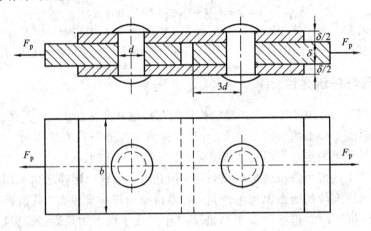

图 2-39

解 （1）接头破坏形式分析。铆接接头的破坏形式可能有如下四种：铆钉被剪断；铆钉与孔壁相互挤压产生显著塑性变形；钢板沿铆钉孔中心所在的截面被拉断；钢板被拉豁。对于钢板，由于自铆钉孔边缘线至端部的距离比较大，该钢板纵向承受剪切的面积较大，因而具有较高的抗剪切强度，拉豁的可能性比较小。因此，本例中只需校核钢板的拉伸强度和挤压强度，以及铆钉的挤压和剪切强度。现分别计算如下：

（2）对钢板进行强度校核。

拉伸强度校核：考虑到铆钉孔对钢板的削弱，有

$$\sigma = \frac{F_N}{A} = \frac{F_p}{(b-d)\delta} = \frac{23.5 \times 10^3}{(100-17) \times 10}$$
$$\approx 28.3 \text{ MPa} < [\sigma]$$

钢板的拉伸强度是安全的。

挤压强度校核：在图示情况下，钢板所受的总挤压力大小等于F_p，有效挤压面面积为$A_{bs} = d\delta$，于是有

$$\sigma_{bs} = \frac{F_p}{\delta d} = \frac{23.5 \times 10^3}{17 \times 10} \approx 138 \text{ MPa} < [\sigma_{bs}]$$

钢板的挤压强度也是安全的。

（3）对铆钉进行强度校核。

剪切强度：在图2-39所示的情况下，铆钉有两个剪切面，每个剪切面剪力为$F_s = \frac{F_p}{2}$，于是有

$$\tau = \frac{F_\text{S}}{A} = \frac{\frac{F_\text{p}}{2}}{\frac{\pi d^2}{4}} = \frac{2F_\text{p}}{\pi d^2} = \frac{2 \times (23.5 \times 10^3)}{\pi \times 17^2} \approx 51.8 \text{ MPa} < [\tau]$$

可知铆钉的剪切强度是安全的。

挤压强度：铆钉的总挤压力与有效挤压面面积均与钢板相同，而且挤压许用应力较钢板为高，而钢板的挤压强度已校核是安全的，故无须重复计算。

所以整个连接结构的强度都是安全的。

例 2 - 13　如图 2 - 40 所示，齿轮用平键与轴连接(图中只画出了轴与键，没有画齿轮)。已知轴的直径 $d = 70$ mm，键的尺寸为 $b \times h \times l = (20 \times 12 \times 100)$ mm，传递的扭转力偶矩为 $M_\text{e} = 2$ kN·m，键的许用切应力 $[\tau] = 60$ MPa，许用挤压应力为 $[\sigma_\text{bs}] = 100$ MPa。试校核键的强度。

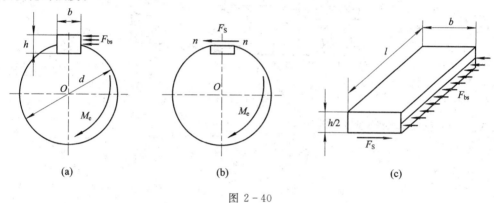

图 2 - 40

解　(1) 校核键的剪切强度。

键的剪切面为 $n\text{-}n$ 面，其面积为 $A = bl$，因为假设在 $n\text{-}n$ 截面上切应力均匀分布，故 $n\text{-}n$ 截面上的剪力为

$$F_\text{S} = A\tau = bl\tau$$

对矩心 O 取矩，由平衡条件 $\sum M_O = 0$，得

$$F_\text{S} \cdot \frac{d}{2} = bl\tau \cdot \frac{d}{2} = M_\text{e}$$

故有

$$\tau = \frac{2M_\text{e}}{bld} = \frac{2 \times (2 \times 10^3)}{20 \times 100 \times 70 \times 10^{-3}}$$
$$\approx 28.6 \text{ MPa} < [\tau]$$

可见，平键满足剪切强度条件。

(2) 校核键的挤压强度。

由图 2 - 40(a)、(c)可以看出，键 $n\text{-}n$ 截面以上右侧面为挤压面，挤压力 F_bs 与剪力 F_S 的大小相等，挤压面面积为

$$A_\text{bs} = \frac{h}{2}l$$

挤压应力为

$$\sigma_{bs} = \frac{F_{bs}}{A_{bs}} = \frac{\frac{2M_e}{d}}{\frac{h}{2}l} = \frac{4M_e}{dhl} = \frac{4 \times (2 \times 10^3)}{70 \times 12 \times 100 \times 10^{-3}}$$

$$\approx 95.2 \text{ MPa} < [\sigma_{bs}]$$

故平键也满足挤压强度条件。

例 2-14 图 2-41 所示为一冲床工作简图,最大冲压力 $F_{max} = 400$ kN,冲头材料的许用挤压应力为 $[\sigma_{bs}] = 400$ MPa,钢板的剪切强度极限 $\tau_b = 360$ MPa。试设计冲头的最小直径值及所能冲剪钢板的厚度最大值。

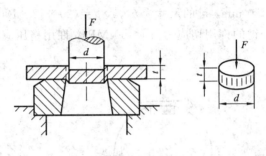

图 2-41

解 (1) 按冲头压缩强度计算 d。

$$\sigma_{bs} = \frac{F_{max}}{A} = \frac{F_{max}}{\frac{\pi d^2}{4}} \leqslant [\sigma_{bs}]$$

故有

$$d \geqslant \sqrt{\frac{4F_{max}}{\pi [\sigma_{bs}]}} = \sqrt{\frac{4 \times 400 \times 10^3}{\pi \times 400}} \approx 35.68 \text{ mm}$$

取冲头的最小直径为 $d_{min} = 36$ mm。

(2) 按钢板剪切强度计算厚度 t。要完成冲剪工作,剪切面上的切应力应大于其剪切强度极限,即

$$\tau = \frac{F_S}{A} = \frac{F_{max}}{\pi d \cdot t} \geqslant \tau_b$$

可得

$$t \leqslant \frac{F_{max}}{\pi d \tau_b} = \frac{400 \times 10^3}{\pi \times 36 \times 360} \approx 9.83 \text{ mm}$$

因此取能冲剪钢板的最大厚度值 $t_{max} = 9.8$ mm。

········ **思 考 题** ········

2-1 轴向拉压的外力与变形有何特点?

2-2 何谓轴力?轴力的正负号是如何规定的?

2-3 拉压杆横截面上的应力公式是如何建立的?该公式的应用条件是什么?何谓圣

维南原理？

2-4　拉压杆斜截面上的应力公式是如何建立的？最大正应力与最大切应力各位于何截面，其值为多少？正应力、切应力与方位角的正负符号是如何规定的？

2-5　低碳钢在拉伸过程中表现为几个阶段？各有何特点？何谓比例极限、屈服极限与强度极限？何谓弹性应变与塑性应变？

2-6　何谓塑性材料与脆性材料？如何衡量材料的塑性？试比较塑性材料与脆性材料的力学性能特点。

2-7　金属试样在轴向拉压时有几种破坏形式？各与哪种应力直接有关？

2-8　何谓应力集中？应力集中对构件的强度有何影响？

2-9　何谓许用应力？安全系数的确定原则是什么？何谓强度条件？利用强度条件可以解决哪些形式的强度问题？

2-10　胡克定律是如何建立的？有几种形式？该定律的应用条件是什么？何谓拉压刚度？

2-11　何谓小变形？如何利用切线代替圆弧的方法确定节点的位移？

2-12　何谓静定与静不定问题？求解静不定问题的基本方法是什么？静不定问题有何特点？何谓热应力与预应力？

2-13　说明机械中连接件承受剪切时的受力及变形特点。

2-14　挤压应力与一般的压应力有何区别？

······ 习　　题 ······

2-1　试画题 2-1 图所示各杆的轴力图，并确定轴力的最大值。

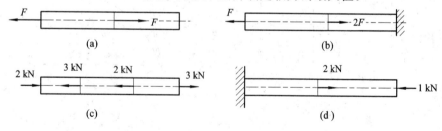

(a)　　　　　　　　　　(b)

(c)　　　　　　　　　　(d)

题 2-1 图

2-2　题 2-2 图所示阶梯形圆截面杆 AC，承受轴向载荷 $F_1=200$ kN，$F_2=100$ kN，AB 段的直径 $d_1=40$ mm。如欲使 BC 与 AB 段的正应力相同，试求 BC 段的直径。

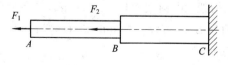

题 2-2 图

2-3　题 2-3 图所示轴向受拉等截面杆，横截面面积 $A=500$ mm^2，载荷 $F=50$ kN，试求图示斜截面 m-m 上的正应力与切应力，以及杆内的最大正应力与最大切应力。

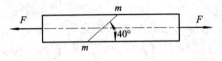

题 2-3 图

2-4 题 2-4 图所示杆件,承受轴向载荷 F 作用。该杆由两根木杆粘接而成,欲使粘接面上的正应力为其切应力的 2 倍,问粘接面的方位角 θ 应取何值?

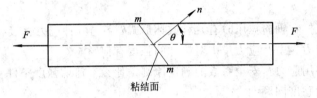

粘结面

题 2-4 图

2-5 某材料的应力-应变曲线如题 2-5 图所示,试根据该曲线确定:

(1) 材料的弹性模量 E、比例极限 σ_p 与名义屈服极限 $\sigma_{0.2}$。

(2) 当应力增加到 $\sigma = 350$ MPa 时,材料的正应变 ε,以及相应的弹性应变 ε_e 与塑性应变 ε_p。

2-6 三根杆的尺寸相同但材料不同,材料的 σ-ε 曲线如题 2-6 图所示,试问哪一种:① 强度高? ② 刚度大? ③ 塑性好?

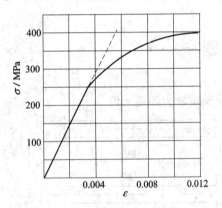

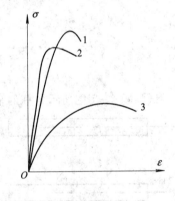

题 2-5 图 题 2-6 图

2-7 题 2-7 图所示含圆孔板件,承受轴向载荷 F 作用。试求板件横截面上的最大拉应力(考虑应力集中)。已知载荷 $F = 32$ kN,板宽 $b = 100$ mm,板厚 $\delta = 15$ mm,孔径 $d = 20$ mm。

2-8 题 2-8 图所示桁架,由圆截面杆 1、2 组成,并在节点 A 承受铅垂向下的载荷 $F = 80$ kN。杆 1、杆 2 的直径分别为 $d_1 = 30$ mm 和 $d_2 = 20$ mm,两杆的材料相同,屈服极限 $\sigma_s = 320$ MPa,安全系数 $n = 2.0$。

(1) 试校核桁架的强度。

(2) 试确定载荷 F 的最大许可值 $[F]$。

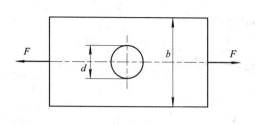

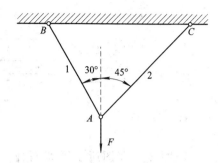

题 2-7 图　　　　　　　　　　题 2-8 图

2-9　题 2-9 图所示的链条由两层钢板组成，每层板的厚度 $t=4.5$ mm，宽度 $H=65$ mm，$h=40$ mm，铆钉孔直径 $d=20$ mm，钢板材料的许用应力 $[\sigma]=80$ MPa。若链条的拉力 $F=25$ kN，校核它的拉伸强度。

2-10　题 2-10 图所示桁架，承受载荷 F 作用。试求该载荷的许用值 $[F]$。设各杆的横截面面积均为 A，许用应力均为 $[\sigma]$。（只考虑强度问题）

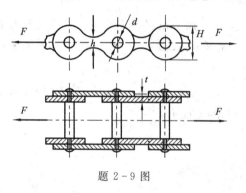

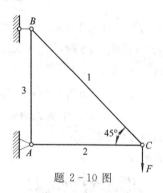

题 2-9 图　　　　　　　　　　题 2-10 图

2-11　蒸汽机的汽缸如题 2-11 图所示，汽缸内径 $D=560$ mm，内压强 $p=2.5$ MPa，活塞杆直径 $d=100$ mm，所用材料的屈服极限 $\sigma_s=300$ MPa。

（1）试求活塞杆的正应力及工作安全系数。

（2）若连接汽缸和汽缸盖的螺栓直径为 30 mm，其许用应力 $[\sigma]=60$ MPa，求连接汽缸盖所需的螺栓数。

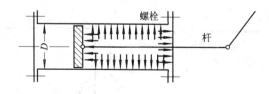

题 2-11 图

2-12　题 2-12 图所示硬铝试样，厚度 $\delta=2$ mm，试验段板宽 $b=20$ mm，标距 $l=70$ mm。在轴向拉力 $F=6$ kN 的作用下，测得试验段伸长 $\Delta l=0.15$ mm，板宽缩短 $\Delta b=0.014$ mm。试计算硬铝的弹性模量与泊松比。

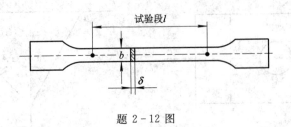

题 2-12 图

2-13 题 2-13 图所示圆截面杆，$F=4$ kN，$F_1=F_2=2$ kN，$l=100$ mm，$d=10$ mm，$E=200$ GPa。试求杆的轴向变形 Δl。

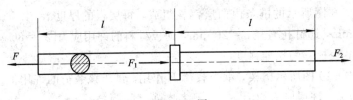

题 2-13 图

2-14 题 2-14 图所示螺栓，拧紧时产生 $\Delta l=0.10$ mm 的轴向变形。试求预紧力 F，并校核螺栓的强度。已知：$d_1=8.0$ mm，$d_2=6.8$ mm，$d_3=7.0$ mm；$l_1=6.0$ mm，$l_2=29$ mm，$l_3=8$ mm，$E=210$ GPa，$[\sigma]=500$ MPa。

2-15 题 2-15 图所示钢杆，横截面面积 $A=2500$ mm^2，弹性模量 $E=210$ GPa，轴向载荷 $F=200$ kN，试在下列两种情况下确定杆端的支反力：

(1) 间隙 $\delta=0.6$ mm；

(2) 间隙 $\delta=0.3$ mm。

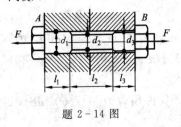

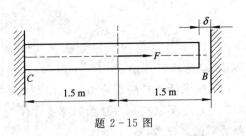

题 2-14 图　　　　　　题 2-15 图

2-16 试计算题 2-16 图所示桁架节点 A 的水平位移与铅垂位移。设各杆各截面的拉压刚度均为 EA。

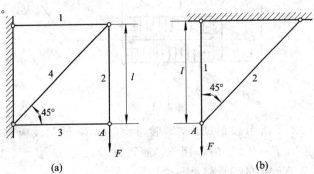

(a)　　　　　　　　　　(b)

题 2-16 图

2-17　在题 2-17 图所示钢筋混凝土柱的横截面上，钢筋面积与混凝土面积之比为 1：40。二者的弹性模量之比为 10：1，问二者各承担多少载荷？

2-18　两钢杆如题 2-18 图（a）、（b）所示，已知截面积 $A_1=1\times10^2$ mm^2，$A_2=A_3=2\times10^2$ mm^2。试求当温度升高 30℃时，各杆横截面上的最大正应力。钢的线膨胀系数 $\alpha_l=12.5\times10^{-6}/℃$，弹性模量 $E=210$ GPa。

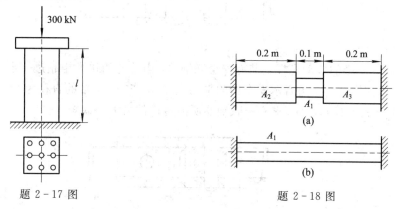

题 2-17 图　　　　　　　　　　　　题 2-18 图

2-19　一种制作预应力钢筋混凝土的方式如题 2-19 图所示。首先用千斤顶以拉力 F 拉伸钢筋（见图（a）），然后浇注混凝土（见图（b））。待混凝土凝固后，卸除拉力 F（见图（c）），这时，混凝土受压，钢筋受拉，形成预应力钢筋混凝土。设拉力 F 使钢筋横截面产生的初应力 $\sigma_0=820$ MPa，钢筋与混凝土的弹性模量之比为 8：1，横截面面积之比为 1：30，试求钢筋与混凝土横截面上的预应力。

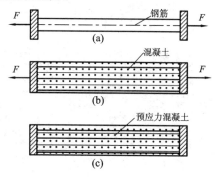

题 2-19 图

2-20　题 2-20 图所示销钉连接，已知 $F=18$ kN，板厚 $t_1=8$ mm，$t_2=5$ mm，销钉与板的材料相同，许用切应力为 $[\tau]=60$ MPa，许用挤压应力为 $[\sigma_{bs}]=200$ MPa，试设计销钉的直径 d。

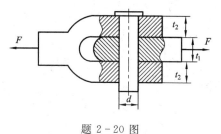

题 2-20 图

2-21　两块钢板厚度 $t=6$ mm，用三个铆钉连接，如题 2-21 图所示。已知 $F=50$ kN，材料的许用切应力为$[\tau]=100$ MPa，许用挤压应力为$[\sigma_{bs}]=280$ MPa，试设计销钉的直径 d。现在若用直径为 12 mm 的铆钉，则铆钉数应该是多少？

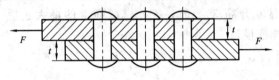

题 2-21 图

2-22　车床的传动光杆上装有安全联轴器，当传递的扭力矩超过一定值时，安全销即被剪断。已知题 2-22 图所示安全销的平均直径 $d=5$ mm，轴的直径为 20 mm，销钉的剪切极限应力 $\tau_u=370$ MPa，求安全联轴器所能传递的最大力偶矩 M_e。

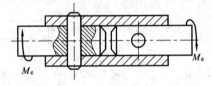

题 2-22 图

第 3 章　扭　转

3.1　引　言

扭转是杆件的基本变形形式之一。例如，汽车的转向轴(见图 3-1)上端受到经由方向盘传来的力偶 M_e 作用，下端承受来自转向器的阻抗力偶 M_e' 作用，转向轴各横截面绕轴线作相对转动。再如变速机构中的传动轴(见图 3-2)，轴上每个齿轮都承受圆周力 F_i 和径向力 F_{ri} 作用，将每个齿轮上的力向圆心简化，附加力偶 M_e 使各横截面绕轴线作相对转动，而横向力 F_1、F_{r1}、F_2 和 F_{r2} 使轴产生弯曲，如果两个齿轮离轴承很近，则轴的弯曲可以忽略。

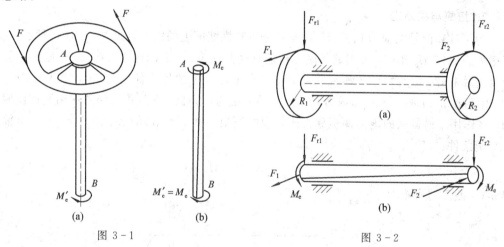

图 3-1　　　　　　　　　　　　　　图 3-2

杆件横截面绕轴线作相对旋转为主要特征的变形形式(见图 3-3)，称为扭转。截面间绕轴线的相对角位移，称为**扭转角**。

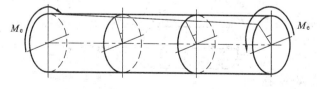

图 3-3

由此可见，在垂直于杆件轴线的平面内作用有力偶时，杆件产生扭转变形。使杆件产生扭转变形的外力偶，称为**扭力偶**，其力矩称为**扭力偶矩**。凡是以扭转变形为主要变形的构件，称为**轴**。

工程实际中有很多构件，如攻丝的丝锥、车床的光杠、搅拌机轴、汽车的传动轴等；还有一些轴类零件，如电动机主轴、水轮机主轴、机床传动轴等，都是受扭构件。除存在扭转变形之外还有弯曲变形，这称为**组合变形**。

本章主要研究圆轴的扭转问题，对于矩形截面轴与薄壁截面轴的扭转问题只作简单介绍。

3.2 扭力偶矩、扭矩与扭矩图

1. 扭力偶矩的计算

在工程实际中，可以根据力偶与力矩的理论，计算轴承受的扭力偶矩。对于传动轴等构件，往往只给出轴所传递的功率和转速，可利用动力学知识，根据功率、转速和扭力偶矩之间的关系：

$$P = M_e \omega$$

求出作用在轴上的扭力偶矩为

$$\{M_e\} = 9549 \frac{\{P\}}{\{n\}} \tag{3-1}$$

式中，M_e 为作用在轴上的扭力偶矩，单位为牛顿·米（N·m）；P 为轴所传递的功率，单位为千瓦（kW）；n 为轴的转速，单位为转/分（r/min）。

2. 扭矩与扭矩图

为了计算圆轴的应力和变形，首先要分析其横截面上的内力。如图 3-4(a)所示圆轴，承受外力偶矩 M_e 作用，现用截面法分析任意横截面 n-n 上的内力。在 n-n 截面处假想地将圆轴截开，取其左段为研究对象，作用在轴左段上的外力偶矩为 M_e，由平衡理论可知，作用在 n-n 截面上分布内力系的合成结果必为一力偶，而且该力偶的作用面在横截面内。将作用于横截面的内力偶矩称为该截面的扭矩，用 T 来表示（见图 3-4(b)）。由轴左段平衡条件：

$$\sum M_x = 0, \quad T - M_e = 0$$

得 n-n 截面的扭矩为

$$T = M_e$$

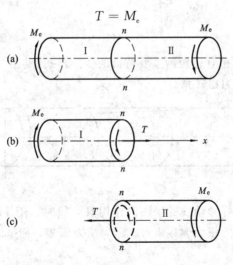

图 3-4

如果研究右段(见图 3 - 4(c)),由平衡条件也可求得 n - n 截面上的扭矩,其数值与研究左段所得的相同,但转向相反。为了所求得的同一截面上的扭矩保持相同的正负号,对扭矩 T 的正负号作如下规定:按右手螺旋法则将扭矩用矢量表示,矢量方向与横截面外法线方向一致时,扭矩为正,反之为负。按此规定,图 3 - 4(b)、(c)所示扭矩均为正值。

对于承受几个外力偶矩作用的轴,其不同横截面上的扭矩不尽相同。为了表示扭矩的大小和正负随截面位置的变化,可用扭矩图来形象描述之。

例 3 - 1 已知传动轴(见图 3 - 5(a))的转速 $n = 300$ r/min,主动轮为 A,输入功率 $P_A = 50$ kW,两个从动轮为 B、C,其中 B 轮输出功率 $P_B = 30$ kW。试作轴的扭矩图。

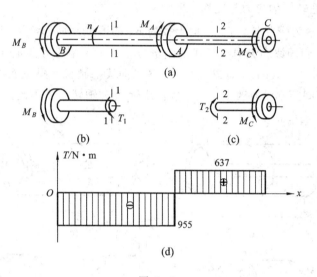

图 3 - 5

解 (1)扭力偶矩计算。A 轮为主动轮,故 M_A 的方向与轴的转向一致;而作用在从动轮 B、C 上的扭力偶矩 M_B、M_C 的方向与轴的转向相反。M_A、M_B 的大小分别为

$$M_A = 9549 \times \frac{P_A}{n} = 9549 \times \frac{50}{300} \approx 1592 \text{ N} \cdot \text{m}$$

$$M_B = 9549 \times \frac{P_B}{n} = 9549 \times \frac{30}{300} \approx 955 \text{ N} \cdot \text{m}$$

由静平衡条件 $\sum M_x = 0$,求得

$$M_C = M_A - M_B = 1592 - 955 = 637 \text{ N} \cdot \text{m}$$

(2)扭矩计算。用截面法求各段扭矩。在 AB 段内,任选 1 - 1 截面为代表,从该截面截开,研究左段(见图 3 - 5(b)),假定 1 - 1 截面上的扭矩 T_1 取正值,由平衡条件 $\sum M_x = 0$,得

$$T_1 = - M_B = - 955 \text{ N} \cdot \text{m}$$

同理,在 AC 段内,任选 2 - 2 截面为代表,从该截面截开,研究右段,假定 2 - 2 截面上的扭矩 T_2 取正值(见图 3 - 5(c)),由平衡条件亦可求得

$$T_2 = M_C = 637 \text{ N} \cdot \text{m}$$

(3)画扭矩图。以横坐标 x 表示横截面位置(与轴的受力图上下对应),以纵坐标表示

相应的扭矩，按选定比例作出 BA、AC 两段轴的扭矩图。因为在每段内扭矩是不变的，故扭矩图由两段水平线组成，如图 $3-5$(d)。由图知，该传动轴的最大扭矩发生在 AB 段内，值为

$$|T_{max}| = 955 \text{ N} \cdot \text{m}$$

3.3　薄壁圆筒扭转试验与剪切胡克定律

1. 薄壁圆筒扭转时的应力与变形

图 $3-6$(a)所示为一壁厚为 δ、平均半径为 R_0 的薄壁圆筒($\delta \leqslant R_0/10$)。受扭前，在圆筒表面上画出一组圆周线和纵向线组成的矩形方格。在两端扭力偶矩 M_e 的作用下，圆筒产生扭转变形(见图 $3-6$(b))。可以观察到，各纵向线都倾斜了同一个微小角度 γ；各圆周线的形状、大小及间距都没有改变，只是各自绕轴线 x 轴转过了不同的角度。所画矩形方格变成近似平行四边形。

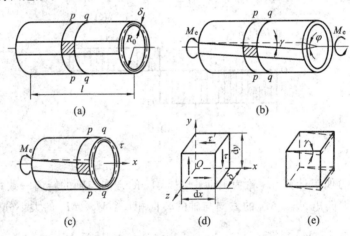

(a)　　　　　　　　　　(b)

(c)　　　　(d)　　　　(e)

图 $3-6$

由于圆筒两横截面间的距离不变，故横截面上没有正应力；圆筒的半径不变，故在通过轴线的纵向截面上亦无正应力。在变形过程中，相邻横截面 $p-p$ 与 $q-q$ 发生相对错动，矩形变成了平行四边形，这种变形称为剪切变形。纵向线倾斜的角度 γ 是矩形方格变形前后直角的改变量，即为切应变(见图 $3-6$(e))，故横截面上只有切应力，它组成与扭力偶矩平衡的内力系。由于筒壁很薄，可认为切应力沿壁厚均匀分布(见图 $3-6$(c))，$q-q$ 截面上切应力组成的内力是横截面的扭矩 T，由 $q-q$ 截面以左部分圆筒的平衡方程 $\sum M_x = 0$，得

$$T = \int_A \tau \cdot dA \cdot R_0 = M_e \tag{a}$$

即

$$T = \tau \cdot 2\pi R_0 \delta \cdot R_0 = M_e \tag{b}$$

所以

$$\tau = \frac{T}{2\pi R_0^2 \delta} = \frac{M_e}{2\pi R_0^2 \delta} \tag{3-2}$$

从图 3-6(b)可见，切应变 $\gamma = \tan\gamma$。

$$\gamma = R_0 \frac{\varphi}{l} \qquad (c)$$

式中：φ 为右侧端面相对左侧端面的扭转角，l 为圆筒的长度。

2. 纯剪切与切应力互等定理

用两个相邻的横截面和两个纵截面，从圆筒中取出边长分别为 dx、dy 和 δ 的微小单元体，放大为图 3-6(d)。微体的前、后两面是圆筒的自由表面，无任何应力作用。微体的左、右两侧面是圆筒横截面的一部分，所以只有切应力。微体左、右侧面上的切应力可由式(3-2)计算，其数值相等、方向相反，左右两侧面上的合力组成一个矩为 $\tau \cdot \delta dy \cdot dx$ 的力偶。为了保持平衡，微体上、下面上必有方向相反的切应力 τ'。从一个变形体中取出的微小六面体上，如果只有四个侧面上有切应力，而该微体的所有截面上再无其他应力作用，这种应力状态称为纯剪切应力状态。从薄壁圆筒中取出的上述微体就处于纯剪切应力状态。对于该微体，由平衡方程 $\sum M_z = 0$，得

$$\tau \cdot \delta \, dy \cdot dx = \tau' \cdot \delta \, dx \cdot dy$$
$$\tau = \tau' \qquad (3-3)$$

式(3-3)表明，在微体互相垂直的截面上，垂直于截面交线的切应力数值相等，而切应力的方向则同时指向或同时背离该交线。此关系称为**切应力互等定理**。切应力互等定理不仅对纯剪切应力状态适用，对于一般情形，即使微体截面上还存在正应力，切应力互等定理仍然成立。

3. 剪切胡克定律

利用薄壁圆筒的扭转可做纯剪切试验。试验结果表明：对于大多数工程材料，如果切应力不超过材料的剪切比例极限 τ_p，则切应力与切应变成正比(见图 3-7)，即

$$\tau = G\gamma \qquad (3-4)$$

上述关系称为**剪切胡克定律**，比例常数 G 称为材料的切变模量，其单位是 Pa，常用单位是 GPa。

理论和试验均表明，对于各向同性材料，弹性模量 E、泊松比 μ 与切变模量 G 三个弹性常数之间存在如下关系：

$$G = \frac{E}{2(1+\mu)} \qquad (3-5)$$

因此，当已知任意两个弹性常数时，由公式(3-5)可以确定第三个弹性常数。由此可见，各向同性材料只有两个独立的弹性常数。

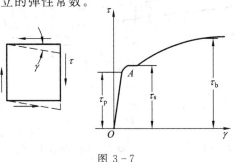

图 3-7

4. 剪切应变能

图 3-8 所示微体处于纯剪切应力状态。在切应力 τ 的作用下，微体发生切应变 γ，顶面与底面间的相对位移为 $\gamma\,\mathrm{d}y$，因此，作用在微体上的剪力所做之功或微体的应变能为

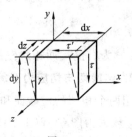

图 3-8

$$\mathrm{d}W = \mathrm{d}V_\varepsilon = \frac{\tau\,\mathrm{d}x\,\mathrm{d}z \cdot \gamma\,\mathrm{d}y}{2}$$

由此得剪切应变能密度为

$$v_\varepsilon = \frac{\tau \cdot \gamma}{2} = \frac{\tau^2}{2G} \qquad (3-6)$$

3.4 圆轴扭转的应力与变形

本节研究工程中最常见的圆轴扭转时的应力与变形规律。

3.4.1 试验与假设

首先通过试验观察圆轴的扭转变形，并对其内部变形规律作出假设。

取一等截面圆轴，在其表面画上圆周线和纵向线(见图 3-9(a))，然后在轴两端加上一对大小相等、方向相反的扭力偶。在小变形情况下，其变形特点与薄壁圆筒扭转时相同(见图 3-9(b))：

(1) 各圆周线大小、形状和间距都不变，只是绕轴线各自转过了不同角度。

(2) 各纵向线倾斜了同一角度 γ，变形前的小矩形变成了平行四边形。

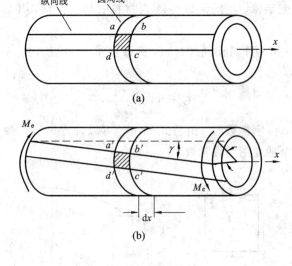

图 3-9

由于圆周线大小、形状和间距都不变，通过由表及里的想象和推测，可以对圆轴扭转

变形作出如下假定：变形前的横截面，变形后仍保持平面，其形状、大小和各横截面之间的间距保持不变，且半径仍保持直线。即各横截面如同刚性圆片一样，绕轴线作相对转动。此假设称为**圆轴扭转的平面假设**，该假设已为理论和试验所证实。

3.4.2 圆轴扭转切应力的一般公式

基于上述平面假设，进一步从几何、物理和静力学三方面综合分析，可建立起圆轴扭转切应力的计算公式。

1. 几何方面

为了确定横截面上各点处的应力，需要了解轴内各点处的变形。为此，用相距 dx 的两个横截面以及夹角无限小的两个径向纵截面，从轴内切取一楔形体 O_1ABCDO_2 进行分析（见图 3-10(a)）。

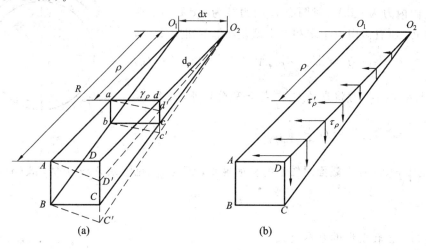

图 3-10

根据平面假设可知，楔形体变形后的形状如图中虚线所示，圆轴表面的矩形 $ABCD$ 变为平行四边形 $ABC'D'$，距轴线任意位置 ρ 处的矩形 $abcd$ 变为平行四边形 $abc'd'$，即均在垂直于半径的平面内发生剪切变形。设楔形体左、右两侧面间的相对转角为 $d\varphi$，矩形 $abcd$ 的切应变为 γ_ρ，则由图可知

$$\gamma_\rho \approx \tan\gamma_\rho = \frac{dd'}{ad} = \rho\frac{d\varphi}{dx} \tag{a}$$

由于 $d\varphi/dx$ 是常量，所以切应变 γ_ρ 与点到轴心的距离 ρ 成正比。

2. 物理方面

由剪切胡克定律可知，在剪切比例极限内，切应力与切应变成正比，因此，横截面 ρ 处的切应力为

$$\tau_\rho = G\gamma_\rho = G\rho\frac{d\varphi}{dx} \tag{b}$$

由此可得圆轴扭转时横截面上的应力分布规律：只存在与半径垂直的切应力，其大小沿半径呈线性变化（见图 3-10(b)）。实心与空心圆截面扭转切应力分布分别如图 3-11(a)、(b)所示。根据切应力互等定理，圆轴纵截面上也存在切应力 τ_ρ'，并且 $\tau_\rho'=\tau_\rho$，方向同时背离互垂交线 O_2D。

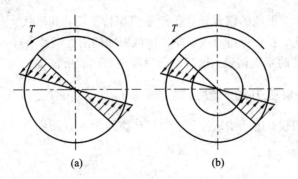

(a)　　　　　　　(b)

图 3 - 11

3. 静力学方面

如图 3-12 所示，在横截面上半径为 ρ 处取一微面积 $\mathrm{d}A$，其上微内力为 $\tau_\rho \mathrm{d}A$，对圆心 O 的力矩为 $\tau_\rho \mathrm{d}A \cdot \rho$。在整个截面上，所有微内力矩之和等于该截面上的扭矩 T，即

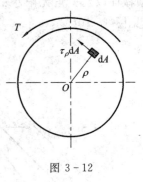

图 3 - 12

$$T = \int_A \tau_\rho \cdot \rho \, \mathrm{d}A \qquad (c)$$

将式(b)代入式(c)，并将常数 $G\dfrac{\mathrm{d}\varphi}{\mathrm{d}x}$ 提到积分号外，则得

$$T = G\frac{\mathrm{d}\varphi}{\mathrm{d}x} \int_A \rho^2 \mathrm{d}A \qquad (d)$$

式(d)中的 $\displaystyle\int_A \rho^2 \mathrm{d}A$ 称为**截面对轴心的极惯性矩**，记为 I_P（见附录 A）。于是，式(d)可改写为

$$\frac{\mathrm{d}\varphi}{\mathrm{d}x} = \frac{T}{GI_P} \qquad (3-7)$$

此式即为圆轴扭转变形的基本公式。

将式(3-7)代入式(b)，得

$$\tau_\rho = \frac{T}{I_P}\rho \qquad (3-8)$$

此式即为圆轴扭转时切应力的一般公式。

试验研究与理论分析均表明，通过从几何、物理、静力三方面综合分析所得到的圆轴扭转变形与应力公式是正确的，与实际情况相吻合。这些公式可用于等截面细长圆轴扭转的线弹性小变形情形，也可用于截面缓慢变化的小锥度圆轴的计算。对于扭矩沿轴线变化的情形显然也适用。

3.4.3　最大扭转切应力

由式(3-8)知，在 $\rho = \dfrac{d}{2}$ 处，即圆截面周边各点处，切应力最大，其值为

$$\tau_{\max} = \frac{T}{I_P} \cdot \frac{d}{2} = \frac{T}{W_P} \qquad (3-9)$$

式中

$$W_P = \frac{2I_P}{d} \qquad (3-10)$$

W_P 称为**截面的抗扭截面系数**。对于实心圆截面，其极惯性矩和抗扭截面系数(见附录 A)分别为

$$I_P = \frac{\pi}{32}d^4, \quad W_P = \frac{\pi}{16}d^3 \tag{3-11}$$

而对于内径为 d、外径为 D 的空心圆截面，其极惯性矩和抗扭截面系数分别为

$$\left. \begin{aligned} I_P &= \frac{\pi}{32}(D^4 - d^4) = \frac{\pi}{32}D^4(1 - \alpha^4) \\ W_P &= \frac{\pi(D^4 - d^4)}{16D} = \frac{\pi}{16}D^3(1 - \alpha^4) \end{aligned} \right\} \tag{3-12}$$

式中，$\alpha = d/D$，代表内外径的比值。

3.4.4 圆轴的扭转变形

如前所述，圆轴的扭转变形，用横截面绕轴线的相对转动角度 φ 来表示。由式(3-7)可得微段 $\mathrm{d}x$ 的扭转角为

$$\mathrm{d}\varphi = \frac{T}{GI_P}\mathrm{d}x$$

相距为 l 的两截面的相对扭转角则为

$$\varphi = \int_l \mathrm{d}\varphi = \int_l \frac{T}{GI_P}\mathrm{d}x \tag{3-13}$$

对于长为 l、扭矩 T 为常数的等截面圆轴，两端截面间的扭转角为

$$\varphi = \frac{Tl}{GI_P} \tag{3-14}$$

上式表明：扭转角 φ 与扭矩 T、轴长 l 成正比，与切变模量和截面极惯性矩的乘积 GI_P 成反比。乘积 GI_P 称为**圆轴的抗扭刚度**。

例 3-2 已知在例 3-1 中的阶梯形圆轴中，AB 段直径 $d_1 = 50$ mm，长度 $l_1 = 700$ mm，AC 段直径 $d_2 = 35$ mm，长度 $l_2 = 300$ mm，轴材料切变模量 $G = 80$ GPa。试计算该轴内的最大切应力及截面 B、C 间的扭转角 φ_{BC}。

解 (1) 计算轴内最大切应力。由例 3-1 知，圆轴 AB、AC 段内的扭矩分别为 $T_1 = -955$ N·m，$T_2 = 637$ N·m。而各段内的最大切应力均在横截面周边处，由式(3-9)和式(3-11)求得 AB 段内最大切应力：

$$\tau_{1\max} = \frac{T_1}{W_{P1}} = \frac{16T_1}{\pi d_1^3} = \frac{16 \times 955 \times 10^3}{\pi \times 50^3} \approx 39 \text{ MPa}$$

这里在计算切应力数值时，没有考虑扭矩的正负号；同理求得 AC 段内最大切应力：

$$\tau_{2\max} = \frac{T_2}{W_{P2}} = \frac{16T_2}{\pi d_2^3} = \frac{16 \times 637 \times 10^3}{\pi \times 35^3} \approx 75.7 \text{ MPa}$$

比较知，轴内最大切应力

$$\tau_{\max} = 75.7 \text{ MPa}$$

产生在 AC 段内任一横截面上周边各点处。

(2) 计算扭转角 φ_{BC}。由于 AB、AC 两段的扭矩、截面直径不同，故需要分段计算扭转角。同时要注意扭转角为代数量，其正负号由该段内扭矩的正负号来决定，而轴两端的扭转角为各段扭转角的代数和。因此，由式(3-14)可计算 AB 与 AC 段的扭转角分别为

$$\varphi_{BA} = \frac{T_1 l_1}{GI_{P1}} = \frac{32 T_1 l_1}{G\pi d_1^4} = \frac{32 \times (-955) \times 0.7 \times 10^6}{80 \times 10^3 \times \pi \times 50^4} \approx -1.36 \times 10^{-2} \text{ rad}$$

$$\varphi_{AC} = \frac{T_2 l_2}{GI_{P2}} = \frac{32 T_2 l_2}{G\pi d_2^4} = \frac{32 \times 637 \times 0.3 \times 10^4}{80 \times 10^3 \times \pi \times 35^4} \approx 1.63 \times 10^{-2} \text{ rad}$$

C 截面相对于 B 截面的扭转角为

$$\varphi_{BC} = \varphi_{BA} + \varphi_{AC} = (-1.36 + 1.63) \times 10^{-2} = 2.7 \times 10^{-3} \text{ rad} = 0.155°$$

3.5 圆轴扭转时的强度条件与刚度条件

1. 扭转极限应力

扭转试验是用圆截面试样在扭转试验机上进行的。试验表明:塑性材料试样在受扭过程中,先是发生屈服(见图 3-13(a)),如果继续增大扭转力矩,试样最后沿横截面被剪断(见图 3-13(b))。脆性材料试样受扭时,变形始终很小,最后在与轴线约成 45°倾角的螺旋面发生断裂(见图 3-13(c))。

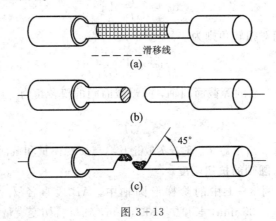

滑移线
(a)

(b)

45°
(c)

图 3-13

由此可见,对于受扭圆轴,塑性材料失效的标志是屈服,试件屈服时横截面上的最大切应力即为材料的扭转屈服应力,用 τ_s 表示。屈服时试件表面会出现滑移线(见图 3-13(a));脆性材料失效的标志是断裂,试件断裂时横截面上的最大切应力即为材料的**扭转强度极限**,用 τ_b 来表示。扭转屈服应力 τ_s 和扭转强度极限 τ_b 又统称为**材料的扭转极限应力**,用 τ_u 来表示。

2. 圆轴扭转强度条件

用材料的扭转极限应力 τ_u 除以安全系数 n,得材料的扭转许用应力为

$$[\tau] = \frac{\tau_u}{n}$$

因此,为了保证圆轴工作时不发生失效,必须使轴内最大扭转切应力不得超过材料的扭转许用应力。对于等截面圆轴,则要求

$$\tau_{max} = \frac{|T|_{max}}{W_P} \leqslant [\tau] \tag{3-15}$$

此时 $|T|_{max}$ 作用截面即为轴的危险截面;而对于变截面圆轴,则要求

$$\tau_{\max} = \left(\frac{T}{W_P}\right)_{\max} \leqslant [\tau] \qquad (3-16)$$

此时，由于圆轴各段的抗扭截面系数不同，最大扭矩作用截面不一定是危险截面。需要综合考虑扭矩和抗扭截面系数的大小，确定可能产生最大切应力的各横截面。式 (3-15)、式(3-16)称为**圆轴扭转强度条件**。

理论分析和试验研究表明，材料的扭转许用切应力$[\tau]$与许用拉应力$[\sigma]$之间存在下列关系：

$$\text{对于塑性材料，} \qquad [\tau] = (0.5 \sim 0.577)[\sigma] \qquad (3-17)$$

$$\text{对于脆性材料，} \qquad [\tau] = (0.8 \sim 1.0)[\sigma] \qquad (3-18)$$

3. 圆轴扭转刚度条件

工程中的有些轴，为了能正常工作，除要求满足强度条件外，还要对轴的扭转变形作一定的限制。例如机床主轴的扭转角过大会影响加工精度，高速运转的轴扭转角过大会引起强烈振动。一般来说，对于有精度要求和限制振动的机械，都需要考虑轴的扭转变形。在扭转问题中，通常是限制单位长度的最大扭转角 $\theta_{\max}$ 不得超过单位长度许用扭转角$[\theta]$。因此，由式(3-7)，对于等截面圆轴，其扭转刚度条件为

$$\theta_{\max} = \frac{|T|_{\max}}{GI_P} \leqslant [\theta] \qquad (3-19)$$

对于变截面圆轴

$$\theta_{\max} = \left(\frac{T}{GI_P}\right)_{\max} \leqslant [\theta] \qquad (3-20)$$

以上两式中，计算所得的单位长度扭转角的单位为 rad/m，工程中单位长度许用扭转角的单位一般是 °/m，因此，应用时要注意单位的统一。

对于一般传动轴，$[\theta]$为 $0.50°/m \sim 1°/m$，对于精密机器和仪表中的轴，$[\theta]$值可根据有关设计标准和规范确定。

例 3-3　一等截面实心圆轴，转速 $n=300$ r/min，传递的功率 $P=331$ kW，若圆轴材料的许用切应力$[\tau]=40$ MPa，单位长度许用扭转角$[\theta]=0.5$ °/m，材料切变模量 $G=80$ GPa。试设计圆轴直径 d。

解　圆轴所传递的外力偶矩为

$$M_e = 9549\frac{P}{n} = \frac{9549 \times 331}{300} \approx 10\,536 \text{ N} \cdot \text{m}$$

此时，横截面上的扭矩为

$$T = M_e = 10\,536 \text{ N} \cdot \text{m}$$

由圆轴扭转的强度条件

$$\tau_{\max} = \frac{T}{W_P} = \frac{16T}{\pi d^3} \leqslant [\tau]$$

得圆轴直径

$$d \geqslant \sqrt[3]{\frac{16T}{\pi[\tau]}} = \sqrt[3]{\frac{16 \times 10\,536 \times 10^3}{\pi \times 40}} \approx 110.2 \text{ mm}$$

为了用刚度条件计算圆轴直径，首先将单位长度许用扭转角$[\theta]$进行单位换算：

$$[\theta] = 0.5 \text{ °/m} = 0.5 \times \frac{\pi}{180} \text{ rad/m} \approx 8.73 \times 10^{-3} \text{rad/m}$$

由圆轴扭转的刚度条件

$$\theta = \frac{T}{GI_P} = \frac{32T}{G\pi d^4} \leqslant [\theta]$$

得圆轴直径

$$d \geqslant \sqrt[4]{\frac{32T}{G\pi[\theta]}} = \sqrt[4]{\frac{32 \times 10\ 536 \times 10^3}{80 \times 10^3 \times \pi \times 8.73 \times 10^{-3}}}$$

$$\approx 1.114 \times 10^{-1}\ m = 111.4\ mm$$

圆轴的直径取较大值,取 $d = 112$ mm。

可见,在传动轴设计中,有时候刚度要求是决定性因素。另外注意到本例题中,许用切应力比较小,$[\tau] = 40$ MPa。这是因为传动轴在工作时承受循环载荷作用,破坏形式多为疲劳失效,而轴的疲劳极限远低于材料的静强度极限。

例 3 - 4 在例 3 - 3 中,若将该传动轴设计为空心轴,$\alpha = \dfrac{d_i}{D} = 0.9$,试设计圆轴直径,并与实心轴比较重量。

解 由空心圆轴的扭转强度条件

$$\tau_{max} = \frac{T}{W_P} = \frac{16T}{\pi D^3(1-\alpha^4)} \leqslant [\tau]$$

得空心圆轴外径

$$D \geqslant \sqrt[3]{\frac{16T}{\pi[\tau](1-\alpha^4)}} = \sqrt[3]{\frac{16 \times 10\ 536 \times 10^3}{\pi \times 40 \times (1-0.9^4)}}$$

$$= 157.4\ mm$$

由空心圆轴的扭转刚度条件

$$\theta = \frac{T}{GI_P} = \frac{32T}{\pi GD^4(1-\alpha^4)} \leqslant [\theta]$$

得空心圆轴外径

$$D \geqslant \sqrt[4]{\frac{32T}{\pi G[\theta](1-\alpha^4)}} = \sqrt[4]{\frac{32 \times 10\ 536 \times 10^3}{\pi(80 \times 10^3) \times (8.73 \times 10^{-3}) \times (1-0.9^4)}}$$

$$\approx 145.4\ mm$$

取 $D = 158$ mm,此时,内径为

$$d_i = 0.9D = 0.9 \times 158 = 142.2 \approx 142\ mm$$

在圆轴长度相等、材料相同的情况下:

$$重量比 = \frac{A_空}{A_实} = \frac{D^2 - d_i^2}{112^2} = \frac{158^2 - 142^2}{112^2} \times 100\% \approx 38.3\%$$

由此可见,空心圆轴比实心圆轴节省约 2/3 的材料,自重也相应减轻约 2/3。

例 3 - 5 图 3 - 14 所示为板式桨叶搅拌器,已知电动机的功率是 17 kW,搅拌器的转速是 60 r/min,机械传动的效率是 90%,轴用 $\phi117 \times 6$ 不锈钢管制成,材料的许用切应力 $[\tau] = 30$ MPa,试按强度条件校核搅拌轴是否安全。

解 首先计算作用在搅拌轴上的扭力偶矩。因为机械传动的效率是 90%,所以实际功率是 $17 \times 90\% = 15.3$ kW。则电动机作用于轴上的主动扭力偶矩为

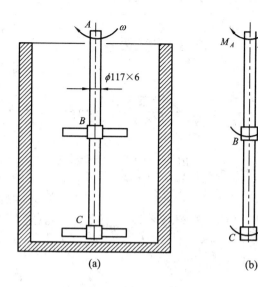

图 3 - 14

$$M_A = 9549 \times \frac{15.3}{60} \approx 2435 \text{ N} \cdot \text{m}$$

作用在上下两层桨叶上的阻力偶与主动力偶相平衡，故轴内最大扭矩在 AB 段内，为

$$T_{\max} = M_A = 2435 \text{ N} \cdot \text{m}$$

因为轴在腐蚀介质中工作，在强度校核时，应将轴的外径尺寸减去腐蚀裕度 $c = 1$ mm，则轴的外径 $D = 115$ mm，内径 $d = 105$ mm，该轴的平均半径 $R_0 = 55$ mm，壁厚 $\delta = 5$ mm，属于薄壁圆管，则其切应力为

$$\tau = \frac{T_{\max}}{2\pi R_0^2 \delta} = \frac{2435 \times 10^3}{2\pi \times 55^2 \times 5}$$
$$\approx 25.6 \text{ MPa} < [\tau]$$

因此，搅拌轴的强度是安全的。

例 3 - 6 图 3 - 15 所示两圆轴用法兰上的 12 个螺栓连接。已知轴传递的扭矩 $M_e = 50$ kN $\cdot$ m，法兰边厚 $t = 20$ mm，平均直径 $D = 300$ mm，轴的许用切应力 $[\tau] = 40$ MPa，螺栓的许用切应力 $[\tau] = 60$ MPa，许用挤压应力 $[\sigma_{bs}] = 120$ MPa，试求轴的直径 d 和螺栓直径 d_1。

解 （1）求轴的直径。

由轴的剪切强度条件

$$\tau_{\max} = \frac{T}{W_p} = \frac{M_e}{\pi d^3 / 16} \leqslant [\tau]$$

可得

$$d \geqslant \sqrt[3]{\frac{16 M_e}{\pi [\tau]}} = \sqrt[3]{\frac{16 \times 50 \times 10^6}{\pi \times 40}} \text{ mm} \approx 185.34 \text{ mm}$$

（2）求螺栓的直径。

每个螺栓所受到的力为

$$F = \frac{1}{12} \frac{M_e}{D/2} = \frac{50 \times 10^6}{6 \times 300} \text{ N} \approx 27.8 \times 10^3 \text{ N} = 27.8 \text{ kN}$$

由螺栓的剪切强度条件

$$\tau = \frac{F_S}{\pi d_1^2/4} = \frac{4F}{\pi d_1^2} \leqslant [\tau]$$

可得

$$d_1 \geqslant \sqrt{\frac{4F}{\pi[\tau]}} = \sqrt{\frac{4 \times 27.8 \times 10^3}{\pi \times 60}} \text{ mm} \approx 24.28 \text{ mm}$$

由螺栓的挤压强度条件

$$\sigma_{bs} = \frac{F_{bs}}{A_{bs}} = \frac{F}{t \cdot d_1} \leqslant [\sigma_{bs}]$$

可得

$$d_1 \geqslant \frac{F}{t[\sigma_{bs}]} = \frac{27.8 \times 10^3}{20 \times 120} \text{ mm} \approx 11.58 \text{ mm}$$

综合考虑，取 $d=186$ mm，$d_1 = 25$ mm。

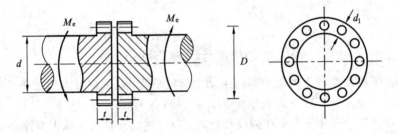

图 3-15

例 3-7 图 3-16(a)所示 A、B 两端分别固定的等截面圆轴，C 处承受扭力偶矩 M 的作用，试求固定端 A、B 处的约束力偶矩。

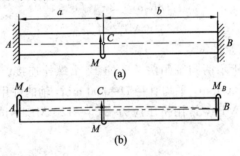

图 3-16

解 解除约束，设 A、B 两端的约束力偶矩分别为 M_A、M_B（见图 3-16(b)），轴的有效静平衡方程只有一个，为

$$\sum M_x = 0,\ M_A + M_B - M = 0 \tag{a}$$

上述方程包含两个未知力偶矩，故为一静不定问题。

根据轴的约束条件，有变形协调条件

$$\varphi_{AB} = \varphi_{AC} + \varphi_{CB} = 0 \tag{b}$$

式中，φ_{AB}、φ_{AC}、φ_{CB} 分别代表 AB、AC、CB 段的扭转角。

AC 与 CB 段的扭矩分别为

$$T_{AC} = -M_A, \quad T_{CB} = M_B \tag{c}$$

所以，相应扭转角分别为

$$\varphi_{AC} = \frac{T_{AC}a}{GI_P} = -\frac{M_A a}{GI_P} \tag{d}$$

$$\varphi_{CB} = \frac{T_{CB}b}{GI_P} = \frac{M_B b}{GI_P} \tag{e}$$

将上述物理关系式(d)、(e)代入式(b)，得补充方程

$$-M_A a + M_B b = 0 \tag{f}$$

最后，联立求解平衡方程(a)与补充方程(f)，得

$$M_A = \frac{Mb}{a+b}, \qquad M_B = \frac{Ma}{a+b}$$

约束力偶矩确定后，即可按静定问题分析轴的内力、应力与变形，并进行强度与刚度计算。

4. 圆轴的合理截面与减缓应力集中

在工程中，空心圆轴得到了广泛的应用，这主要是由扭转切应力的分布规律决定的。实心圆轴横截面上的扭转切应力分布如图 3 - 17(a)所示，当截面周边处的切应力达到许用切应力时，轴心附近各点处的切应力仍很小，这部分材料就没有充分发挥作用。所以，为了充分利用材料，宜将材料放置在离圆心较远的部位，作成空心轴，此时切应力分布规律如图 3 - 17(b)所示，其切应力和内力的力臂都将增大，轴的抗扭能力将大大增强。显然，空心轴的平均半径 R_0 愈大，壁厚 δ 愈小，即比值 R_0/δ 愈大，切应力分布愈均匀，材料的利用率愈高。因此，一些大型轴和对减轻重量有较高要求的轴(例如飞机的轴、钻杆等)，通常都制成空心的。但同时也应注意到，如果 R_0/δ 过大，即圆筒筒壁过薄，圆筒在受扭时将产生皱折，发生局部失稳现象(见图 3 - 17(c))，反而降低了抗扭能力。当然，在具体设计中，采用空心轴还是实心轴，不仅要从强度、刚度方面考虑，而且还要考虑结构的要求和加工成本等因素。在设计阶梯形圆轴时，还要注意尽量减小截面尺寸的急剧变化，以减缓应力集中的影响。在粗细两段的交界处，宜配置适当尺寸的过渡圆角。

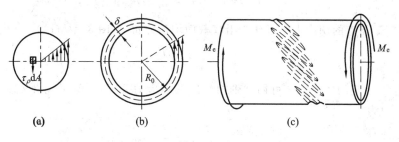

图 3 - 17

*3.6　圆柱形密圈螺旋弹簧的应力与变形

螺旋弹簧是工程中常用的机械零件，多用于缓冲装置、控制机构及仪表中，如车辆上用的缓冲弹簧，发动机进排气阀与高压容器安全阀中的控制弹簧，弹簧秤中的测力弹簧等。螺旋弹簧有多种形式，最常用的是圆柱形螺旋弹簧，簧丝截面也为圆形。

如图 3-18(a)所示，圆柱形弹簧的主要几何参数有：弹簧圈的平均直径 D，簧丝直径 d，螺旋线升角 α。$\alpha \leqslant 5°$ 时称为密圈弹簧，$\alpha > 5°$ 时称为松圈弹簧。密圈弹簧在受轴向拉压载荷作用时，簧丝的主要变形形式为扭转，松圈弹簧则为拉压、扭转、弯曲组合变形。此外，螺旋弹簧还可以按弹簧指数 $m = D/d$ 分为两类：m 较大（$d \ll D$）时称为轻型弹簧（细弹簧），m 较小时称为重型弹簧（粗弹簧）。轻型弹簧的簧丝可近似按直杆进行分析计算，重型弹簧的簧丝则应考虑曲率引起的修正。本节主要介绍轻型密圈螺旋弹簧的应力与变形。

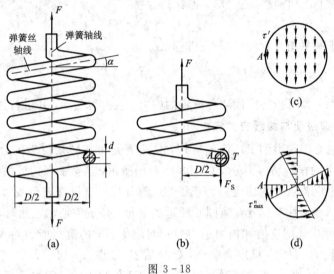

图 3-18

1. 弹簧丝横截面上的应力

对于图 3-18(a)所示承受拉力 F 作用的密圈螺旋弹簧，利用截面法，以通过弹簧轴线的截面，将某一圈的弹簧丝截开，并取上半部分作为研究对象（见图 3-18(b)）。由于螺旋升角 α 很小，因此所截截面可近似看成是弹簧丝的横截面。于是，根据保留部分的平衡条件可知，在弹簧丝横截面上必然同时存在剪力 F_S 及扭矩 T，其值分别为

$$F_S = F, \quad T = \frac{1}{2}FD \tag{a}$$

与剪力 F_S 相应的切应力 τ' 可认为沿横截面均匀分布（见图 3-18(c)），其大小为

$$\tau' = \frac{F_S}{A} = \frac{4F}{\pi d^2} \tag{b}$$

与扭矩 T 相应的切应力 τ'' 可用圆轴扭转时的切应力公式计算（见图 3-18(d)），其最大扭转切应力为

$$\tau''_{max} = \frac{T}{W_P} = \frac{FD}{2} \cdot \frac{16}{\pi d^3} = \frac{8FD}{\pi d^3} \tag{c}$$

弹簧丝横截面上任意一点的应力均为 τ' 与 τ'' 的矢量和。显然，最大切应力发生在截面内侧点 A 处，其值则为

$$\tau_{max} = \tau' + \tau''_{max} = \frac{8FD}{\pi d^3}\left(1 + \frac{d}{2D}\right) \tag{3-21}$$

对于 $D \gg d$ 的轻型弹簧，例如 $D/d \geqslant 10$ 时，代表剪切影响的 $\dfrac{d}{2D}$ 一项与 1 相比不超过 5%，可以忽略。这就相当于不考虑剪切，而只考虑扭转的影响。此时，式(3-21)可简化为

$$\tau_{\max} = \frac{8FD}{\pi d^3} \qquad (3-22)$$

但是，对于 $D/d < 10$ 的重型弹簧，或在计算精度要求较高的情况下，不仅 τ' 不能忽略，而且还应考虑弹簧丝曲率的影响，这时，最大切应力的修正公式为

$$\tau_{\max} = \frac{8FD(4m+2)}{\pi d^3 (4m-3)} \qquad (3-23)$$

式中，m 称为弹簧指数，$m = D/d$。

以上分析表明，弹簧危险点处于纯剪切应力状态，所以，弹簧的强度条件为

$$\tau_{\max} \leqslant [\tau] \qquad (3-24)$$

式中，$[\tau]$ 为弹簧丝的许用切应力。弹簧丝一般用高强度弹簧钢制成，其许用切应力 $[\tau]$ 的数值颇高，约在 $210 \sim 690$ MPa 之间。

2. 弹簧的变形

弹簧在轴向压(拉)力 F 作用下，轴线方向的总缩短(伸长)量为 λ(见图 3-19(a))。试验表明，在弹性范围内，F 与 λ 成正比(见图 3-19(b))。当轴向压(拉)力从零增加到最终值 F 时，所做之功为

$$W = \frac{1}{2}F\lambda \qquad (d)$$

在弹簧变形过程中，储存于弹簧丝内的应变能密度为 $v_\varepsilon = \dfrac{\tau^2}{2G}$。在弹簧丝横截面上，距圆心为 ρ 的任意点(见图 3-19(c))的扭转切应力为

$$\tau_\rho = \frac{T \cdot \rho}{I_P} = \frac{FD \cdot \rho}{2} \frac{32}{\pi d^4} = \frac{16FD\rho}{\pi d^4} \qquad (e)$$

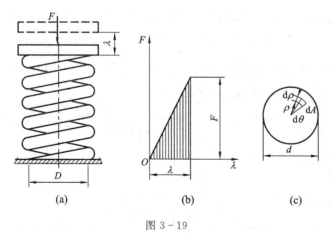

图 3-19

弹簧丝的应变能密度为

$$v_\varepsilon = \frac{\tau_\rho^2}{2G} = \frac{128F^2 D^2 \rho^2}{G\pi^2 d^8} \qquad (f)$$

弹簧储存的应变能为

$$V_\varepsilon = \int_V v_\varepsilon \, \mathrm{d}V \qquad (g)$$

式中 V 为弹簧的体积，在柱坐标系下，弹簧丝的体积微元 $\mathrm{d}V = \rho \cdot \mathrm{d}\theta \cdot \mathrm{d}\rho \cdot \mathrm{d}s$。积分时，首先

遍及弹簧丝的横截面，θ 由 0 到 2π，ρ 由 0 到 $d/2$；其次遍及弹簧的长度，s 由 0 到 l。若弹簧的有效圈数为 n(即扣除两端与簧座接触部分后的圈数)，则 $l = n\pi D$。将式(f)代入式(g)，积分得

$$V_{\varepsilon} = \int_{V} v_{\varepsilon} \mathrm{d}V = \frac{128F^2 D^2}{G\pi^2 d^8} \int_{0}^{2\pi} \mathrm{d}\theta \int_{0}^{\frac{d}{2}} \rho^3 \mathrm{d}\rho \int_{0}^{n\pi D} \mathrm{d}s = \frac{4F^2 D^3 n}{Gd^4} \tag{h}$$

由于 $W = V_{\varepsilon}$，因此

$$\frac{1}{2}F\lambda = \frac{4F^2 D^3 n}{Gd^4} \tag{i}$$

由此得到

$$\lambda = \frac{8FD^3 n}{Gd^4} = \frac{64FR^3 n}{Gd^4} \tag{3-25}$$

式中，$R = D/2$ 是弹簧圈的平均半径。

令

$$k = \frac{Gd^4}{8D^3 n} = \frac{Gd^4}{64R^3 n} \tag{3-26}$$

则式(3-25)可以写成

$$\lambda = \frac{F}{k} \tag{3-27}$$

显然，F 一定时，k 越大则 λ 越小，所以 k 代表弹簧抵抗变形的能力，称为弹簧刚度。

从式(3-25)可看出，如希望弹簧有较好的减振与缓冲作用，即要求它有较大的变形而比较柔软时，应使弹簧丝直径尽可能小一些。此外，增加圈数 n 和加大平均直径 D，都可以取得增加 λ 的效果。

例 3-8 某柴油机的气阀弹簧，弹簧平均半径 $R = 59.5$ mm，弹簧丝横截面直径 $d = 14$ mm，有效圈数 $n = 5$。材料的 $[\tau] = 350$ MPa，$G = 80$ GPa。弹簧工作时承受压力 $F = 2500$ N。试校核弹簧的强度并计算其压缩变形。

解 (1) 校核强度。由于弹簧指数 $m = \dfrac{D}{d} = \dfrac{2 \times 59.5}{14} \approx 8.5 < 10$，属于重型弹簧。应用公式(3-23)计算弹簧丝横截面上的最大切应力

$$\tau_{\max} = \frac{8FD(4m+2)}{\pi d^3 (4m-3)} = \frac{8 \times 2500 \times (2 \times 59.5) \times (4 \times 8.5 + 2)}{\pi \times 14^3 \times (4 \times 8.5 - 3)}$$

$$\approx 321 \text{ MPa} < [\tau]$$

弹簧满足强度要求。

(2) 变形计算。由式(3-25)计算弹簧的压缩变形：

$$\lambda = \frac{64FR^3 n}{Gd^4} = \frac{64 \times 2500 \times 59.5^3 \times 5}{80 \times 10^3 \times 14^4} \approx 55.7 \text{ mm}$$

3.7 非圆截面轴扭转

在工程实际中，有时也碰到一些非圆截面轴，例如农业机械中有时采用方轴作为传动轴，曲轴的曲柄截面也是矩形的。本节仅介绍矩形截面轴扭转的特点及有关结论，对于椭圆等非圆截面轴及薄壁杆的扭转问题可参考有关工程手册。

1. 自由扭转与限制扭转

试验研究和理论分析均表明，非圆截面轴扭转时，横截面将不再保持平面而发生**翘曲**（见图 3-20）。因此，基于平面假设推导的圆轴扭转切应力与变形公式将不再适用。如果约束对非圆截面轴横截面翘曲不加限制，该轴各横截面翘曲程度相似，则横截面上只有切应力而无正应力。如果约束对非圆截面轴的翘曲有所限制（如存在固定端约束），则横截面上不仅有切应力还存在正应力。横截面的翘曲不受任何限制的扭转称为**自由扭转**；反之称为**限制扭转**。精确分析表明，对于一般非圆实心轴，限制扭转引起的正应力很小，实际计算时可忽略不计。这里只讨论自由扭转。

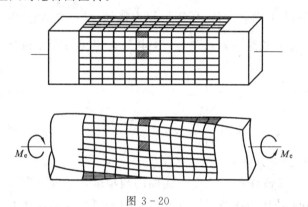

图 3-20

2. 矩形截面轴的扭转

由切应力互等定理可知，矩形截面轴横截面上的切应力分布具有以下特点：

（1）截面周边各点处的切应力指向必与周边平行。

（2）截面凸角处的切应力必为零。

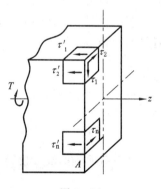

图 3-21

如图 3-21 所示，假设横截面周边 A 点处的切应力不与周边平行，即存在垂直于周边的切应力分量 τ_n 时，则根据切应力互等定理，轴表面必存在与其数值相等的切应力 τ_n'，而轴表面此时的切应力 $\tau_n'=0$，可见 $\tau_n=0$，即截面周边的切应力必平行于周边。同理，也可得出横截面凸角处的切应力必为零。

由弹性理论可知，矩形截面轴扭转时，最大切应力 τ_{max} 发生在截面长边中点处，而短边中点处的切应力 τ_1 也有相当大的数值（见图 3-22）。根据研究结果，矩形截面轴扭转切应力 τ_{max} 和 τ_1 以及扭转角 φ 可按下列公式计算：

$$\tau_{max} = \frac{T}{\alpha h b^2} \tag{3-28}$$

$$\tau_1 = \gamma \tau_{max} \tag{3-29}$$

$$\varphi = \frac{Tl}{G \beta h b^3} \tag{3-30}$$

式中：T 为截面扭矩大小，G 为材料切变模量；h 与 b 分别

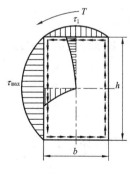

图 3-22

代表矩形截面长边与短边的长度；α、β 及 γ 是与高宽比 h/b 有关的系数，其值见表 3-1。

表 3-1　矩形截面扭转的系数 α、β 及 γ 值

h/b	1.0	1.2	1.5	1.75	2.0	2.5	3.0	4.0	6.0	8.0	10.0	∞
α	0.208	0.219	0.231	0.239	0.246	0.258	0.267	0.282	0.299	0.307	0.313	0.333
β	0.141	0.166	0.196	0.214	0.229	0.249	0.263	0.281	0.299	0.307	0.313	0.333
γ	1.000	0.930	0.859	0.820	0.795	0.766	0.753	0.745	0.743	0.742	0.742	0.742

由表 3-1 可以看出，当 $\dfrac{h}{b}>10$（即矩形较为狭长）时，$\alpha=\beta\approx\dfrac{1}{3}$，$\gamma=0.742$。现以 δ 表示狭长矩形短边的宽度，其最大扭转切应力和扭转角分别为

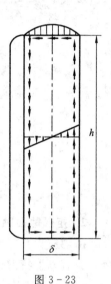

$$\tau_{\max}=\frac{3T}{h\delta^{2}} \qquad (3-31)$$

$$\varphi=\frac{3Tl}{Gh\delta^{3}} \qquad (3-32)$$

狭长矩形截面轴扭转切应力分布如图 3-23 所示。

例 3-9　材料、横截面积与长度均相同的两根轴，一为圆形截面，一为正方形截面。若作用在轴端的扭力偶矩 M 也相同，试计算上述二轴的最大扭转切应力与扭转变形，并进行比较。

解　设圆形截面轴的直径为 d，正方形截面轴的边长为 a，由于二者的面积相等，即

图 3-23

$$\frac{\pi d^{2}}{4}=a^{2}$$

于是得

$$a=\frac{\sqrt{\pi}\,d}{2}$$

圆形截面轴的最大扭转切应力与变形分别为

$$\tau_{c,\,\max}=\frac{16M}{\pi d^{3}}$$

$$\varphi_{c}=\frac{32Ml}{G\pi d^{4}}$$

正方形截面轴的最大扭转切应力与扭转变形分别为

$$\tau_{s,\,\max}=\frac{M}{\alpha a^{3}}=\frac{M}{0.208a^{3}}$$

$$\varphi_{s}=\frac{Ml}{G\beta a^{4}}=\frac{Ml}{0.141Ga^{4}}$$

根据上述计算，得

$$\frac{\tau_{c,\,\max}}{\tau_{s,\,\max}}=\frac{16\times0.208}{\pi}\left(\frac{\sqrt{\pi}}{2}\right)^{3}\approx0.737$$

$$\frac{\varphi_c}{\varphi_s} = \frac{32 \times 0.141}{\pi} \left(\frac{\sqrt{\pi}}{2}\right)^4 \approx 0.886$$

可见，无论是扭转强度或是扭转刚度，圆形截面轴均比正方形截面轴好。

3. 椭圆等非圆截面轴的扭转

对于椭圆、三角形等非圆截面轴，可按下列公式计算最大扭转切应力与扭转变形：

$$\tau_{max} = \frac{T}{W_t}, \quad \varphi = \frac{Tl}{GI_t}$$

式中：W_t 及 I_t 的量纲分别与 W_P 及 I_p 相同，其计算公式详见单辉祖教授编写的《材料力学》第二版附录 D。

········· **思　考　题** ·········

3-1　扭转的受力和变形各有何特点？

3-2　轴的转速、所传递功率和外力偶矩之间有何关系？各物理量应选取什么单位？

3-3　何谓扭矩？扭矩的正负号是如何规定的？怎样计算扭矩？怎样作扭矩图？

3-4　切应力互等定理的条件和结论各是什么？

3-5　何谓切应变，其单位是什么？

3-6　何谓剪切胡克定律？该定律的应用条件是什么？

3-7　何谓纯剪切？有人说，切应力互等定理只适用于纯剪切，此观点对吗？为什么？

3-8　薄壁圆筒扭转切应力在横截面上是如何分布的？

3-9　圆轴扭转时横截面上的切应力是如何分布的？圆轴扭转切应力公式是如何建立的？其应用条件是什么？

3-10　怎样计算圆截面的极惯性矩和抗扭截面系数？两者的量纲各是什么？

3-11　金属材料圆轴扭转破坏有几种形式？材料的许用切应力如何确定？

3-12　从扭转强度考虑，为什么空心圆截面轴比实心轴更合理？

3-13　何谓扭转角？如何计算圆轴的扭转角？扭转角的单位是什么？

3-14　应用圆轴扭转刚度条件时应注意什么？

3-15　非圆截面轴扭转的特点是什么？矩形截面轴扭转时横截面上的切应力如何分布？何处的切应力最大？

········· **习　　题** ·········

3-1　试作题 3-1 图所示各轴的扭矩图。

3-2　题 3-2 图所示圆截面轴，直径 $d = 50$ mm，扭矩 $T = 1$ kN·m。试计算横截面上最大切应力以及 A 点处（$\rho_A = 20$ mm）的切应力。

3-3　题 3-3 图所示空心圆截面轴，外径 $D = 40$ mm，内径 $d = 20$ mm，扭矩 $T = 1$ kN·m。试计算横截面上最大切应力以及 A 点处（$\rho_A = 15$ mm）的切应力。

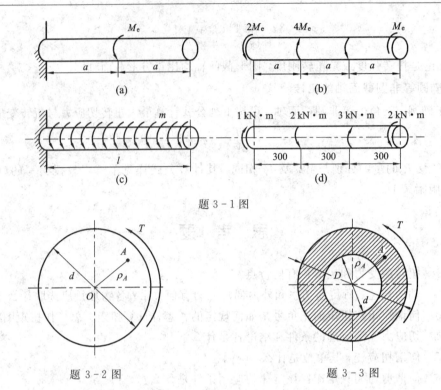

题 3-1 图

题 3-2 图   题 3-3 图

3-4 受扭圆筒，外径 $D=42$ mm，内径 $d=40$ mm，外力偶矩 $M_e=500$ N·m，切变模量 $G=75$ GPa。试计算圆筒横截面上的切应力，并计算筒表面纵线的倾角。

3-5 题 3-5 图所示切蔗机主轴由电动机经三角皮带轮带动。已知电动机功率 $P=3.5$ kW，主轴转速 $n=200$ r/min，主轴直径 $d=30$ mm，轴的许用切应力$[\tau]=40$ MPa，试校核该主轴强度(不考虑传动损耗)。

3-6 一带有框式搅拌桨叶的主轴，其受力如题 3-6 图所示。搅拌轴由电动机经过减速器及圆锥齿轮带动。已知电动机功率 $P=2.8$ kW，机械传动效率 $\eta=85\%$，搅拌轴的转速 $n=5$ r/min，轴的直径 $d=75$ mm，轴的材料的许用切应力$[\tau]=60$ MPa。试校核轴强度。

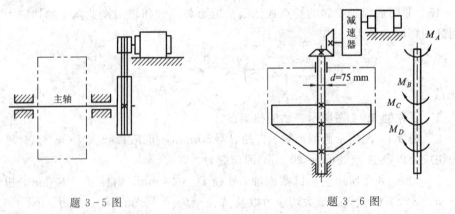

题 3-5 图   题 3-6 图

3-7 一圆轴直径 $d=20$ mm，材料许用切应力$[\tau]=100$ MPa，求此轴所能承受的扭矩 T。若转速 $n=100$ r/min，求此轴传递功率的许用值。

3-8　实心圆轴与空心圆轴通过牙嵌式离合器相联结，见题 3-8 图。已知轴的转速 $n=100$ r/min，传递功率 $P=10$ kW，许用切应力 $[\tau]=80$ MPa，$d_1:d_2=0.6$。试确定实心轴直径 d，空心轴的内、外径 d_1 和 d_2。

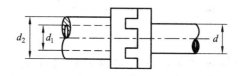

题 3-8

3-9　一圆轴以 $n=250$ r/min 的转速传递 $P=60$ kW 的功率。如 $[\tau]=40$ MPa，$[\theta]=0.8$ °/m，材料切变弹性模量 $G=80$ GPa，试设计该轴的直径。

3-10　一直径 $d=100$ mm 的圆轴，转速 $n=120$ r/min，材料的切变模量 $G=80$ GPa，由试验测得该轴 1 m 长内扭转角 $\varphi=0.02$ rad，试计算该轴所传递的功率。

3-11　题 3-11 图所示两段直径 $d=100$ mm 的圆轴由凸缘和螺栓连接而成。轴扭转时最大切应力 $\tau_{\max}=70$ MPa，螺栓直径 $d_1=20$ mm，并均匀排列在直径 $D=200$ mm 的圆周上，螺栓许用切应力 $[\tau]=60$ MPa，试计算所需螺栓的个数。

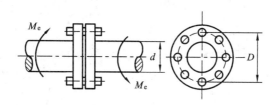

题 3-11

3-12　题 3-12 图所示圆轴，AB 和 BC 段直径比 $d_1:d_2=4:3$，外力偶矩 $M_e=1$ kN·m，许用切应力 $[\tau]=80$ MPa，单位长度许用扭转角 $[\theta]=0.5$ °/m，切变模量 $G=80$ GPa，试确定轴径 d_1 和 d_2。

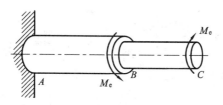

题 3-12

3-13　一薄壁圆筒，两端承受外力偶矩 M_e 作用。设筒的平均半径为 R_0，壁厚为 δ，筒长度为 l，切变模量为 G，试证明薄壁圆筒的扭转角为

$$\varphi=\frac{M_e l}{2G\pi R_0^3 \delta}$$

3-14　一两端固定的圆轴，在 B 截面处受外力偶矩 M_e 作用，产生扭转变形。轴直径、长度如题 3-14 图所示，试计算固定端处反力偶矩。

3-15　横截面积、杆长与材料均相同的两轴，截面分别为正方形和 $h/b=2$ 的矩形，试比较其最大扭转切应力和扭转刚度。

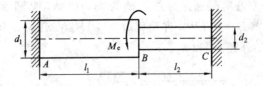

题 3-14

3-16 圆柱形密圈螺旋弹簧，弹簧丝横截面直径 $d=18$ mm，弹簧平均直径 $D=125$ mm，弹簧材料的 $G=80$ GPa。如果弹簧所受拉力 $F=500$ N，试求：

(1) 弹簧丝的最大切应力。

(2) 弹簧要几圈才能使它的伸长等于 6 mm。

3-17 圆柱形密圈螺旋弹簧，弹簧丝横截面直径 $d=30$ mm，弹簧平均直径 $D=300$ mm，有效圈数 $n=10$，受力前弹簧的自由长度为 400 mm，材料的 $[\tau]=140$ MPa、$G=82$ GPa。试确定弹簧所能承受的压力(注意弹簧可能的压缩量)。

第 4 章 弯曲内力

4.1 引 言

工程中存在着大量的弯曲构件，如图 4-1 所示的火车轮轴、图 4-2 所示的造纸机上的压榨辊轴、图 4-3 所示的行车大梁等都是弯曲构件的实例。

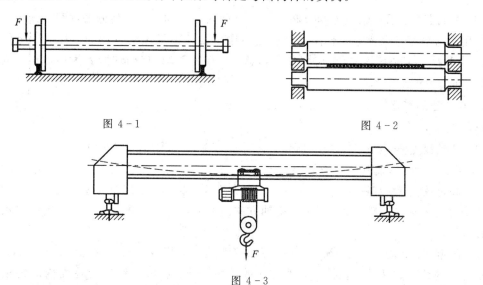

图 4-1　　　　　　　　　　　　　　　　　　　图 4-2

图 4-3

一般来说，当杆件承受垂直于轴线的外力，或在其轴线平面内作用有外力偶时，杆的轴线将由直线变为曲线。以轴线变弯为主要特征的变形形式称为**弯曲**。以弯曲为主要变形的杆件称为**梁**。

工程中常见梁的横截面往往具有对称轴（见图 4-4(a)～(d)），由对称轴和梁的轴线组成的平面，称为**纵向对称面**（见图 4-4(e)）。

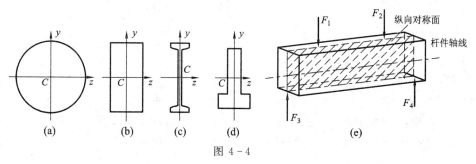

(a)　　　　(b)　　　　(c)　　　　(d)　　　　　　　　(e)

图 4-4

当外力偶或横向力均作用在纵向对称面内时，梁的轴线将弯成位于纵向对称面内的一条平面曲线，这种弯曲称为平面弯曲。本章研究平面弯曲时杆件横截面上的内力，随后两章分别讨论弯曲应力和变形。

4.2　梁的计算简图

为了对梁进行强度和刚度分析，首先必须对梁的几何形状、约束及载荷进行简化。

1. 作用在梁上的外载荷

作用在梁上的外载荷有以下三种：

（1）集中载荷：若作用在梁上的横向力分布范围很小，可以近似地当作作用在一点的集中载荷，用 F 表示。

（2）集中力偶：作用在微小梁段上的外力偶，可以近似地看作是作用在梁上一点的集中力偶，用 M 或 M_e 表示。

（3）分布载荷：沿梁轴线连续分布在较长范围内的横向力，称为**分布载荷**。分布载荷的大小用载荷集度 q 来描述，载荷集度就是沿梁轴线单位长度的作用力，其常用单位为 N/mm 或 N/m。当载荷均匀分布时，q 为常数；当载荷非均匀分布时，q 为横截面位置 x 的函数，即 $q = q(x)$。

2. 梁支座的简化

梁的支座可以简化为以下三种形式：

（1）活动铰支座：如图 4-5(a)所示，它对梁的约束力 F_R 沿支承面法线方向，图 4-5(a)给出了活动铰支座及其约束力简图。

（2）固定铰支座：如图 4-5(b)所示，在研究平面问题时，固定铰支座的约束力可用平面内两个分力表示，一般情况下，用沿梁轴方向的约束力 F_{Rx} 与垂直于梁轴方向的约束力 F_{Ry} 来表示。

（3）固定端：如图 4-5(c)所示，在研究平面问题时，相应约束力用三个分量表示，即沿梁轴方向的约束力 F_{Rx}、垂直于梁轴方向的约束力 F_{Ry} 和位于纵向对称面内的约束力偶 M_e。

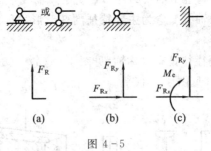

图 4-5

3. 静定梁的基本形式

根据梁的支承情况，静定梁的基本形式可分为以下三种：

（1）简支梁：一端为固定铰支座支承，另一端为活动铰支座支承的梁称之为简支梁，如图 4-6(a)所示。图 4-2 所示造纸机上的压榨辊轴可简化为简支梁。

（2）外伸梁：具有一个或两个外伸部分的简支梁称为外伸梁，如图 4 - 6(b)所示。图 4 - 1 所示火车轮轴可简化为两端外伸梁。

（3）悬臂梁：一端固定，另一端自由的梁称为悬臂梁，如图 4 - 6(c)所示。高大塔器可简化为下端固定的悬臂梁。

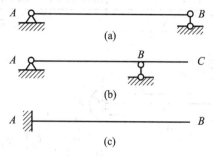

图 4 - 6

上述三种梁都可以用静平衡方程来计算约束力，属于静定梁。有时为了保证梁的强度和刚度，为一个梁设置较多的支座，从而使梁的约束力数目多于独立静平衡方程数目，这时单凭静力学知识就不能确定全部约束力，这种梁称为**静不定梁（超静定梁）**。本章仅限于研究静定梁的内力。

4.3　弯曲内力及内力图

4.3.1　梁横截面上的内力——剪力与弯矩

梁的外力确定后，就可用截面法分析梁的内力。

如图 4 - 7(a)所示简支梁，用截面法确定距 A 端为 x 处截面 $m - m$ 上的内力。假想沿 $m - m$ 截面将梁截开，分成左右两段，任选其中一段，例如左段（见图 4 - 7(b)）进行研究。在左段梁上作用有外力 F_{Ay} 与 F_1，为了保持左段平衡，$m - m$ 截面上一定存在内力。为了分析其内力，将作用在左段梁上的所有外力均向截面形心 C 简化，得主矢 $\boldsymbol{F}'_\mathrm{S}$ 和主矩 $\boldsymbol{M}'$。由于外力均垂直于梁轴，主矢 $\boldsymbol{F}'_\mathrm{S}$ 也垂直于梁轴。由此可见，当梁弯曲时，横截面上必然同时存在两种内力分量：与主矢平衡的内力 F_S；与主矩平衡的内力偶矩 M。这种作用线与横截面相切的内力称为**剪力**，记为 F_S；作用在纵向对称面的内力偶矩称为**弯矩**，记为 M。

根据左段梁的平衡方程
$$\sum F_y = 0, \; F_{Ay} - F_1 - F_\mathrm{S} = 0$$
$$\sum M_C = 0, \; M + F_1(x - a) - F_{Ay}x = 0$$

可得
$$\begin{cases} F_\mathrm{S} = F_{Ay} - F_1 \\ M = F_{Ay}x - F_1(x - a) \end{cases}$$

剪力 F_S 的大小等于左段梁上所有横向外力的代数和，弯矩 M 的大小等于左段梁上所有外力对形心 C 取矩的代数和。

同理，如果以右段梁为研究对象(见图 4-7(c))，并根据右段梁的平衡条件计算 $m-m$ 截面的内力，将得到与左段大小相同的剪力和弯矩，但是其方向相反。

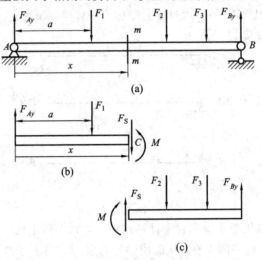

图 4-7

为了使选择不同研究对象得到的同一横截面上的剪力和弯矩，不但在数值上相同，而且正负号也一致，剪力和弯矩的正负号需根据变形来确定。规定如下：在梁内欲求内力截面的内侧切取微段，凡使该微段沿顺时针方向转动的剪力规定为正(见图 4-8(a))，反之为负；使微段产生凸向下变形的弯矩规定为正(见图 4-8(b))，反之为负。按此规定，图 4-7(b)、(c)所示的 $m \quad m$ 截面上的剪力与弯矩均为正值。

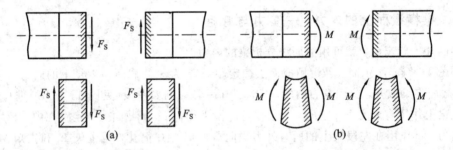

图 4-8

例 4-1 图 4-9 所示外伸梁上的外载荷均为已知，试求图示各指定截面的剪力和弯矩。

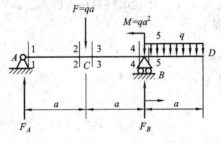

图 4-9

解 (1)求梁的约束力。由静平衡方程可得

$$\sum M_A(F_i) = 0, \quad F_B \cdot 2a - F \cdot a + M - qa \cdot \frac{5}{2}a = 0$$

$$\sum M_B(F_i) = 0, \quad -F_A \cdot 2a + F \cdot a + M - qa \cdot \frac{1}{2}a = 0$$

解得

$$F_A = \frac{3}{4}qa, \quad F_B = \frac{5}{4}qa$$

（2）计算各指定截面的内力。对于截面 5-5，取该截面右侧部分为研究对象，其余各截面均取相应截面左侧部分为研究对象。根据静平衡方程可求得

1-1 截面：

$$F_{S1} = F_A = \frac{3}{4}qa; \quad M_1 = F_A \Delta = 0$$

（因为 1-1 截面从右端无限接近支座 A，即 $\Delta \to 0$，以下同样理解。）

2-2 截面：

$$F_{S2} = F_A = \frac{3}{4}qa; \quad M_2 = F_A a = \frac{3}{4}qa^2$$

3-3 截面：

$$F_{S3} = F_A - F = \frac{3}{4}qa - qa = -\frac{1}{4}qa; \quad M_3 = F_A a - F\Delta = \frac{3}{4}qa^2$$

4-4 截面：

$$F_{S4} = F_A - F = \frac{3}{4}qa - qa = -\frac{1}{4}qa$$

$$M_4 = F_A 2a - Fa = \frac{3}{4}qa \times 2a - qa \times a = \frac{1}{2}qa^2$$

5-5 截面：

$$F_{S5} = qa; \quad M_5 = -qa \frac{a}{2} = -\frac{1}{2}qa^2$$

4.3.2 剪力图与弯矩图

一般情况下，在梁的不同横截面上，剪力与弯矩均不相同，即剪力与弯矩随横截面位置的不同而变化。为了描述剪力与弯矩沿梁轴线的变化情况，取梁的轴线为 x 轴，以坐标 x 表示横截面的位置，剪力、弯矩可表示成横截面位置 x 的函数，即

$$F_S = F_S(x)$$

$$M = M(x)$$

上述关系式分别称为**剪力方程**和**弯矩方程**。

描述剪力与弯矩沿梁轴变化的另一重要方法是图示法。与轴力图、扭矩图的表示方式类似，作图时，以 x 为横坐标轴，表示横截面位置，以 F_S 或 M 为纵坐标轴，分别绘制剪力、弯矩沿梁轴线变化的曲线，上述曲线分别称为**剪力图**与**弯矩图**。

剪力、弯矩方程便于分析和计算，剪力、弯矩图形象直观，两者对于解决梁的弯曲强度和刚度问题都必不可少、同等重要，所以，剪力、弯矩方程与剪力、弯矩图是分析弯曲问题的重要基础。

例4-2 某填料塔塔盘下的支承梁,在物料重力的作用下,可以简化为一承受均布载荷的简支梁,如图4-10(a)所示,在全梁长度 l 上承受集度为 q 的均布载荷作用,试作梁的剪力、弯矩图。

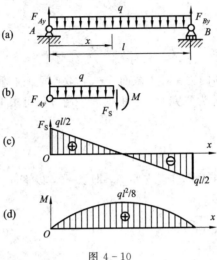

图4-10

解 (1) 计算约束力。均布载荷合力为 $F_R = ql$,并作用在梁中点,所以,A 端与 B 端的约束力分别为

$$F_{Ay} = F_{By} = \frac{ql}{2}$$

(2) 建立剪力、弯矩方程。从距左端为 x 的任意截面处截开,研究左半段,根据静平衡方程可得

$$F_S = F_{Ay} - qx = \frac{ql}{2} - qx \quad (0 < x < l) \tag{a}$$

$$M = F_{Ay}x - qx\frac{x}{2} = -\frac{q}{2}x^2 + \frac{ql}{2}x \quad (0 < x < l) \tag{b}$$

(3) 画剪力、弯矩图。由式(a)知,剪力 F_S 为 x 的一次函数,剪力图为一条斜向下的直线,并计算得

$$F_S(0) = \frac{ql}{2}, \quad F_S\left(\frac{l}{2}\right) = 0, \quad F_S(l) = -\frac{ql}{2}$$

画出剪力图如图4-10(c)所示。

由式(b)知,弯矩 M 为 x 的二次函数,弯矩图为一条开口向下的抛物线,并计算得

$$M(0) = 0, \quad M(l) = 0, \quad M\left(\frac{l}{2}\right) = \frac{ql^2}{8}$$

画出弯矩图如图4-10(d)所示。

例4-3 图4-11(a)所示简支梁,在梁上 C 点处承受集中载荷 F 的作用。试作梁的剪力图和弯矩图。

解 (1) 计算约束力。以梁 AB 为研究对象,对 B、A 两点分别列出矩式平衡方程 $\sum M_B = 0$ 和 $\sum M_A = 0$,可解得 A 端和 B 端的约束力分别为

$$F_{Ay} = \frac{b}{l}F, \quad F_{By} = \frac{a}{l}F$$

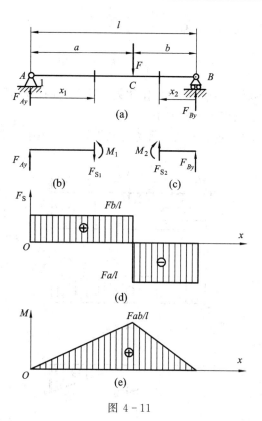

图 4 - 11

（2）建立剪力、弯矩方程。由于在截面 C 处作用有集中载荷 F，故应将梁分为 AC 和 CB 两段，分段建立剪力与弯矩方程。

对于 AC 段，以 A 点为原点，坐标轴 x_1 向右为正，由图 4 - 11(b)可知，该段梁的剪力、弯矩方程分别为

$$F_{S1} = F_{Ay} = \frac{b}{l}F \quad (0 < x_1 < a) \tag{a}$$

$$M_1 = F_{Ay}x_1 = \frac{bF}{l}x_1 \quad (0 < x_1 < a) \tag{b}$$

对于 CB 段，为计算方便，以 B 点为原点，坐标轴 x_2 向左为正，由图 4 - 11(c)可知，该段梁的剪力、弯矩方程分别为

$$F_{S2} = -F_{By} = -\frac{a}{l}F \quad (0 < x_2 < b) \tag{c}$$

$$M_2 = F_{By}x_2 = \frac{aF}{l}x_2 \quad (0 < x_2 < b) \tag{d}$$

（3）画剪力、弯矩图。根据式(a)、(c)画剪力图(见图 4 - 11(d))；根据式(b)、(d)画弯矩图(见图 4 - 11(e))。由图可看出，横截面 C 处的弯矩最大，其值为

$$M_{max} = \frac{ab}{l}F$$

如果 $a > b$，则 CB 段的剪力绝对值最大，其值为

$$|F_S|_{max} = \frac{a}{l}F$$

如果集中载荷作用在梁中点，即 $a = b = \dfrac{l}{2}$ 时

$$F_{\text{Smax}} = \frac{F}{2}, \qquad M_{\max} = \frac{Fl}{4}$$

由剪力、弯矩图可以看出，在集中力作用处，其左右两侧横截面上的弯矩相同，而剪力发生突变，突变量等于该集中力的大小。

例 4-4　图 4-12(a)所示悬臂梁，承受集中载荷 F 与集中力偶 $M_e = Fa$ 作用，试作梁的剪力、弯矩图。

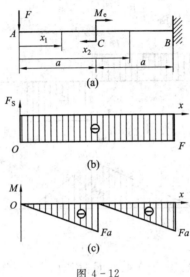

图 4-12

解　(1) 建立剪力、弯矩方程。由于在截面 C 处作用有集中力偶，故应将梁分成 AC、CB 两段。对于 AC 段，选坐标 x_1，可以看出，AC 段的剪力、弯矩方程分别为

$$F_{\text{S1}} = -F \qquad (0 < x_1 < a) \tag{a}$$

$$M_1 = -Fx_1 \qquad (0 < x_1 < a) \tag{b}$$

对于 CB 段，选坐标 x_2，可以看出，CB 段的剪力、弯矩方程分别为

$$F_{\text{S2}} = -F \qquad\qquad (a < x_2 < 2a) \tag{c}$$

$$M_2 = -Fx_2 + M_e = -Fx_2 + Fa \qquad (a < x_2 < 2a) \tag{d}$$

(2) 画剪力、弯矩图。根据式(a)、(c)画出剪力图(见图 4-12(b))；根据式(b)、(d)画出弯矩图(见图 4-12(c))。

由剪力、弯矩图可以看出，在集中力偶作用处，左右两侧横截面上的剪力相同，而弯矩发生突变，突变量等于该力偶矩的大小。

例 4-5　图 4-13(a)所示的简支梁，承受集中载荷 $F = qa$ 与半跨度均布载荷 q 的作用，试作梁的剪力、弯矩图。

解　(1) 计算约束力。由平衡方程 $\sum M_B = 0$ 与 $\sum M_A = 0$ 可分别计算出 A 端、B 端约束力分别为

$$F_{Ay} = \frac{5}{4}qa, \qquad F_{By} = \frac{3}{4}qa$$

方向如图 4-13(a)所示。

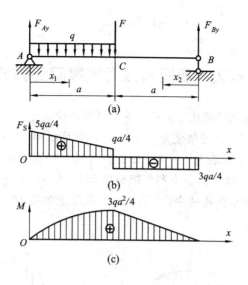

图 4 - 13

（2）建立剪力、弯矩方程。截面 C 处，既是集中载荷作用处，也是分布载荷的不连续处，故应将梁分为 AC、CB 两段。对于 AC 段，以 A 为原点，坐标轴 x_1 向右为正，可以看出，AC 段的剪力、弯矩方程分别为

$$F_{S1} = F_{Ay} - qx_1 = -qx_1 + \frac{5}{4}qa \qquad (0 < x_1 < a) \tag{a}$$

$$M_1 = F_{Ay}x_1 - \frac{qx_1^2}{2} = -\frac{q}{2}x_1^2 + \frac{5qa}{4}x_1 \quad (0 < x_1 < a) \tag{b}$$

对于 CB 段，以 B 为原点，坐标轴 x_2 向左为正，可以看出，CB 段的剪力、弯矩方程分别为

$$F_{S2} = -F_{By} = -\frac{3}{4}qa \qquad (0 < x_2 < a) \tag{c}$$

$$M_2 = F_{By}x_2 = \frac{3qa}{4}x_2 \qquad (0 < x_2 < a) \tag{d}$$

（3）画剪力、弯矩图。由式（a）知，AC 段的剪力图为一条斜直线，计算得 $F_S(0) = \frac{5}{4}qa$，$F_S(a) = \frac{1}{4}qa$；由式（c）知 CB 段的剪力图为一水平线，$F_S = -\frac{3}{4}qa$。画出剪力图，如图 4 - 13（b）所示。

由式（b）知，AC 段的弯矩图为一条开口向下的抛物线，计算得 $M(0) = 0$，$M(a) = \frac{3}{4}qa^2$；由式（d）知，CB 段的弯矩图为一条斜直线，并计算得 $M(0) = 0$，$M(a) = \frac{3}{4}qa^2$。画出弯矩图，如图 4 - 13（c）所示。

由剪力图、弯矩图可知，截面 A 处的剪力最大，其值为

$$F_{Smax} = \frac{5}{4}qa$$

截面 C 处的弯矩最大，其值为

$$M_{max} = \frac{3}{4}qa^2$$

4.4 剪力、弯矩与载荷集度间的微分关系

本节研究剪力、弯矩与载荷集度间的关系，及其在绘制剪力、弯矩图中的应用。

图 4-14(a)所示的梁，承受集度为 $q(x)$ 的分布载荷作用。在此规定载荷集度 q 向上为正，坐标轴 y 向上为正，x 向右为正。为了研究剪力与弯矩沿梁轴的变化，在梁上切取微段 dx(见图 4-14(b))。左截面上的剪力和弯矩分别为 F_S 和 M，由于微段上作用有连续变化的分布载荷，内力沿梁轴也将连续变化，因此，右截面上的剪力和弯矩分别为 F_S+dF_S 与 $M+dM$。

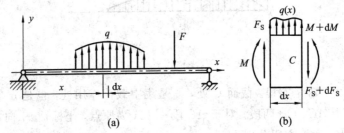

图 4-14

在上述各力作用下，微段处于平衡状态，y 轴方向的静平衡方程可写为

$$\sum F_y = 0, \quad F_S + q\,dx - (F_S + dF_S) = 0$$

可得

$$\frac{dF_S}{dx} = q(x) \tag{4-1}$$

微段上的所有力对右侧面形心 C 取矩的代数和为零，即

$$\sum M_C = 0, \quad M + dM - q\,dx\,\frac{dx}{2} - F_S dx - M = 0$$

略去高阶微量 $q(dx)^2/2$，可得

$$\frac{dM}{dx} = F_S(x) \tag{4-2}$$

将式(4-2)再对 x 求导，并考虑到式(4-1)，可得

$$\frac{d^2M}{dx^2} = q(x) \tag{4-3}$$

以上三式即为直梁的剪力 F_S、弯矩 M 和载荷集度 $q(x)$ 间的微分关系。

剪力、弯矩与载荷集度间微分关系的几何意义为：剪力图某点处的切线斜率，等于梁上相应截面处的载荷集度；弯矩图某点处的切线斜率，等于相应截面处的剪力；而弯矩图某点处的二阶导数，则等于相应截面处的载荷集度。

特别注意：载荷集度 q 规定向上为正，x 轴向右为正。

根据上述微分关系，可以总结出剪力、弯矩图的下述规律：

(1) 无载荷作用的梁段：因为 $q(x)=0$，即 $dF_S/dx=0$，故 $F_S(x)=$ 常数，则该梁段的

剪力图为水平直线。又因为 $F_S(x)$ = 常数，故 $dM/dx = F_S(x)$ = 常数，则该段梁弯矩图的切线斜率为常数，弯矩图为一斜直线。由此可见，当梁上仅有集中载荷作用时，其剪力与弯矩图一定是由直线构成的(见表 4-1(1))。

(2) 均布载荷作用的梁段：因为 $q(x)$ = 常数 $\neq 0$，即 $\dfrac{dF_S}{dx} = \dfrac{d^2 M}{dx^2} = q(x)$ = 不为零的常数，故剪力图为斜直线，而弯矩图为二次抛物线。当均布载荷向上即 $q>0$ 时，剪力图为递增斜直线，弯矩图为开口向上的抛物线；当均布载荷向下即 $q<0$ 时，剪力图为递减斜直线，弯矩图为开口向下的抛物线。此外，由于 $dM/dx = F_S$，因此，在剪力 $F_S = 0$ 的截面处，弯矩取极值，弯矩图存在相应的极值点(见表 4-1(2))。

(3) 集中力作用处：在集中力作用处，剪力图有突变，突变量等于集中力的大小；弯矩图有折角(见表 4-1(3))。

(4) 集中力偶作用处：在集中力偶作用处，剪力图无变化，弯矩图有突变，突变量等于集中力偶矩的大小(见表 4-1(4))。

上述结论可归结为表 4-1。

表 4-1　各种形式载荷作用下的剪力图、弯矩图

序号	载荷情况	剪力图	弯矩图
(1)			
(2)			
(3)			
(4)			

利用上述规律可校验绘制的剪力、弯矩图是否正确，而且还可以在不建立剪力方程和弯矩方程的情况下，直接绘制剪力图和弯矩图。

例 4-6　图 4-15(a)所示外伸梁，承受均布载荷 q、集中载荷 F 和集中力偶 M_e 作用，其中 $F = qa$，$M_e = qa^2$，试作梁的剪力、弯矩图，并检验其正确性。

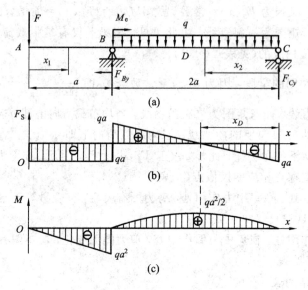

图 4-15

解 (1)计算约束力。研究整个梁,由静平衡方程 $\sum M_C = 0$ 与 $\sum M_B = 0$,可得 B、C 端的约束力分别为

$$F_{By} = 2qa, \qquad F_{Cy} = qa$$

方向如图 4-15(a)所示。

(2)建立剪力、弯矩方程。选坐标 x_1、x_2 如图 4-15(a)所示,可得梁 AB、CB 段的剪力,弯矩方程分别为

$$
\begin{aligned}
F_{S1} &= -qa & (0 < x_1 < a) \\
M_1 &= -qax_1 & (0 < x_1 < a) \\
F_{S2} &= qx_2 - qa & (0 < x_2 < 2a) \\
M_2 &= -\frac{1}{2}qx_2^2 + qax_2 & (0 < x_2 < 2a)
\end{aligned}
$$

(3)画剪力、弯矩图。根据上述方程可画出剪力、弯矩图,分别如图 4-15(b)与图 4-15(c)所示,其中在梁 BC 段中点 D 截面上,$F_{SD}=0$,弯矩取极值:

$$M_D = -\frac{1}{2}qx_2^2 + qa^2 = \frac{1}{2}qa^2$$

(4)检验。先检查 A、B 和 C 处的剪力、弯矩值的正确性。A 处有向下集中力 F,故 A 处右邻面上的剪力为 $F_S = -qa$,弯矩为零。B 点有向上的约束力 $F_{By}=2qa$ 作用,B 处剪力图有突变:

$$|\Delta F_S| = F_{By} = 2qa$$

B 点有集中力偶 $M_e=qa^2$ 作用,B 处弯矩图有突变:

$$|\Delta M| = M_e = qa^2$$

C 点有约束力作用,无集中力偶,故

$$F_{SC} = -F_{Cy} = -qa, \qquad M_C = 0$$

因此,上述三点剪力、弯矩值正确。

再检验剪力、弯矩图的图形趋势。AB 段无载荷，故剪力图应是一条水平线，弯矩图应是一条斜直线。BC 段有向下的均布载荷，故剪力图应是一条从左向右递减的斜直线，弯矩图应是一开口向下的抛物线。对照剪力、弯矩图，符合上述分析，故梁的剪力、弯矩图绘制正确。

有兴趣的读者可以根据图 4-15(a)所示的外力及支座反力，仿照例题 4-7，直接绘制该梁的剪力、弯矩图。

例 4-7 一外伸梁受均布载荷和集中力偶作用，如图 4-16(a)所示。试作梁的剪力、弯矩图。

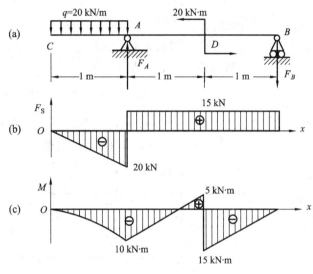

图 4-16

解 （1）求约束力。以悬臂梁为研究对象，根据静平衡方程可求得 A、B 两处的约束力分别为

$$F_A = 35 \text{ kN}, \quad F_B = 15 \text{ kN}$$

（2）绘制剪力图。根据梁的受力情况，将梁分为 CA、AD、DB 三段，CA 段上作用有均布载荷，故剪力图为一条斜直线；AD、DB 段没有载荷作用，AB 间也没有集中力作用，故剪力图为一条水平直线。为准确地画出剪力图，需求出以下分段截面上的剪力值：

$$F_{SC} = 0, \quad F_{SA^-} = -20 \text{ kN}, \quad F_{SA^+} = 15 \text{ kN}$$

根据以上数据便可绘出梁的剪力图（见图 4-16(b)）。由图可见，在截面 A 处有支座约束力作用，截面 A 处剪力图有突变，突变量的大小等于该处支座约束力的大小。整个梁上 A^- 面上的剪力绝对值最大，其值为 $|F_S|_{max} = 20 \text{ kN}$。

（3）绘制弯矩图。CA 段上作用有向下的均布载荷，弯矩图为开口向下的抛物线；AD、DB 上无载荷，其弯矩图为斜直线。为准确画出各段的弯矩图，需求出以下各分段截面上的弯矩：

$$M_C = 0, \ M_B = 0, \ M_A = -10 \text{ kN} \cdot \text{m}$$

$$M_{D^-} = 5 \text{ kN} \cdot \text{m}, \ M_{D^+} = -15 \text{ kN} \cdot \text{m}$$

根据以上数据可画出梁的弯矩图（见图 4-16(c)）。由弯矩图可看出，在 D 截面处作用有集中力偶，弯矩图有突变，突变量等于集中力偶矩的大小。在 A 截面处弯矩图有折角。整个梁上最大弯矩发生在 D^+ 截面，其值为 $|M|_{max} = 15 \text{ kN} \cdot \text{m}$。

例 4 - 8 利用微分关系画出图 4 - 17 所示组合梁的剪力图与弯矩图。

解 （1）计算支反力。梁 AC 受力如图 4 - 17(a)所示，由平衡方程得 A、C 处的约束反力为

$$F_{Ay} = F_{Cy} = \frac{M_e}{2a} = \frac{F}{2}$$

梁 CD（含铰链 C）受力如图 4 - 17(b)所示，由平衡方程得 D 处的约束反力为

$$F_{Dy} = \frac{3F}{2}, \quad M_D = \frac{3Fa}{2}$$

（2）画剪力图。将整个组合梁划分成 AB、BC 与 CD 三段，因为梁上仅作用集中载荷，所以各梁段的剪力图均为水平线，而弯矩图则为斜直线。

利用截面法，求得各段起点截面的剪力分别为

$$F_{sA^+} = F_{sB^+} = -\frac{F}{2}, \quad F_{sC^+} = -\frac{3F}{2}$$

上述截面的剪力值，在剪力图中对应 a、b 与 c 点，如图 4 - 17(c)所示。于是，在 AB、BC 与 CD 段内，分别过 a、b 与 c 点画水平直线，即得梁的剪力图。

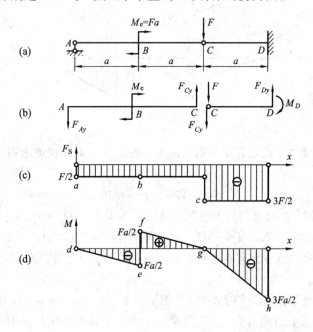

图 4 - 17

（3）画弯矩图。如上所述，各段梁的弯矩图均为斜直线。利用截面法，求得各段起点与终点截面的弯矩分别为

$$M_{A^+} = 0, \quad M_{B^-} = -\frac{Fa}{2}$$

$$M_{B^+} = \frac{Fa}{2}, \quad M_{C^-} = 0$$

$$M_{C^+} = 0, \quad M_{D^-} = -\frac{3Fa}{2}$$

上述截面的弯矩值，在弯矩图中依次对应 d、e、f、g 与 h 点，如图 4 - 17(d)所示。于

是，分别连直线 de、fg 与 gh，即得梁的弯矩图。

需要注意的是，由于梁间铰链仅能传递力，不能传递力偶矩，因此，梁间铰链处截面 C^+ 与 C^- 处的弯矩均为零。

4.5　平面刚架与曲杆的内力

工程中，某些机器的机身或机架的轴线是由几段直线组成的折线，如液压机机身、轧钢机机架、钻床床架(见图 4－18)等。在这种结构中，杆与杆的交点称为**节点**。由于其刚度很大，受力前后节点处各杆间的夹角保持不变，即杆与杆在节点处不发生相对转动，因此这样的节点称为**刚节点**。由刚节点连接杆件组成的结构称为**刚架**。刚节点处的内力通常包含轴力、剪力和弯矩。

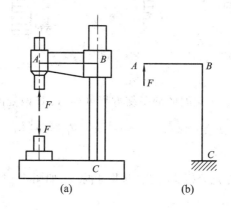

图 4－18

工程中还有一些构件，其轴线是一条平面曲线，称为**平面曲杆**，如活塞环、链环、拱(见图 4－19)等。平面曲杆横截面上的内力通常包含轴力、剪力和弯矩。下面举例说明平面刚架和平面曲杆内力的计算方法和内力图的绘制。

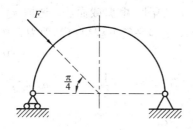

图 4－19

1. 平面刚架

平面刚架上的轴力和剪力，其正负规定与直杆相同。而弯矩没有正负号的规定，弯矩图画在杆件受压纤维的一侧即可。

例 4－9　图 4－20(a)所示刚架 ABC，设在 AB 段承受均布载荷 q 作用，试分析刚架的内力，画出内力图。

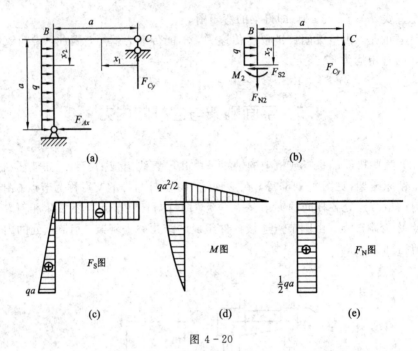

图 4 - 20

解 (1) 计算约束力。由刚架的静平衡方程可得 A、C 两处的约束力大小为

$$F_{Ax} = qa, \ F_{Ay} = \frac{1}{2}qa, \ F_{Cy} = \frac{1}{2}qa$$

方向如图 4-20(a)所示。

(2) 建立内力方程。首先分析 BC 段，选取坐标 x_1 如图 4-20(a)所示，BC 段的剪力、弯矩、轴力方程分别为

$$F_{S1} = -\frac{1}{2}qa \qquad (0 < x_1 < a)$$

$$M_1 = F_{Cy}x_1 = \frac{1}{2}qax_1 \quad (0 < x_1 < a)$$

$$F_{N1} = 0 \qquad (0 < x_1 < a)$$

再研究 AB 段，选取坐标 x_2 如图，根据截面法，选取 x_2 截面的上面部分为研究对象（见图 4-20(b)），画出受力图，由静平衡方程得出其剪力、弯矩、轴力方程分别为

$$F_{S2} = qx_2 \qquad\qquad (0 < x_2 < a)$$

$$M_2 = F_{Cy}a - qx_2\frac{x_2}{2} = -\frac{1}{2}qx_2^2 + \frac{1}{2}qa^2 \quad (0 < x_2 < a)$$

$$F_{N2} = F_{Cy} = \frac{1}{2}qa \qquad\qquad (0 < x_2 < a)$$

根据以上方程，即可画出刚架的剪力、弯矩和轴力图，如图 4-20(c)、(d)、(e)所示。由本例可看出，当刚节点处无外力偶作用时，靠近刚节点的两杆端截面处的弯矩值相等。

2. 平面曲杆

平面曲杆横截面上轴力和剪力正负号的规定与直杆相同。弯矩正负号的规定为：使轴线曲率增加的弯矩为正，反之为负。画内力图时，以杆的轴线为基准线，可将正轴力和正剪力画在曲杆内凹的一侧，将弯矩图画在曲杆受压的一侧，并以曲率半径方向的值度量其大小。

例 4-10 图 4-21 所示的曲杆轴线为四分之一圆弧，A 处受力 F 作用。试画出曲杆的弯矩图。

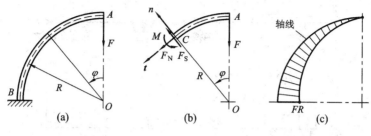

图 4-21

解 （1）内力分析。为了分析内力，在极角为 φ 的任意横截面处假想地将曲杆切开，选取上段 AC 为研究对象，如图 4-21(b)所示。AC 在力 F 及曲杆内力的作用下应处于平衡状态，曲杆内力包括轴力 F_N、剪力 F_S、弯矩 M。根据静平衡方程可得内力方程分别为

$$F_S = F \cos\varphi \qquad (0 < \varphi < \pi/2)$$
$$M = -FR \sin\varphi \qquad (0 < \varphi < \pi/2)$$
$$F_N = -F \sin\varphi \qquad (0 < \varphi < \pi/2)$$

（2）画出内力图。根据内力方程即可画出曲杆的内力图，其弯矩图如图 4-21(c)所示。作图时，以曲杆的轴线为基线，并将与所求弯矩相应的点，描在轴线的法线上。弯矩图画在曲杆受压的一侧。

············ **思 考 题** ············

4-1 弯曲变形的受力、变形特点是什么？

4-2 对于具有纵向对称面的梁，其平面弯曲变形的受力、变形特点是什么？

4-3 常见的载荷有哪几种？典型的支座有哪几种？相应的约束力各如何？

4-4 何谓剪力？何谓弯矩？怎样计算剪力与弯矩？怎样规定它们的正负号？

4-5 怎样建立剪力、弯矩方程？怎样绘制剪力、弯矩图？

4-6 在无载荷作用与均布载荷作用的梁段，剪力、弯矩图各有何特点？

4-7 在集中力与集中力偶作用处，梁的剪力、弯矩图各有何特点？

4-8 剪力、弯矩与载荷集度之间的微分关系是如何建立的？它们的意义是什么？在建立上述关系时，对于载荷集度与坐标 x 的选取有何规定？

4-9 如何分析刚架的内力？在刚节点处，内力有何特点？

4-10 如何分析平面曲杆的内力？

············ **习 题** ············

4-1 试计算题 4-1 图所示各梁 1、2、3、4 截面的剪力与弯矩（2、3 截面无限接近于 C，1 截面无限接近于左端部）。

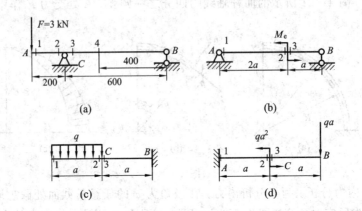

题 4-1 图

4-2 试列出题 4-2 图所示各梁的剪力、弯矩方程,作剪力、弯矩图,并标出各特征点的值,写出 $|F_S|_{max}$ 及 $|M|_{max}$。

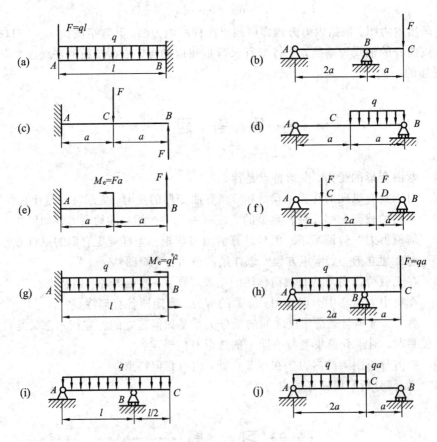

题 4-2 图

4-3 试绘制题 4-3 图所示各梁的剪力、弯矩图,并利用 F_S、M 与 q 间的微分关系进行校核。

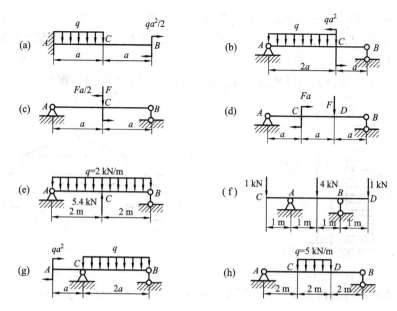

题 4 - 3 图

4-4　题 4-4 图所示简支梁，载荷可按四种方式作用于梁上，试分别画出弯矩图，并从内力方面考虑何种加载方式最好。

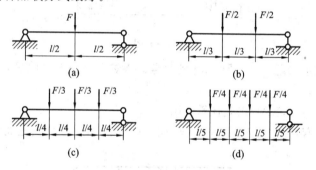

题 4 - 4 图

4-5　试利用剪力、弯矩与载荷集度间的微分关系检查下列剪力、弯矩图（见题 4 - 5 图），并将错误处加以改正。

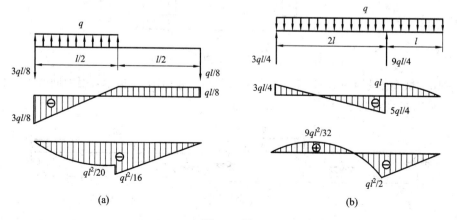

题 4 - 5 图

4-6　设一塔器,受到集度为 $q=0.384$ kN/m 的水平方向风载荷作用,高为 $h=10$ m,假定风载荷沿塔高呈均匀分布,如题 4-6 图所示。试求塔器的最大剪力和最大弯矩。

4-7　用起重机起吊一根等截面钢管,如题 4-7 图所示,已知钢管长为 l,钢管单位长度重力为 q,从弯曲内力角度考虑,问吊装点位置 x 为多少时最合理?

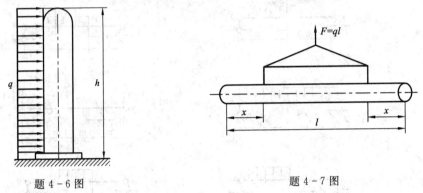

题 4-6 图　　　　　　　　　　　　　　　题 4-7 图

4-8　试根据弯曲内力的知识,说明如题 4-8 图所示的标准双杠为什么尺寸设计成 $a=l/4$?

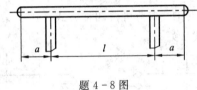

题 4-8 图

4-9　锅炉支承如题 4-9 图所示,若只考虑锅炉自重和内含物重量,且设沿长度方向均匀分布,集度为 q。

(1)为求梁的内力,试画出其计算简图;

(2)欲使最大弯矩值(绝对值)为最小,问 $a:l=?$(提示:使支座处的弯矩值与跨中的弯矩值相等)。

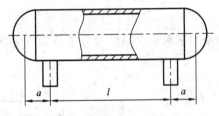

题 4-9 图

4-10　试画出题 4-10 图所示组合梁的剪力、弯矩图。(提示:因中间铰不能传递力偶,故该处弯矩一定为零。)

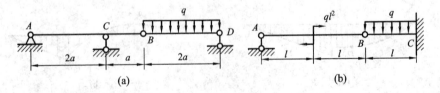

(a)　　　　　　　　　　　　　　　　(b)

题 4-10 图

4-11 试画题 4-11 图所示刚架的内力图。

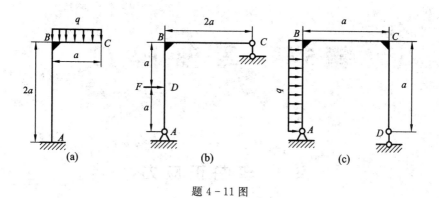

题 4-11 图

第5章 弯曲应力

5.1 弯曲正应力

上一章研究表明，一般情况下，梁横截面上同时存在剪力 F_S 和弯矩 M。由于只有切向微内力 τdA 才可能构成剪力，也只有法向微内力 σdA 才可能构成弯矩，如图 5-1(a)所示。因此，在梁的横截面上将同时存在正应力 σ 和切应力 τ (见图 5-1(b))。梁弯曲时横截面上的正应力与切应力分别称为**弯曲正应力**与**弯曲切应力**。

在图 5-2(a)中，简支梁上的两个外力 F 对称地作用于梁的纵向对称面内，其剪力图、弯矩图如图 5-2(b)、(c)所示。从图中可以看出，在 AC、DB 梁段内，横截面上既有剪力又有弯矩，因而既有切应力又有正应力，这种弯曲称为**横力弯曲**或**剪切弯曲**；在 CD 段内梁横截面上的剪力为零，弯矩为常量，因而横截面上只有正应力而无切应力，这种弯曲称为**纯弯曲**。研究梁的弯曲正应力，必须从试验现象分析入手，综合考虑几何、物理与静力学三方面因素。

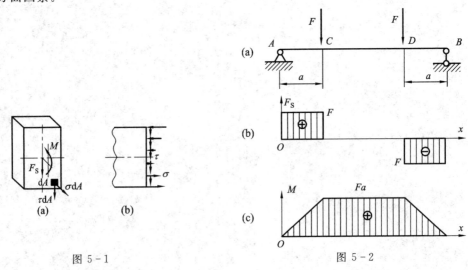

图 5-1

图 5-2

5.1.1 试验与假设

首先观察梁的变形。研究具有纵向对称截面的梁(如矩形截面梁)，在梁表面画出平行于轴线的纵线 ab、cd 以及垂直于轴线的横线 1-1、2-2(见图 5-3(a))，然后在梁纵向对称面内加载，使梁处于纯弯曲状态，其弯矩为 M(见图 5-3(b))，可观察到以下现象：

（1）梁表面的横线仍为直线，仍与纵线正交，只是各横线作相对转动。

（2）纵线由直线弯成同心圆弧线，靠近梁底面的纵线伸长，靠近梁顶面的纵线缩短。

（3）原来的矩形截面，下部变窄，上部变宽。

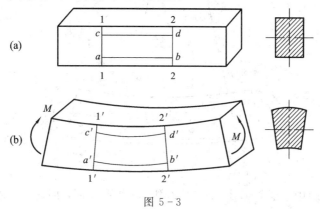

图 5 - 3

根据上述现象，提出以下假设：

（1）平面假设：变形后，横截面仍保持平面，且仍与变形后的轴线正交。在变形过程中，横截面只不过发生了"刚性"转动。

（2）单向受力假设：梁的纵向"纤维"仅发生轴向伸长或缩短，即只承受轴向拉力或压力。也就是说，纵向"纤维"之间无挤压作用。

上述假设已被众多试验和理论分析所证实。

根据平面假设，梁弯曲时上面部分纵向"纤维"缩短，下面部分纵向"纤维"伸长，由变形连续性假设可知，从伸长区到缩短区，其间必存在一层既不伸长也不缩短的过渡层，将这层长度不变的"纤维"层称为**中性层**。中性层与横截面的交线称为**中性轴**（见图 5 - 4）。平面弯曲时，梁的变形对称于纵向对称面，故中性轴必然垂直于截面的纵向对称轴。

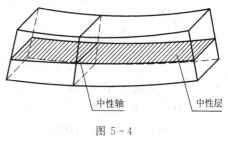

图 5 - 4

因此，梁纯弯曲的特征为：保持平面的横截面绕中性轴作相对转动，且正交于变形后的梁轴线；纵向"纤维"均处于单向受力状态。

5.1.2 弯曲正应力的一般公式

推导纯弯曲梁横截面的正应力公式，需从几何关系、物理关系和静力学三方面来考虑。

1. 几何关系

纯弯曲时梁的纵向"纤维"由直线变为圆弧，相距 $\mathrm{d}x$ 的两横截面 $1'$-$1'$ 和 $2'$-$2'$ 绕各自中性轴发生相对转动，如图 5 - 5 所示。横截面 $1'$-$1'$ 和 $2'$-$2'$ 的延长线相交于 O 点，O 即为中性层的曲率中心。设中性层的曲率半径为 ρ，此两横截面夹角为 $\mathrm{d}\theta$，则距中性层为 y 处的纵向"纤维"原始长度为 ab，变形后长度为 $a'b'$。该纤维的正应变为

$$\varepsilon = \frac{a'b' - ab}{ab} = \frac{(\rho + y)\mathrm{d}\theta - \rho\,\mathrm{d}\theta}{\rho\,\mathrm{d}\theta} = \frac{y}{\rho} \tag{a}$$

（a）式表明，任意点处纤维的线应变与该纤维列中性层距离成正比。

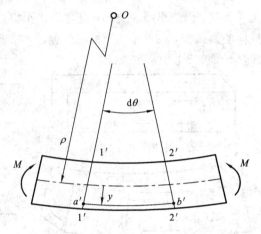

图 5 - 5

实际上，由于距中性层等远处各纵向"纤维"的变形相同，因此，上述正应变 ε 即代表距中性层为 y 的任一纵向"纤维"的正应变。

2. 物理关系

根据纵向纤维假设，各纵向"纤维"处于单向拉伸或压缩状态，因此，当正应力不超过材料的比例极限时，胡克定律成立，由此得横截面上距中性层 y 处的正应力为

$$\sigma = E\varepsilon = E\frac{y}{\rho} \qquad (b)$$

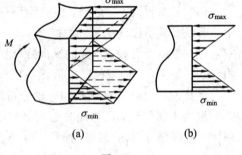

图 5 - 6

式(b)表示了纯弯曲时梁横截面上的正应力分布规律。由此式可知，横截面上任一点处的正应力与该点到中性轴的距离 y 成正比，距中性轴等远的同一横线上各点处的正应力相等，中性轴上各点处的正应力均为零。正应力分布形式如图 5 - 6(a)所示，一般可用图 5 - 6(b)简便地表示。

3. 静力学关系

上面虽已得到正应力分布规律，但还不能用式(b)直接计算梁纯弯曲时横截面上的正应力。至此有两个问题尚未解决：一是中性层的曲率半径 ρ 未知；二是中性轴位置未知，故式(b)中的 y 还无法确定。要解决这两个问题，需从静平衡关系入手。

设横截面的纵向对称轴为 y 轴，中性轴为 z 轴，梁轴线为 x 轴，绕点 (y, z) 取一微面积 dA，作用在其上的法

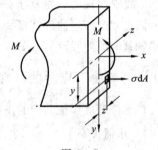

图 5 - 7

向微内力为 $\sigma\,dA$(见图 5 - 7)，横截面上各点的法向微内力 $\sigma\,dA$ 组成一空间平行力系，而且横截面上不存在轴力，仅存在位于 x-y 平面内的弯矩 M，根据静平衡关系有

$$\int_A \sigma\,dA = F_N = 0 \qquad (c)$$

$$\int_A \sigma y\,dA = M \qquad (d)$$

将式(b)代入式(c)得

$$\int_A \frac{E}{\rho} y \ \mathrm{d}A = \frac{E}{\rho} \int_A y \ \mathrm{d}A = 0$$

由于 $\frac{E}{\rho} \neq 0$，故

$$\int_A y \ \mathrm{d}A = 0 \tag{e}$$

式(e)中左边的积分代表横截面对 z 轴的**静矩** S_z（见附录 A）。由附录 A 知，只有当 z 轴通过横截面形心时，静矩 S_z 才为零。由此可见，中性轴通过横截面的形心。

将式(b)代入式(d)，得

$$\int_A \frac{E}{\rho} y^2 \mathrm{d}A = \frac{E}{\rho} \int_A y^2 \mathrm{d}A = \frac{E}{\rho} I_z = M$$

即

$$\frac{1}{\rho} = \frac{M}{E I_z} \tag{5-1}$$

此式为用曲率表示的弯曲变形公式。式中 $I_z = \int_A y^2 \mathrm{d}A$，为横截面对 z 轴的**惯性矩**（见附录 A）。$E I_z$ 称为**梁横截面的抗弯刚度**。

上式表明，中性层的曲率 $1/\rho$ 与弯矩 M 成正比，与抗弯刚度成反比。惯性矩 I_z 综合地反映了横截面的形状与尺寸对弯曲变形的影响。

将式(5-1)代入式(b)，可得纯弯曲时梁横截面上的正应力计算公式为

$$\sigma = \frac{M}{I_z} y \tag{5-2}$$

此式为弯曲正应力的一般公式。

利用公式(5-2)进行计算时，通常弯矩 M 和所求应力点到中性轴的距离 y 均代以绝对值，拉应力、压应力可由观察变形形式判断。当弯矩 M 取正值时，截面中性轴以下部分纵向纤维伸长，故产生拉应力，截面中性轴以上部分纵向纤维缩短，故产生压应力（见图 5-6）。当弯矩 M 取负值时，则与上述情形相反。

同时还要指出，弯曲变形公式(5-1)与弯曲正应力公式(5-2)仅适用于线弹性范围。

5.1.3　最大弯曲正应力

工程中最感兴趣的是横截面上的最大正应力，也就是横截面上距中性轴最远各点处的正应力。将 $y = y_{\max}$ 代入式(5-2)，可得

$$\sigma_{\max} = \frac{M}{I_z} y_{\max} \tag{5-3}$$

令

$$W_z = \frac{I_z}{y_{\max}} \tag{5-4}$$

W_z 称为**抗弯截面模量**，此值仅与截面的形状和尺寸有关。于是，最大弯曲正应力为

$$\sigma_{\max} = \frac{M}{W_z} \tag{5-5}$$

式(5-5)表明,最大弯曲正应力与弯矩成正比,与抗弯截面模量成反比。抗弯截面模量 W_z 综合地反映了横截面形状和尺寸对最大弯曲正应力的影响。

由附录 A 知,矩形截面、圆形截面及空心圆截面(见图 5-8(a)、(b)、(c))对 z 轴的惯性矩分别为

$$I_z = \frac{1}{12}bh^3, \quad I_z = \frac{\pi}{64}d^4, \quad I_z = \frac{\pi}{64}(D^4 - d^4)$$

由式(5-4)可知,矩形截面、圆形截面及空心圆截面的抗弯截面模量分别为

$$W_z = \frac{1}{6}bh^2 \tag{5-6}$$

$$W_z = \frac{\pi}{32}d^3 \tag{5-7}$$

$$W_z = \frac{\pi}{32}D^3(1 - \alpha^4) \tag{5-8}$$

式中:$\alpha = d/D$,为内、外径之比。

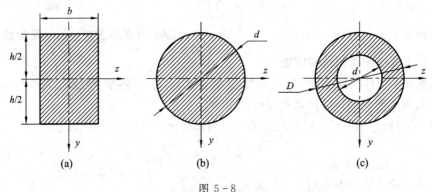

图 5-8

至于各种型钢截面的抗弯截面模量,可直接从型钢表中查得(见附录 C)。

5.1.4　弯曲正应力公式的适用范围

弯曲正应力公式是在纯弯曲情况下推出的。当梁受到横向力作用时,一般横截面上既有弯矩又有剪力,这种弯曲称为横力弯曲。剪力会在横截面上引起切应力 τ,从而存在切应变 $\gamma = \tau/G$。由于切应力沿梁截面高度变化(见下一节),故切应变 γ 沿梁截面高度也是非均匀的。因此,横力弯曲时,梁的横截面不再保持平面而发生翘曲,如图 5-9 中的 1-1 截面变形后成为 $1'-1'$ 截面。既然如此,以平面假设为基础推导的弯曲正应力

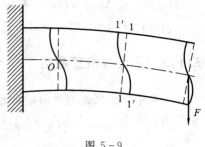

图 5-9

公式,在横力弯曲时就不能适用。但是,如果两截面间没有载荷作用时,两截面的剪力相同,应力分布形式也相同,则横截面的翘曲程度也相同,由弯矩所引起的纵向纤维的线应变将不受剪力的影响,所以弯曲正应力公式(5-2)仍然适用。当梁承受分布载荷作用时,两截面上的剪力不同,因而翘曲程度也不相同,而且此时纵向纤维还受到分布载荷的挤压或拉伸作用,但精确理论分析表明,如果所研究的梁为细长梁($l > 5h$),这种翘曲对弯曲正

应力的影响很小,应用式(5-2)计算弯曲正应力仍然是相当精确的。

综上所述,对于各横截面剪力相同的梁和剪力不相同的细长梁($l>5h$),在纯弯曲情况下推导的弯曲正应力公式(5-2)仍然适用。

例 5-1 图 5-10(a)所示悬臂梁,受集中力 F 与集中力偶 M_e 作用,其中 $F=5$ kN,$M_e=7.5$ kN·m,试求梁上 B 点左邻面 1-1 上的最大弯曲正应力、该截面 K 点处的正应力及全梁的最大弯曲正应力。

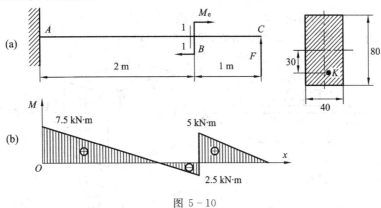

图 5-10

解 (1) 内力分析。作出该梁的弯矩图如图 5-10(b)所示,由弯矩图可知,截面 1-1 的弯矩为

$$M_1 = 5 \times 1 - 7.5 = -2.5 \text{ kN·m}$$

全梁最大弯矩在梁固定端截面 A 处,即

$$M_{max} = 5 \times 3 - 7.5 = 7.5 \text{ kN·m}$$

(2) 计算弯曲正应力。截面 1-1 上,图示 K 点弯曲正应力为

$$\sigma_K = \frac{M_1}{I_z} y_K = \frac{12 M_1 y_K}{bh^3} = \frac{12 \times 2.5 \times 10^6 \times 30}{40 \times 80^3} = 44 \text{ MPa}$$

计算时,只取绝对值计算,由于该截面弯矩为负,中性轴以下部分受压,故 K 点为压应力。

截面 1-1 上最大弯曲正应力为

$$\sigma_{1max} = \frac{M_1}{W_z} = \frac{6 M_1}{bh^2} = \frac{6 \times 2.5 \times 10^6}{40 \times 80^2} = 58.6 \text{ MPa}$$

此梁为等截面直梁,故全梁最大弯曲正应力在最大弯矩所在截面上,其值为

$$\sigma_{max} = \frac{M_{max}}{W_z} = \frac{6 M_{max}}{bh^2} = \frac{6 \times 7.5 \times 10^6}{40 \times 80^2} = 175 \text{ MPa}$$

σ_{1max}、σ_{max} 均在各自截面上、下边缘处,因弯矩 M_1 为负值,截面 1-1 的上边缘为拉应力,下边缘为压应力;而 M_{max} 为正值,固定端 A 截面的上边缘为压应力,下边缘为拉应力。

5.2 弯曲切应力简介

工程中的梁大多属于横力弯曲,梁横截面上的内力除了弯矩外还有剪力,因而梁的截面上除了正应力外还存在切应力。本节首先介绍矩形截面梁的弯曲切应力,然后简单介绍

圆形截面梁、工字形等薄壁截面梁的弯曲切应力分布规律及计算公式。

5.2.1 矩形截面梁的弯曲切应力

矩形截面梁的任意横截面上，剪力 F_S 皆与横截面的对称轴 y 重合(见图 5 - 11(b))。设横截面的高度为 h，宽度为 b，现研究弯曲切应力在横截面上的分布规律。

首先对弯曲切应力的分布作如下假定：

(1) 横截面各点处的切应力均平行于剪力或截面侧边。

(2) 切应力沿截面宽度方向均匀分布(见图 5 - 11(b))。

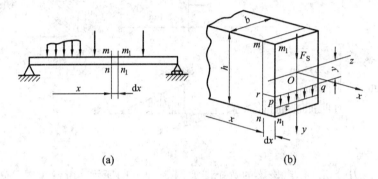

图 5 - 11

在截面高度 h 大于宽度 b 的情况下，以上述假设为基础得到的解，与精确解相比有足够的准确度。按照这两个假设，在距中性轴为 y 的横线 pq 上，各点的切应力 τ 都相等，且都平行于 F_S。再由切应力互等定理可知，在沿 pq 切出的平行于中性层的平面 pr 上，也必然有与 τ 相等的 τ'(见图 5 - 12)，而且 τ' 沿宽度 b 也是均匀分布的。

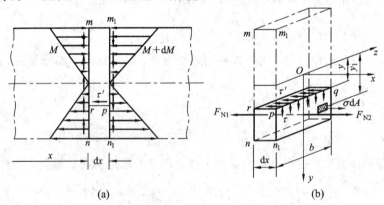

图 5 - 12

用 $m - n$ 和 $m_1 - n_1$ 横截面从图 5 - 12(a)中切取长为 dx 的微段，设截面 $m - n$ 和 $m_1 - n_1$ 上的弯矩分别为 M 和 $M + dM$，再以平行于中性层且距中性层为 y 的 pr 平面从微段中切取一部分 $prnn_1$，则在这一截出部分的左侧面 rn 上，作用着由弯矩 M 引起的正应力；右侧面 pn_1 上，作用着由弯矩 $M + dM$ 引起的正应力；在顶面 pr 上，作用着切应力 τ'。以上这三种应力都平行于 x 轴(见图 5 - 12(a))。在右侧面 pn_1 上(见图 5 - 12(b))，由微内力 σdA 组成的内力系的合力是

$$F_{N2} = \int_{A_1} \sigma \, dA$$

式中 A_1 为右侧面 pn_1 的面积，正应力 σ 可按弯曲正应力公式算出，于是

$$F_{N2} = \int_{A_1} \sigma \, dA = \int_{A_1} \frac{(M + dM)y_1}{I_z} dA$$

$$= \frac{M + dM}{I_z} \int_{A_1} y_1 \, dA = \frac{M + dM}{I_z} S_z^*$$

式中 $S_z^* = \int_{A_1} y_1 \, dA$，是横截面距中性轴为 y 的横线 pq 以下的面积对中性轴的静矩。同理，可以求得左侧面 rn 上内力系的合力 F_{N1} 为

$$F_{N1} = \frac{M}{I_z} S_z^*$$

在顶面 rp 上，与顶面相切的内力系的合力是

$$dF_S' = \tau' b \, dx$$

根据水平方向的静平衡方程 $\sum F_x = 0$，可得

$$F_{N2} - F_{N1} - dF_S' = 0$$

将 F_{N2}、F_{N1} 和 dF_S' 的表达式代入上式，可得

$$\frac{M + dM}{I_z} S_z^* - \frac{M}{I_z} S_z^* - \tau' b \, dx = 0$$

简化后可得

$$\tau' = \frac{dM}{dx} \cdot \frac{S_z^*}{I_z b}$$

由公式(4-2)，$\dfrac{dM}{dx} = F_S$，代入上式得

$$\tau' = \frac{F_S \cdot S_z^*}{I_z b}$$

由切应力互等定理可知，距中性轴为 y 处的弯曲切应力的计算公式为

$$\tau(y) = \frac{F_S S_z^*}{I_z b} \tag{5-9}$$

式中，F_S 为梁横截面上的剪力；I_z 为整个横截面对中性轴 z 的惯性矩；S_z^* 为 y 处横线一侧部分的截面对 z 轴的静矩(见附录 A)，b 代表所求点处的截面宽度。这就是矩形截面梁弯曲切应力的计算公式。此式亦为弯曲切应力的一般计算公式。

现在根据式(5-9)讨论弯曲切应力在横截面上沿高度 y 的分布形式。

距中性轴为 y 处横线以下部分截面对中性轴 z 的静矩为 S_z^*(见图 5-13)，其值为

$$S_z^* = b\left(\frac{h}{2} - y\right) \cdot \frac{1}{2}\left(\frac{h}{2} + y\right) = \frac{b}{2}\left(\frac{h^2}{4} - y^2\right)$$

将上式及 $I_z = bh^3/12$ 代入公式(5-9)，可得

$$\tau(y) = \frac{F_S S_z^*}{I_z b} = \frac{3F_S}{2bh}\left(1 - \frac{4}{h^2} y^2\right)$$

上式表明：矩形截面梁的弯曲切应力沿截面高度按二次抛物线规律分布(见图 5-13)。在截面上、下边缘 $\left(y = \mp \dfrac{h}{2}\right)$ 处，切应力 $\tau = 0$；在中性轴($y = 0$)处，弯曲切应力最大，其

值为

$$\tau_{max}=\frac{3F_S}{2bh}=\frac{3}{2}\cdot\frac{F_S}{A} \tag{5-10}$$

式中 A 为横截面面积。

式(5-10)表明：矩形截面梁最大弯曲切应力为平均切应力的 1.5 倍。与精确解相比，对于狭长截面梁($h/b\geqslant 2$)，上述解答误差极小。

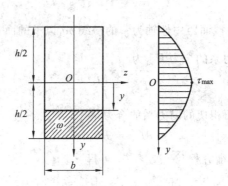

图 5-13

进一步理论分析表明，对于一般截面形状的梁，最大弯曲切应力均发生在中性轴处。

5.2.2 圆形截面梁的弯曲切应力

由切应力互等定理可知，圆形截面梁任意横截面周边处的切应力必须与周边相切，故圆截面上切应力不可能与剪力 F_S 平行。但圆截面梁最大弯曲切应力 τ_{max} 仍在中性轴上，故可假设中性轴上的切应力方向均平行于剪力 F_S，且中性轴上各点处切应力相等(见图 5-14)。仍可用式(5-9)来计算圆截面梁的最大弯曲切应力 τ_{max}，式中的宽度 b 此时应为圆的直径 d，而 $S_z^*(\omega)$ 则为半圆截面对中性轴的静矩，其值为

$$S_z^*(\omega)=\frac{1}{8}\pi d^2\cdot\frac{2d}{3\pi}=\frac{1}{12}d^3$$

圆截面梁的最大弯曲切应力为

$$\tau_{max}=\frac{F_S S_z^*(\omega)}{I_z d}=\frac{F_S\cdot\frac{1}{12}d^3}{\frac{1}{64}\pi d^4\cdot d}=\frac{16F_S}{3\pi d^2}=\frac{4F_S}{3A} \tag{5-11}$$

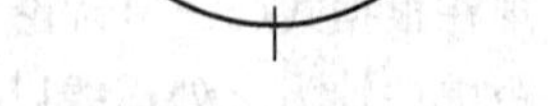

图 5-14

式中 A 为圆截面面积。式(5-11)表明，圆截面梁的最大弯曲切应力为平均切应力的 4/3 倍。

5.2.3 薄壁截面梁的弯曲切应力

工程中常采用工字形、薄壁圆环形及盒形等形状的薄壁截面梁。由于这类梁截面的壁厚比其他截面尺寸小得多，故可作如下假设：

（1）弯曲切应力平行于截面侧边。

（2）弯曲切应力沿厚度方向均匀分布。

在上述假设下，进一步可推得工字形截面梁弯曲切应力的一般公式为

$$\tau(y) = \frac{F_\text{S}}{8I_z\delta}[b(H^2 - h^2) + \delta(h^2 - 4y^2)] \qquad (5-12(\text{a}))$$

最大弯曲切应力为

$$\tau_{\max} = \frac{F_\text{S}}{8I_z\delta}[bH^2 - (b-\delta)h^2] \qquad (5-12(\text{b}))$$

工字形截面梁的截面由上、下两翼缘和腹板组成（见图 5-15(a)），剪力主要由腹板承担，当腹板厚度 δ 远小于翼缘宽度 b 时，腹板上的切应力可认为均匀分布，即

$$\tau = \frac{F_\text{S}}{h\delta} \qquad (5-12(\text{c}))$$

对于薄壁圆环形截面梁，横截面上的弯曲切应力方向沿圆环切线方向，由于壁厚 δ 远小于圆环平均半径 R_0，因此切应力沿厚度均匀分布，如图 5-15(c) 所示。最大弯曲切应力在截面中性轴上，其值约为

$$\tau_{\max} = 2\frac{F_\text{S}}{A} \qquad (5-13)$$

式中，A 为梁横截面面积。

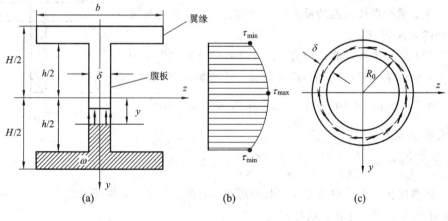

图 5-15

5.2.4　弯曲正应力与弯曲切应力的比较

现在对梁横截面上的弯曲正应力与弯曲切应力加以比较。

某矩形截面悬臂梁如图 5-16 所示。在自由端受集中力 F 作用，梁内的最大弯矩及最大剪力分别为

$$M_{\max} = Fl, \quad |F_\text{S}|_{\max} = F$$

由式（5-5）、式（5-10）可知最大弯曲正应力与最大弯曲切应力分别为

$$\sigma_{\max} = \frac{M_{\max}}{W_z} = \frac{6Fl}{bh^2}$$

$$\tau_{max} = \frac{3}{2} \cdot \frac{|F_S|_{max}}{A} = \frac{3F}{2bh}$$

两者的比值为

$$\frac{\sigma_{max}}{\tau_{max}} = \frac{6Fl}{bh^2} \bigg/ \frac{3F}{2bh} = \frac{4l}{h}$$

由上式可以看出，对于细长梁($l/h>5$)，最大弯曲正应力远大于最大弯曲切应力。更多的计算表明对于细长的($l/h>5$)非薄壁截面梁(包括实心和厚壁截面梁)，弯曲正应力远大于弯曲切应力，强度计算时一般只考虑弯曲正应力，而不必考虑弯曲切应力的影响。

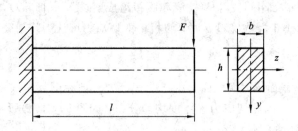

图 5-16

例 5-2 T 字形梁横截面如图 5-17 所示，截面对中性轴 z 的惯性矩 $I_z = 8.84 \times 10^{-6}$ m^4，该截面上的剪力 $F_S = 15$ kN，平行于 y 轴。试计算该截面的最大弯曲切应力，以及腹板与翼缘交接处的弯曲切应力。

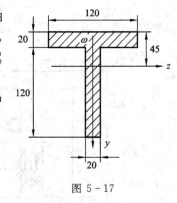

图 5-17

解 (1)计算最大弯曲切应力。最大弯曲切应力发生在中性轴 z 上，中性轴一侧(如下侧)部分截面对中性轴的静矩为

$$S_{zmax}^* = \frac{1}{2} \times (120 + 20 - 45)^2 \times 20 \approx 9.03 \times 10^4 \text{ mm}^3$$

故最大弯曲切应力为

$$\tau_{max} = \frac{F_S S_{zmax}^*}{I_z \delta} = \frac{15 \times 10^3 \times 90.3 \times 10^3}{8.84 \times 10^{-6} \times 10^{12} \times 20} \approx 7.66 \text{ MPa}$$

(2)计算腹板、翼缘交接处的弯曲切应力。由图 5-17 知，腹板和翼缘交接线一侧(如上侧)部分截面 ω 对中性轴 z 的静矩为

$$S_z^* = 120 \times 20 \times \left(45 - \frac{20}{2}\right) = 8.4 \times 10^4 \text{ mm}^3$$

故该交接处的弯曲切应力为

$$\tau = \frac{F_S S_z^*}{I_z \delta} = \frac{15 \times 10^3 \times 8.4 \times 10^4}{8.84 \times 10^{-6} \times 10^{12} \times 20} \approx 7.13 \text{ MPa}$$

5.3 弯曲强度条件及其应用

5.3.1 弯曲正应力强度条件

一般等截面直梁弯曲时，弯矩最大(包括最大正弯矩和最大负弯矩)的横截面均为梁的

危险截面。如果梁的拉伸和压缩许用应力相等，则弯矩绝对值最大的截面为危险截面，最大弯曲正应力 σ_{max} 发生在危险截面的上下边缘处。为了保证梁安全正常地工作，最大工作应力 σ_{max} 不得超过材料的许用正应力 $[\sigma]$，于是梁的弯曲正应力强度条件为

$$\sigma_{max} = \frac{M_{max}}{W_z} \leqslant [\sigma] \qquad (5-14)$$

如果制成梁的材料是铸铁、陶瓷等脆性材料，其拉伸、压缩许用应力不等，则应分别求出最大正弯矩、最大负弯矩所在横截面上的最大拉应力、最大压应力，可写出抗拉强度条件和抗压强度条件分别为

$$\sigma_{tmax} = \frac{M_{max} y_{tmax}}{I_z} \leqslant [\sigma_t] \qquad (5-15)$$

$$\sigma_{cmax} = \frac{M_{max} y_{cmax}}{I_z} \leqslant [\sigma_c] \qquad (5-16)$$

式中 $[\sigma_t]$ 和 $[\sigma_c]$ 分别为材料的许用拉应力和许用压应力。

进行弯曲正应力强度计算的一般步骤如下：

（1）根据梁约束的性质分析梁的受力，确定约束力。

（2）画出梁的弯矩图，确定可能的危险截面。

（3）确定可能的危险点。对于拉、压强度相同的塑性材料（如低碳钢等），最大拉应力作用点与最大压应力作用点具有相同的危险性，通常不加区分；对于拉、压强度不同的脆性材料（如铸铁等），最大拉应力作用点和最大压应力作用点都有可能是危险点。

（4）应用正应力强度条件进行强度计算。对于拉伸和压缩强度相等的材料，应用强度条件式（5-14）进行强度计算；对于拉伸和压缩强度不等的材料，应用强度条件式（5-15）、（5-16）进行强度计算。

根据强度条件，可以解决梁平面弯曲时的三类强度问题：校核强度、设计截面、确定许可载荷。

对一般细长非薄壁截面梁，由于最大弯曲正应力远大于最大弯曲切应力，通常只要按弯曲正应力强度条件进行强度计算即可。

5.3.2　弯曲切应力强度条件

在某些特殊情形下，例如焊接或铆接的工字形等薄壁截面梁、短粗梁、支座附近有较大集中力作用的细长梁、各向异性材料制成的梁等，切应力也可能达到很大数值，致使结构发生强度失效，因而必须将梁内横截面上的最大切应力限制在许用的范围内，即

$$\tau_{max} \leqslant [\tau] \qquad (5-17)$$

对于一般等截面直梁，τ_{max} 一般发生在 F_{Smax} 作用面的中性轴上；$[\tau]$ 为许用切应力。

此时，需同时保证满足正应力强度条件和切应力强度条件。在设计过程中，通常都是先按正应力强度条件设计出截面尺寸，再按切应力强度条件进行校核。

例 5-3　煤气发生炉重 $W=500$ kN。炉子对称地放置在四根横梁上（见图 5-18(a)）。每根横梁承受载荷 125 kN，这四根横梁又各自搁在由两根 No32a 号槽钢组成的四根大梁上。大梁材料的许用弯曲正应力为 $[\sigma]=80$ MPa，试按弯曲正应力强度条件校核该大梁是否安全。

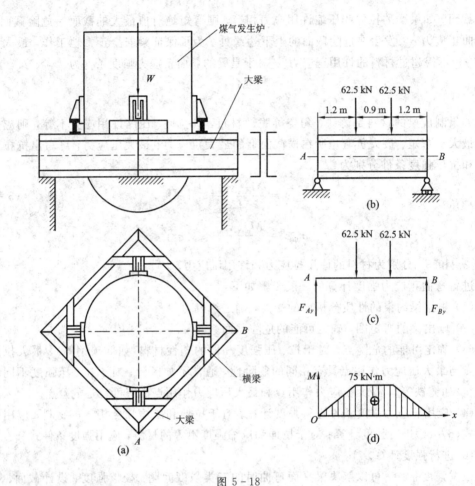

图 5-18

解 （1）计算约束力。按结构情况，大梁可简化为一简支梁，其力学模型如图 5-18 (b)、(c)所示。由静平衡条件可得

$$F_{Ay} = F_{By} = 62.5 \text{ kN}$$

（2）作梁的弯矩图。绘制弯矩图如图 5-18(d)所示，得最大弯矩

$$M_{max} = 75 \text{ kN} \cdot \text{m}$$

（3）梁的强度校核。由型钢表查得，No32a 号槽钢的抗弯截面模量为

$$W_z = 474.9 \text{ cm}^3 = 474.9 \times 10^3 \text{ mm}^3$$

由此得梁的最大工作应力

$$\sigma_{max} = \frac{M_{max}}{2W_z} = \frac{75 \times 10^6}{2 \times 474.9 \times 10^3} \approx 79 \text{ MPa} \leqslant [\sigma] = 80 \text{ MPa}$$

所以大梁是安全的。

例 5-4 图 5-19(a)所示为造纸机上的实心阶梯形圆截面辊轴，中段 BC 受均布载荷作用。已知载荷集度 $q=1$ kN/mm，许用正应力$[\sigma]=140$ MPa，试设计辊轴的截面直径。

解 （1）计算约束力。辊轴的力学模型如图 5-19(b)所示，A、D 两端的约束力为

$$F_{Ay} = F_{Dy} = \frac{1}{2} \times 1 \times 1400 = 700 \text{ kN}$$

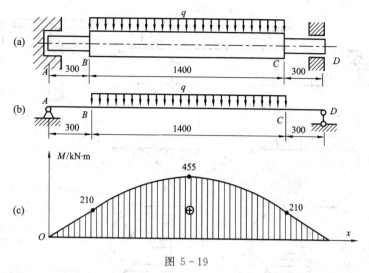

图 5 - 19

（2）作梁的弯矩图。由于辊轴为实心截面的细长梁，因此只考虑弯曲正应力强度条件，只绘制弯矩图（见图 5 - 19（c））。由弯矩图知，梁内最大弯矩为

$$M_{\max} = 700 \times 1 - \frac{1}{2} \times 1000 \times 0.7^2 = 455 \text{ kN} \cdot \text{m}$$

截面 B、C 的弯矩为

$$M_B = M_C = 700 \times 0.3 = 210 \text{ kN} \cdot \text{m}$$

（3）确定截面直径。在辊轴中段 BC，根据弯曲正应力强度条件

$$\sigma_{\max} = \frac{M_{\max}}{W_{z1}} = \frac{32M_{\max}}{\pi d_1^3} \leqslant [\sigma]$$

得该段直径为

$$d_1 \geqslant \sqrt[3]{\frac{32M_{\max}}{\pi[\sigma]}} = \sqrt[3]{\frac{32 \times 455 \times 10^6}{\pi \times 140}} \approx 321 \text{ mm}$$

在辊轴的 AB、CD 段，根据弯曲正应力强度条件

$$\sigma_{\max} = \frac{M_B}{W_{z2}} = \frac{32M_B}{\pi d_2^3} \leqslant [\sigma]$$

得此两段直径为

$$d_2 \geqslant \sqrt[3]{\frac{32M_B}{\pi[\sigma]}} = \sqrt[3]{\frac{32 \times 210 \times 10^6}{\pi \times 140}} \approx 248 \text{ mm}$$

所以，辊轴中间一段直径 $d_1 = 321$ mm，两段直径 $d_2 = 248$ mm。

例 5 - 5　图 5 - 20（a）所示梁截面为 T 字形，横截面对中性轴 z 的惯性矩 $I_z = 26.1 \times 10^6$ mm^4，中性轴距截面上、下边缘的尺寸分别为 $y_1 = 48$ mm，$y_2 = 142$ mm。梁由铸铁制成，许用拉应力 $[\sigma_t] = 40$ MPa，许用压应力 $[\sigma_c] = 110$ MPa，载荷及梁尺寸如图 5 - 20（a）所示。试校核梁的强度。

解　（1）计算约束力。由静平衡方程计算梁支座 A、B 的约束力分别为

$$F_{Ay} = 14.30 \text{ kN}, \quad F_{By} = 105.7 \text{ kN}$$

（2）作弯矩图。绘出梁的弯矩图如图 5 - 20（b）所示。由图可知，最大正弯矩在截面 C，最大负弯矩在截面 B。因为 T 字形截面梁不对称于中性轴 z，且材料的许用拉应力与许用

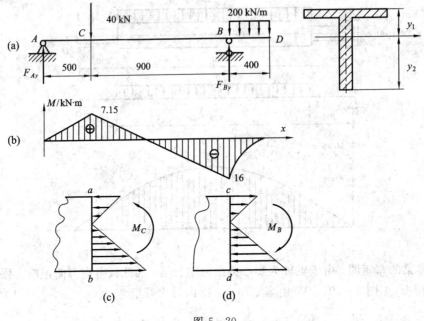

图 5-20

压应力不相等，所以 B、C 两截面均为危险截面，弯矩绝对值为

$$M_C = 7.15 \text{ kN} \cdot \text{m}, \quad M_B = 16 \text{ kN} \cdot \text{m}$$

（3）校核强度。截面 C 与 B 的弯曲正应力分布分别如图 5-20(c)、(d)所示。截面 C 的 a 点与截面 B 的 d 点均为各自截面的最大压应力点；而截面 C 的 b 点与截面 B 的 c 点均为各自截面的最大拉应力点。

由于 $M_B > M_C$，$y_2 > y_1$，因此

$$\sigma_a < \sigma_d$$

即梁内最大弯曲压应力发生在截面 B 的 d 点处；而最大弯曲拉应力发生在 b 点处或 c 点处，须经计算后才能确定。所以，b、c、d 三点均为危险点。

b、c、d 三点处弯曲正应力的绝对值分别为

$$\sigma_b = \frac{M_C y_2}{I_z} = \frac{7.15 \times 10^6 \times 142}{26.1 \times 10^6} \approx 38.9 \text{ MPa}$$

$$\sigma_c = \frac{M_B y_1}{I_z} = \frac{16 \times 10^6 \times 48}{26.1 \times 10^6} \approx 29.4 \text{ MPa}$$

$$\sigma_d = \frac{M_B y_2}{I_z} = \frac{16 \times 10^6 \times 142}{26.1 \times 10^6} \approx 87 \text{ MPa}$$

由此得

$$\sigma_{\text{tmax}} = 38.9 \text{ MPa} < [\sigma_t]$$

$$\sigma_{\text{cmax}} = 87 \text{ MPa} < [\sigma_c]$$

故梁满足强度要求。

例 5-6 图 5-21(a)所示简易起重机梁，用单根工字钢制成，已知载荷 $F = 20$ kN，并可沿梁轴移动($0 < \eta < l$)，梁跨度 $l = 6$ m，材料许用正应力$[\sigma] = 100$ MPa，许用切应力$[\tau] = 60$ MPa。试选择工字钢型号。

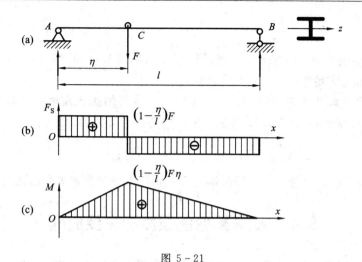

图 5 - 21

解　(1) 计算约束力。如图 5 - 21(a)所示，截荷位置用坐标 η 表示，其支座 A 的约束力为

$$F_{Ay} = \left(1 - \frac{\eta}{l}\right)F$$

(2) 作梁的剪力与弯矩图。梁的剪力与弯矩图分别如图 5 - 21(b)、(c)所示，当 $0 < \eta < \dfrac{l}{2}$ 时，最大剪力为

$$F_S = F_{Ay} = \left(1 - \frac{\eta}{l}\right)F \tag{a}$$

最大弯矩为

$$M = F_{Ay}\eta = F\eta\left(1 - \frac{\eta}{l}\right) \tag{b}$$

由式(a)知，当 η 接近于零，即载荷无限靠近支座 A 时，最大剪力 F_S 之值最大，其值为

$$F_{Smax} = F_S(0) = F$$

同理，当载荷无限靠近支座 B 时，最大剪力 F_S 的值也最大，其值也为 F。

根据式(b)，最大弯矩的极值位置 η 由

$$\frac{\mathrm{d}M}{\mathrm{d}\eta} = F\left(1 - \frac{2\eta}{l}\right) = 0$$

确定，此时

$$\eta = \frac{1}{2}l$$

所以载荷位于梁跨度中点时，最大弯矩 M 的值最大，其值为

$$M_{max} = M\frac{l}{2} = \frac{Fl}{4}$$

(3) 选择工字钢型号。由弯曲正应力强度条件

$$\sigma_{max} = \frac{M_{max}}{W_z} = \frac{Fl}{4W_z} \leqslant [\sigma]$$

得
$$W_z \geqslant \frac{Fl}{4[\sigma]} = \frac{20 \times 10^3 \times 6 \times 10^3}{4 \times 100} = 3 \times 10^5 \ \text{mm}^3$$

由型钢规格表查得，No22a 工字钢的抗弯截面模量 $W_z = 3.09 \times 10^5 \ \text{mm}^3$，所以选择 No22a 工字钢即可满足弯曲正应力强度条件。

（4）校核梁的弯曲切应力强度。No22a 工字钢截面的腹板高度 $h = 220 - 2 \times 12.3 = 195.4 \ \text{mm}$，腹板厚度 $\delta = 7.5 \ \text{mm}$，腹板上的弯曲切应力近似为

$$\tau_{\max} = \frac{F_{S\max}}{h\delta} = \frac{20 \times 10^3}{195.4 \times 7.5} \approx 13.6 \ \text{MPa} < [\tau]$$

可见，选择 No22a 工字钢，可同时满足弯曲正应力与弯曲切应力的强度条件。

5.4　提高梁弯曲强度的主要措施

对于细长梁，影响梁弯曲强度的主要因素是横截面上的正应力，因此，要提高梁的强度，就必须设法降低梁横截面上的正应力值。工程上，主要从以下几个方面提高梁的强度。

1. 选择合理的截面形状

由弯曲正应力公式 $\sigma_{\max} = \dfrac{M_{\max}}{W_z}$ 可知，最大弯曲正应力与抗弯截面模量 W_z 成反比。因此，从弯曲强度考虑，合理的截面形状应该是：以比较小的横截面面积获得比较大的抗弯截面模量。

梁横截面上的弯曲正应力沿高度方向呈线性分布，当距中性轴最远点处的正应力达到许用应力值时，中性轴附近各点处的正应力仍很小。因此，在距中性轴较远的位置，配置较多的材料，将提高材料的利用率。一般情况下，抗弯截面模量与截面高度的平方成正比，当截面面积 A 一定时，宜将较多的材料放置在距中性轴较远的位置，以增大抗弯截面模量 W_z。

对于抗拉与抗压强度相同的塑性材料，宜采用关于中性轴对称的截面，如圆形截面、矩形截面、工字形截面等。

当截面面积一定时，圆形截面（见图 5-22(a)）的抗弯截面模量为

$$W_z = \frac{1}{32}\pi d^3 = \frac{1}{8}Ad = 0.125Ah$$

矩形截面（见图 5-22(b)）的抗弯截面模量为

$$W_z = \frac{1}{6}bh^2 = \frac{1}{6}Ah = 0.167Ah$$

因此从强度方面考虑，矩形截面比圆形截面更合理。

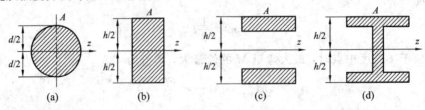

图 5-22

对于给定截面面积为 A 和高度为 h 的截面，最有利的情况是将材料的一半各分布在距中性轴 $h/2$ 处（见图 5-22(c)），其抗弯截面模量为

$$W_z = 2 \cdot \frac{1}{2}A \cdot \frac{1}{2}h = 0.5Ah$$

然而这种极限情况是不可能实现的，因为在梁中性轴附近，必须有一定的材料将两翼缘连接起来，如工字形截面就比较接近上述情况（见图 5-22(d)）。此外，由于弯曲切应力在中性轴附近达到最大值，腹板部分还起着抵抗剪切破坏的作用。因此，腹板必须有一定的厚度，否则会发生皱折（即局部失稳）而降低梁的承载能力。

对于许用拉应力、许用压应力不相等的脆性材料梁，采用 T 字形、槽形等只有一根对称轴的截面较为合理。在安装支承和施加外载荷时，应尽量使中性轴偏向截面受拉一侧，如图 5-23 所示。

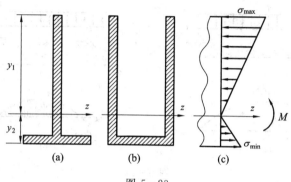

图 5-23

2. 改善梁的受力状况

提高梁强度的另一重要措施就是改善梁的受力状况，从而降低最大弯矩值。可以从两方面改善梁的受力情况，一是改变加载方式，二是调整梁的约束，这些都可以减小梁上的最大弯矩值。

如图 5-24(a) 所示的简支梁 AB 中，跨度中点承受集中载荷 F 作用，则梁内的最大弯矩为

$$M_{max} = \frac{1}{4}Fl$$

如果在梁的中部设置一长为 $l/2$ 的辅助梁 CD（见图 5-24(b)），则梁内的最大弯矩变为

$$M'_{max} = \frac{1}{8}Fl$$

这时，主梁 AB 内的最大弯矩值减少一半。

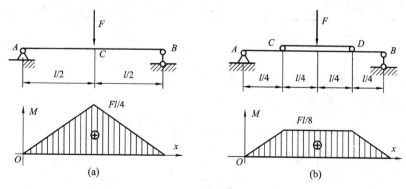

图 5-24

图 5-25(a)所示简支梁,承受均布载荷 q 作用时,梁内的最大弯矩为

$$M_{\max} = \frac{1}{8}ql^2$$

如果将两端的铰支座各向内移动 $0.2l$(见图 5-25(b)),则最大弯矩变为

$$M'_{\max} = \frac{1}{40}ql^2$$

即后者的最大弯矩仅为前者的 $1/5$。但是随着支座向梁的中点移动,梁中间截面上弯矩减小,而支座处截面上的弯矩却逐渐增大。支座最合理的位置是使梁中间截面上的弯矩正好等于支座处截面上的弯矩。有兴趣的读者不妨计算一下最合理的支座位置应在何处。

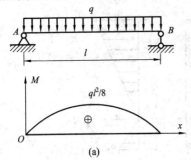 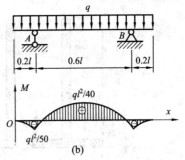

图 5-25

上述实例说明,合理安排约束和加载方式,将显著地减小梁内最大弯矩,有效提高梁的抗弯能力。

例 5-7 为了改善载荷分布,在主梁 AB 上安置辅助梁 CD。若主梁和辅助梁的抗弯截面系数分别为 W_{z1} 和 W_{z2},材料相同,试求 a 的合理长度。

解 (1)画弯矩图。作主梁 AB 和辅助梁 CD 的弯矩图,分别如图 5-26(a)、(b)所示。

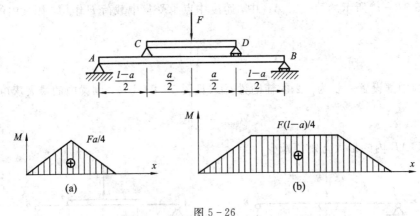

图 5-26

(2)求主梁和辅助梁中的最大正应力。

主梁的最大弯曲正应力为

$$(\sigma_{AB})_{\max} = \frac{(M_{AB})_{\max}}{W_{z1}} = \frac{F(l-a)/4}{W_{z1}} = \frac{F(l-a)}{4W_{z1}}$$

辅助梁的最大弯曲正应力为

$$(\sigma_{CD})_{\max} = \frac{(M_{CD})_{\max}}{W_{z2}} = \frac{Fa/4}{W_{z2}} = \frac{Fa}{4W_{z2}}$$

（3）求 a 的合理长度。最合理情况为主梁与辅助梁的最大弯曲正应力相等，即

$$(\sigma_{AB})_{\max} = (\sigma_{CD})_{\max}$$

即有

$$\frac{F(l-a)}{4W_{z1}} = \frac{Fa}{4W_{z2}}$$

由此求得 a 的合力长度为

$$a = \frac{W_{z2}}{W_{z1} + W_{z2}}l$$

3. 采用等强度梁

通常情况下，梁内各横截面上的弯矩是不同的。在按最大弯矩所设计的等截面梁中，只有危险截面边缘处的应力达到了许用应力，而其他截面上的弯曲正应力都比许用应力小，材料未得到充分利用。因此，在工程实际中，常根据弯矩沿梁轴的变化情况将梁也相应设计成变截面。如果截面沿梁轴的变化，恰好使每个截面上的最大弯曲正应力均相等，且等于许用应力，则这样的变截面梁称为等强度梁。在等强度梁中

$$\sigma_{\max} = \frac{M(x)}{W(x)} = [\sigma]$$

由此可得

$$W(x) = \frac{M(x)}{[\sigma]} \tag{5-18}$$

式中的 $M(x)$、$W(x)$ 分别表示任意截面 x 的弯矩和抗弯截面模量。

根据弯矩沿梁截面的变化规律，由式（5-18）可设计出等强度梁的截面变化规律。图5-27中的汽车板簧即为近似的等强度梁。

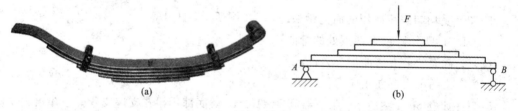

(a)　　　　　　　　　　　　(b)

图 5-27

需要指出的是，实际构件的截面形状和加载方式等不仅与强度有关，还与工艺要求、结构功能等因素有关，因而在工程设计中应全面考虑各种因素的影响。

···········• 思 考 题 •···········

5-1　何谓纯弯曲？何谓横力弯曲？

5-2　在建立弯曲正应力公式过程中作了哪些假设？它们起何作用？

5-3　何谓中性层？何谓中性轴？

5-4　弯曲正应力在横截面上是怎样分布的？中性轴位于何处？如何计算最大弯曲正应力？

5-5　截面对中性轴的惯性矩与抗弯截面模量的量纲是什么？如何计算矩形与圆形截面对中性轴的惯性矩与抗弯截面模量？圆截面的抗弯截面模量与抗扭截面模量有何关系？

5-6 矩形截面梁弯曲时，横截面上的弯曲切应力是如何分布的？如何计算最大弯曲切应力？

5-7 在工字形截面梁的腹板上，弯曲切应力是如何分布的？如何计算？

5-8 对于塑性材料与脆性材料制成的等截面梁，其弯曲正应力强度条件有何不同？

5-9 梁合理截面设计的原则是什么？何谓等强度梁？等强度梁设计的依据是什么？如何改善梁的受力情况？

·······习 题·······

5-1 题 5-1 图所示截面梁，弯矩位于纵向对称面(即 $x-y$ 平面)内。试作出沿直线 1-1 与 2-2 的弯曲正应力分布图(C 为截面形心，以下各题相同)。

5-2 如题 5-2 图所示直径为 d 的金属丝绕在直径为 D 的轮缘上，已知材料弹性模量为 E，试求金属丝中的最大弯曲正应力。

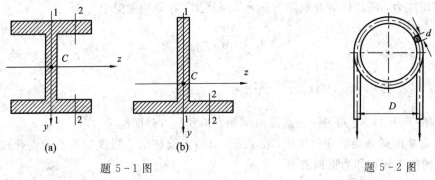

题 5-1 图　　　　　　　　　　　　　　　题 5-2 图

5-3 受均布载荷作用的简支梁如题 5-3 图所示，试计算：

(1) 1-1 截面上 1、2 两点处的弯曲正应力；

(2) 此截面的最大弯曲正应力；

(3) 全梁的最大弯曲正应力。

5-4 如题 5-4 图所示，某塔器高 $h=10$ m，塔底部用裙式支座支承。已知裙式支座的外径与塔的外径相同，而它的内径 $D=1000$ mm，壁厚 $t=8$ mm。假设塔所受均布风载荷 $q=468$ N/m。求裙式支座底部的最大弯矩和最大弯曲正应力。

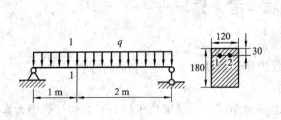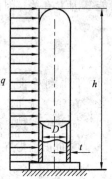

题 5-3 图　　　　　　　　　　　　题 5-4 图

5-5 小型板框压滤机如题 5-5 图所示，板、框、物料总重 2.88 kN，均匀分布于长 600 mm 的范围内，由前后两根横梁 AB 承受。梁的直径 d 为 57 mm，梁的两端用螺栓连接，计算时可视为铰接。试求 AB 梁内的最大弯曲正应力。

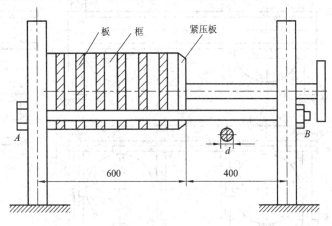

题 5-5 图

5-6 外径为 250 mm、壁厚为 10 mm 的铸铁管简支梁，跨度为 12 m，铸铁的密度为 7.8×10^3 kg/m³。若管中充满水，试求管内的最大弯曲正应力。

5-7 梁截面如题 5-7 图所示，剪力 $F_S = 16$ kN，并位于 x-z 平面内。试计算该截面上的最大弯曲切应力及 A 点处的弯曲切应力。

5-8 圆截面外伸梁，其外伸部分是空心的，梁的受力及尺寸如题 5-8 图所示。已知 $F = 10$ kN，$q = 5$ kN/m，许用应力 $[\sigma] = 140$ MPa，试校核梁的强度。

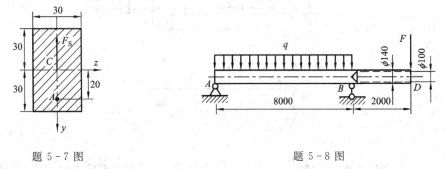

题 5-7 图　　　　　　　　　　　　　题 5-8 图

5-9 双效蒸发器如题 5-9 图所示，每只重 $W = 19.6$ kN，用四只耳式支座支承在梁上。AB、CD、AC、EG、FH 和 BD 梁均为 No10 号工字钢。各梁交接处均为焊接，在计算时可视为铰接。尺寸单位为 mm。设重量 W 由四只耳式支座均匀地传到梁上，现要求：

(1) 绘 AB 梁的剪力图和弯矩图。

(2) 设 AB 梁的材料为 Q235 钢，许用应力 $[\sigma] = 130$ MPa，试按弯曲正应力强度条件校核 AB 梁的强度。

5-10 有一支撑管道的悬臂梁，由两根槽钢组成，两根管道作用在悬臂梁上的重量均为 $W = 5.39$ kN，结构尺寸如题 5-10 图所示（单位为 mm）。求：

(1) 绘制悬臂梁的弯矩图。

(2) 选择槽钢的型号。设材料的许用应力 $[\sigma] = 130$ MPa。

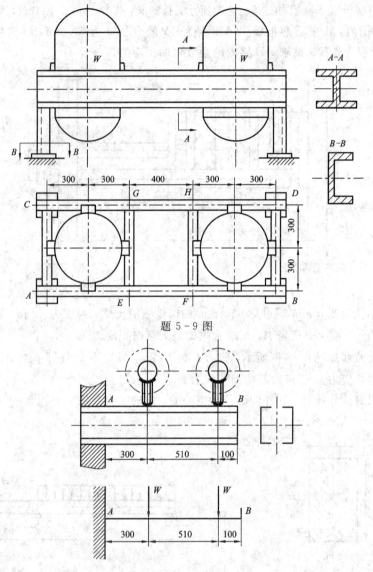

题 5-9 图

题 5-10 图

5-11 支持转筒的托轮结构如题 5-11 图所示。转筒和滚圈的重量为 W，作用在每个托轮的载荷 $F=60$ kN。支持托轮的轴可简化为一简支梁。已知材料的许用应力 $[\sigma]=100$ MPa，试设计轴的直径 d。

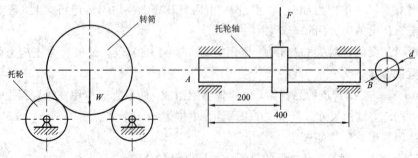

题 5-11 图

5-12　矩形截面外伸梁受力如题 5-12 图所示，材料的许用应力$[\sigma]=160$ MPa，试确定截面尺寸 b。

5-13　题 5-13 图所示轧辊轴直径 $D=280$ mm，跨长 $L=1000$ mm，$l=450$ mm，$b=100$ mm，轧辊材料的弯曲许用应力$[\sigma]=100$ MPa，求轧辊能承受的最大允许轧制力。

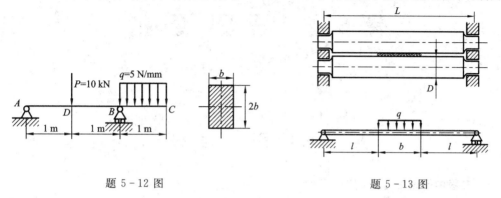

题 5-12 图　　　　　　　　　题 5-13 图

5-14　题 5-14 图所示的梁 AD 为 No10 号工字钢，B 点用圆钢杆 BC 悬挂。已知圆杆 BC 直径 $d=20$ mm，梁和杆的许用应力均为$[\sigma]=160$ MPa。试求许可均布载荷$[q]$。

5-15　如题 5-15 图所示，为了起吊重量 $W=300$ kN 的大型设备，采用一台 150 kN 吊车，一台 200 kN 吊车，并加一根辅助梁 AB。已知辅助梁的$[\sigma]=160$ MPa，$l=4$ m。试问：

（1）W 加在辅助梁的什么位置，才能保证两台吊车都不超载？

（2）辅助梁应该选择多大型号的工字钢？

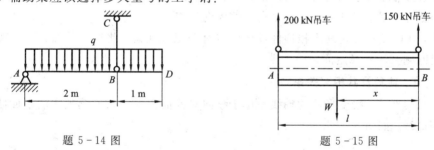

题 5-14 图　　　　　　　　　题 5-15 图

5-16　当 F 力直接作用在简支梁 AB 的跨度中点时，梁内最大弯曲正应力超过许用应力 30%。为了消除过载现象，配置了如题 5-16 图所示的具有同样截面的辅助梁 CD，试求此辅助梁的跨度 a。

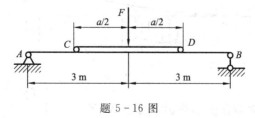

题 5-16 图

第6章 弯曲变形

6.1 引　言

1. 工程中的弯曲变形问题

工程中的很多结构或构件在工作时，对于弯曲变形都有一定的要求。一类是要求构件的位移不得超过一定的数值。例如行车大梁在起吊重物时，若其弯曲变形过大，则小车行驶时就要发生振动；若传动轴的弯曲变形过大，不仅会使齿轮不能很好地啮合，还会使轴颈与轴承产生不均匀的磨损；输送管道的弯曲变形过大，会影响管道内物料的正常输送，还会出现积液、沉淀和法兰连接不密等现象；造纸机上的轧辊，若弯曲变形过大，生产出来的纸张就会厚薄不均，成为废品。另一类是要求构件能产生足量的变形。例如车辆钢板弹簧，变形大可减缓车辆所受到的冲击；又如继电器中的簧片，为了有效地接通和断开电源，在电磁力作用下必须保证触点处有足够大的位移。

可见，弯曲变形分析在工程构件设计中占有一定的地位。此外，弯曲变形分析也是解决静不定问题和压杆稳定问题的基础。

2. 挠度、转角及其相互关系

在平面弯曲中，梁变形后的轴线是位于纵向对称面内的一条连续光滑的平面曲线，称为**梁的挠曲线**，如图 6-1 所示。

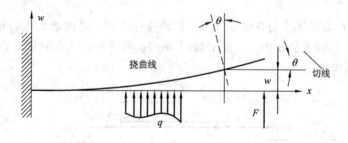

图 6-1

通常情况下，剪力对弯曲变形的影响可忽略不计。因此，即使是横力弯曲，梁的横截面在变形时仍保持为平面，且垂直于梁的挠曲线，"刚性"地绕中性轴转过某一角度。由此可见，梁的变形可用横截面形心的位移及截面的角位移来描述。

选取 x-w 平面坐标系。x 轴沿梁变形前的轴线，向右为正，表示梁横截面的位置；w

轴沿垂直于梁轴线的方向，向上为正，表示梁横截面形心的横向位移。横截面的形心沿 w 轴方向的线位移称为**挠度**，用 w 表示。不同横截面的挠度一般不同，挠度是坐标位置的函数，可表示为

$$w = w(x)$$

上式称为**挠度方程**。

弯曲变形时，轴线位于中性层上，梁轴的长度保持不变，因此横截面的形心沿梁轴方向也存在位移，但在小变形条件下，横截面形心的轴向位移是二阶微量，远小于其横向位移，可忽略不计。所以挠度方程也称为**梁的挠曲线方程**（或**挠曲轴方程**）。

横截面的角位移称为**转角**，用 θ 表示。横截面的转角 θ 等于挠曲线在该截面处的切线与 x 轴的夹角，如图 6-1 所示。挠度的正负规定为向上为正、向下为负；转角的正负规定为逆时针为正、顺时针为负。

工程中，梁的转角一般都很小，例如不超过 $1°(0.075\ \mathrm{rad})$，由图示几何关系可得

$$\theta \approx \tan\theta = \frac{\mathrm{d}w}{\mathrm{d}x} \tag{6-1}$$

即在小变形情形下，梁的挠度对坐标位置的一阶导数等于转角。

6.2　确定梁位移的积分法

6.2.1　挠曲线的近似微分方程

由上一章知，用曲率表示的弯曲变形公式 $(5-1)$ 为

$$\frac{1}{\rho} = \frac{M}{EI}$$

这一公式是在纯弯曲情况下得到的，若忽略剪力对梁变形的影响，则此式也可用于一般横力弯曲，由于梁轴上各点的曲率和弯矩均是横截面位置 x 的函数，因而上式可写为

$$\frac{1}{\rho(x)} = \frac{M(x)}{EI} \tag{a}$$

由高等数学知识可知，平面曲线上任一点的曲率为

$$\frac{1}{\rho(x)} = \pm \frac{\dfrac{\mathrm{d}^2 w}{\mathrm{d}x^2}}{\left[1 + \left(\dfrac{\mathrm{d}w}{\mathrm{d}x}\right)^2\right]^{3/2}} \tag{b}$$

将式（b）代入式（a）可得

$$\pm \frac{\dfrac{\mathrm{d}^2 w}{\mathrm{d}x^2}}{\left[1 + \left(\dfrac{\mathrm{d}w}{\mathrm{d}x}\right)^2\right]^{3/2}} = \frac{M(x)}{EI} \tag{c}$$

式（c）称为**挠曲线微分方程**，是一个二阶非线性常微分方程。

在小变形情形下，转角 $\theta = \mathrm{d}w/\mathrm{d}x \ll 1$，为一阶微量，$(\mathrm{d}w/\mathrm{d}x)^2$ 为高阶微量，略去不计。式（c）可简化为

$$\pm \frac{\mathrm{d}^2 w}{\mathrm{d}x^2} = \frac{M(x)}{EI} \qquad (\mathrm{d})$$

式(d)左端的正负号可以通过弯曲变形时弯矩的正负号与坐标选择来确定。在规定 w 轴向上为正的情形下,当梁段承受正弯矩作用时,挠曲线为凹曲线(见图 6-2(a)),由高等数学知识可知,挠度的二阶导数 $\frac{\mathrm{d}^2 w}{\mathrm{d}x^2} > 0$;反之,当梁段承受负弯矩作用时,挠曲线为凸曲线(见图 6-2(b)),挠度的二阶导数 $\frac{\mathrm{d}^2 w}{\mathrm{d}x^2} < 0$。由此可见,$M$ 与 $\frac{\mathrm{d}^2 w}{\mathrm{d}x^2}$ 始终保持同号,式(d)左边取"+"号,即有

$$\frac{\mathrm{d}^2 w}{\mathrm{d}x^2} = \frac{M(x)}{EI} \qquad (6-2)$$

式(6-2)称为**梁挠曲线的近似微分方程**。根据这个近似微分方程所得的解,在工程中,已足够精确。

对于等截面梁,抗弯刚度 EI 为常量,式(6-2)可改写为

$$EI \frac{\mathrm{d}^2 w}{\mathrm{d}x^2} = M(x) \qquad (6-3)$$

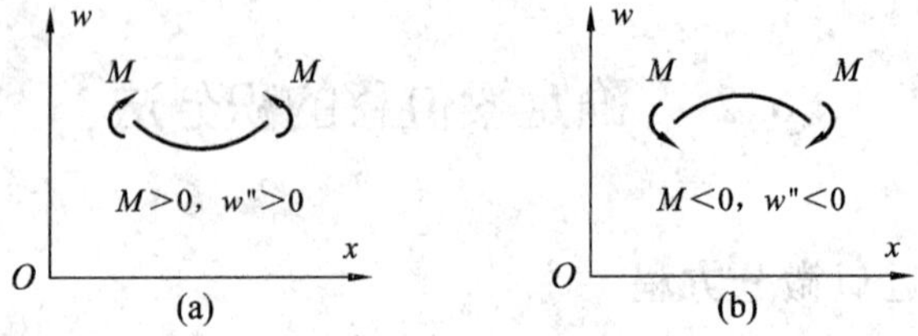

图 6-2

例 6-1　如图 6-3 所示悬臂梁,承受集中力 F 与矩为 $M_e = Fa/2$ 集中力偶作用,试绘制该梁的挠曲轴的大致形状图。设抗弯刚度 EI 为常数。

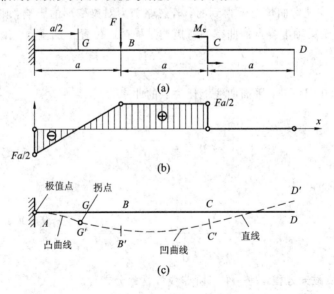

图 6-3

解　（1）绘制挠曲轴的基本依据。确定挠曲轴形状的基本依据之一是：曲率表示的弯曲变形公式与挠曲线近似微分方程，即

$$\frac{1}{\rho} = w'' = \frac{M(x)}{EI}$$

可根据弯矩的正、负、零值点和零值区，确定挠曲轴的凹、凸、拐点或直线区。

绘制挠曲轴的基本依据之二是：在梁的约束处，应满足位移边界条件；在分段点处，应满足位移连续光滑条件。

（2）绘制弯矩图。绘制梁的弯矩图如图 6-3(a) 所示。

（3）绘制挠曲轴的大致形状图。截面 A 处为固定端，该截面的转角与挠度均为零，AG段的弯矩为负，AG 段挠曲线应为凸曲线；GC 段的弯矩为正，GC 段挠曲线应为凸曲线；CD 段的弯矩为零，CD 段挠曲线应为直线。在截面 G 处存在拐点，在截面 B 与 C 处，挠曲轴应满足连续光滑条件。

绘制挠曲线如图 6-3(b) 所示。A 点为极值点。至于截面 D 处的挠度值为正或负，则需由计算具体确定。

6.2.2　积分法求梁的变形

对式(6-3)积分一次，得转角方程为

$$EI\theta = EI\frac{\mathrm{d}w}{\mathrm{d}x} = \int M(x)\,\mathrm{d}x + C \tag{6-4}$$

再积分一次，得挠曲线方程为

$$EIw = \int \left[\int M(x)\,\mathrm{d}x\right]\mathrm{d}x + Cx + D \tag{6-5}$$

式中 C、D 为积分常数。积分常数可利用梁的边界条件和挠曲线的连续光滑条件来确定。

例如，在固定端处，横截面的转角和挠度均为零，即

$$w = 0, \quad \theta = 0$$

在铰支座处，横截面的挠度为零，即

$$w = 0$$

中间铰链左右两侧截面的挠度相等，满足连续条件，即

$$w_{A^-} = w_{A^+}$$

梁横截面的已知位移条件或约束条件，称为梁位移的边界条件。

当弯矩方程需要分段建立时，各段梁的挠度、转角方程也将不同，但在相邻梁段的交接处，左右两邻面应具有相同的挠度和转角，即应满足连续光滑条件，称为梁位移的连续光滑条件，可表示为

$$w_{A^-} = w_{A^+}, \quad \theta_{A^-} = \theta_{A^+}$$

一般来说，积分常数可由位移边界条件和连续光滑条件共同确定。当积分常数确定后，将其代入式(6-4)和式(6-5)，即得梁的挠曲线方程和转角方程。这种通过两次积分确定梁位移的方法称为积分法。

例 6-2　有一支承管道的悬臂梁 AB（见图 6-4）。管道的重量为 W，梁长为 l，抗弯刚

度为 EI，求梁的最大挠度和转角。

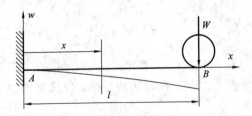

图 6 - 4

解　选取坐标系如图 6 - 4 所示。距梁左端为 x 处截面的弯矩为

$$M(x) = -W(l-x) = Wx - Wl$$

代入式(6 - 3)，得挠曲线的近似微分方程为

$$EI \frac{\mathrm{d}^2 w}{\mathrm{d}x^2} = Wx - Wl \tag{a}$$

将式(a)积分一次，得

$$EI \frac{\mathrm{d}w}{\mathrm{d}x} = \frac{Wx^2}{2} - Wlx + C \tag{b}$$

再积分一次，得

$$EIw = \frac{Wx^3}{6} - \frac{Wlx^2}{2} + Cx + D \tag{c}$$

确定积分常数 C 和 D 的边界条件为：在固定端截面处，挠度和转角均为零。即

$$w(0) = 0, \quad \theta(0) = 0$$

将(b)、(c)两式代入，得

$$D = 0, \quad C = 0$$

将所得积分常数代入(b)、(c)两式，得到梁的转角方程和挠度方程分别为

$$\theta(x) = \frac{\mathrm{d}w}{\mathrm{d}x} = \frac{1}{EI}\left(\frac{Wx^2}{2} - Wlx\right)$$

$$w(x) = \frac{1}{EI}\left(\frac{Wx^3}{6} - \frac{Wlx^2}{2}\right)$$

显然在自由端处转角与挠度最大，即当 $x=l$ 时，得

$$\theta_{\max} = \theta_B = \frac{1}{EI}\left(\frac{Wl^2}{2} - Wl^2\right) = -\frac{Wl^2}{2EI} \quad (\circlearrowright)$$

$$w_{\max} = w_B = \frac{1}{EI}\left(\frac{Wl^3}{6} - \frac{Wl^3}{2}\right) = -\frac{Wl^3}{3EI} \quad (\downarrow)$$

式中转角为负值，表示梁变形时 B 横截面绕中性轴按顺时针方向转动；挠度为负，表明 B 截面形心向下移动。

例 6 - 3　简支梁 AB 受力如图 6 - 5 所示(图中 $a > b$)，梁的抗弯刚度 EI 为常量，求此梁的转角方程和挠曲线方程，并确定最大挠度值。

解　(1)求约束力。建立坐标系如图所示，求得约束力为

$$F_{Ay} = \frac{b}{l}F, \quad F_{By} = \frac{a}{l}F$$

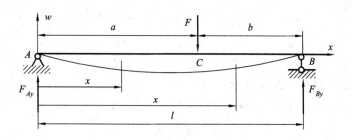

图 6 - 5

方向均竖直向上。

（2）写出弯矩方程。由于集中力加在两支座之间，弯矩方程在 AC、BC 两段各不相同。

AC 段：
$$M_1(x) = \frac{b}{l}Fx \qquad (0 < x < a)$$

CB 段：
$$M_2(x) = \frac{b}{l}Fx - F(x-a) \qquad (a < x < a+b)$$

（3）分段建立梁的挠曲线近似微分方程。写出挠曲线的近似微分方程分别为

AC 段：
$$EI\frac{d^2w}{dx^2} = \frac{b}{l}Fx$$

CB 段：
$$EI\frac{d^2w}{dx^2} = \frac{b}{l}Fx - F(x-a)$$

（4）积分法求变形。分别积分两次，可得

AC 段：
$$EI\frac{dw}{dx} = \frac{Fb}{2l}x^2 + C_1 \tag{a}$$

$$EIw = \frac{Fb}{6l}x^3 + C_1 x + D_1 \tag{b}$$

CB 段：
$$EI\frac{dw}{dx} = \frac{Fb}{2l}x^2 - \frac{F}{2}(x-a)^2 + C_2 \tag{c}$$

$$EIw = \frac{Fb}{6l}x^3 - \frac{F}{6}(x-a)^3 + C_2 x + D_2 \tag{d}$$

确定上述四个积分常数需要四个条件。支座 A、B 两处的边界条件为
$$w(0) = 0, \quad w(l) = 0 \tag{e}$$

由连续光滑条件可知，在 AC 和 CB 段的分段点 C 处（$x=a$），左右两邻面的挠度和转角必相等，即
$$w(a^-) = w(a^+), \quad \theta(a^-) = \theta(a^+) \tag{f}$$

利用式（e）和式（f），即可解得
$$D_1 = D_2 = 0, \quad C_1 = C_2 = \frac{Fb}{6l}(b^2 - l^2)$$

于是，求得梁的转角方程和挠曲线方程分别为

AC 段：
$$EI\theta(x) = \frac{Fb}{6l}(3x^2 - l^2 + b^2) \tag{g}$$

$$EIw(x) = \frac{Fbx}{6l}(x^2 - l^2 + b^2) \tag{h}$$

CB 段：
$$EI\theta(x)=\frac{Fb}{2l}x^2-\frac{F}{2}(x-a)^2+\frac{Fb}{6l}(b^2-l^2) \tag{i}$$

$$EIw(x)=\frac{Fb}{6l}x^3-\frac{F}{6}(x-a)^3+\frac{Fb}{6l}(b^2-l^2)x \tag{j}$$

(5) 求梁的最大转角与最大挠度。

将 $x=0$ 代入式(g)可得梁左端面的转角为

$$\theta_A=-\frac{Fab(l+b)}{6EIl}$$

将 $x=l$ 代入式(i)可得梁右端面的转角为

$$\theta_B=\frac{Fab(l+a)}{6EIl}$$

若 $a>b$，则梁右端面转角绝对值最大，即

$$\theta_{max}=\frac{Fab(l+a)}{6EIl}\qquad\text{（当 }a>b\text{ 时）}$$

简支梁的最大挠度应在 $\dfrac{\mathrm{d}w}{\mathrm{d}x}=0$ 处，先分析 AC 段梁，由挠度的一阶导数为零可解得

$$x_0=\sqrt{\frac{l^2-b^2}{3}}$$

当 $a>b$ 时，此值小于 a，因而最大挠度确实在 AC 段内，代入式(h)得

$$w_{max}=-\frac{Fb(l^2-b^2)^{3/2}}{9\sqrt{3}\,EIl}\qquad(\downarrow)$$

若 $a=b=\dfrac{l}{2}$，即集中力作用在跨度中点，则梁中点处的最大挠度为

$$w_{max}=-\frac{Fl^3}{48EI}\qquad(\downarrow)$$

顺便指出，如果用中点挠度代替最大挠度，引起的误差将不超过 3%。所以一般情况下，当简支梁上承受若干个集中力作用时，只要其挠曲线朝一个方向弯曲，就可以用中点挠度来代替最大挠度。

6.3　确定梁位移的叠加法

如果因变量为各自变量的线性齐次式，即因变量表达式中仅包含自变量的一次项，则各自变量独立作用，互不影响，几个自变量同时作用所产生的总效应，等于各个自变量单独作用时产生效应的总和，此原理称为叠加原理。

在线弹性、小变形条件下，梁的挠度、转角均为载荷的线性齐次式。当梁同时承受几个载荷作用时，每一个载荷所引起的变形将不受其他载荷的影响，求梁的位移可用叠加法。

用叠加法求梁的变形时，只要分别计算梁在每个简单载荷单独作用下的位移，将其叠加起来，就得到梁在几个载荷共同作用下的总位移。表 6-1 给出了悬臂梁、简支梁及外伸梁在简单载荷作用下的挠度与转角，以便计算时查阅。

表 6-1 梁的挠度与转角

序号	梁的简图	挠曲线方程	挠度和转角
(1)		$w=-\dfrac{Fx^2}{6EI}(3l-x)$	$w_B=-\dfrac{Fl^3}{3EI}$ $\theta_B=-\dfrac{Fl^2}{2EI}$
(2)		$w=-\dfrac{Fx^2}{6EI}(3a-x)\ (0\leqslant x\leqslant a)$ $w=-\dfrac{Fa^2}{6EI}(3x-a)\ (a\leqslant x\leqslant l)$	$w_B=-\dfrac{Fa^2}{6EI}(3l-a)$ $\theta_B=-\dfrac{Fa^2}{2EI}$
(3)		$w=-\dfrac{qx^2}{24EI}(x^2-4lx+6l^2)$	$w_B=-\dfrac{ql^4}{8EI}$ $\theta_B=-\dfrac{ql^3}{6EI}$
(4)		$w=-\dfrac{M_ex^2}{2EI}$	$w_B=-\dfrac{M_el^2}{2EI}$ $\theta_B=-\dfrac{M_el}{EI}$
(5)		$w=-\dfrac{M_ex^2}{2EI}\ (0\leqslant x\leqslant a)$ $w=-\dfrac{M_ea}{EI}\left(\dfrac{a}{2}-x\right)\ (a\leqslant x\leqslant l)$	$w_B=-\dfrac{M_ea}{EI}\left(l-\dfrac{a}{2}\right)$ $\theta_B=-\dfrac{M_ea}{EI}$
(6)		$w=-\dfrac{Fx}{48EI}(3l^2-4x^2)$ $\left(0\leqslant x\leqslant\dfrac{l}{2}\right)$	$w_C=-\dfrac{Fl^3}{48EI}$ $\theta_A=-\theta_B=-\dfrac{Fl^2}{16EI}$
(7)		$w=-\dfrac{Fbx}{6EIl}(l^2-x^2+b^2)$ $(0\leqslant x\leqslant a)$ $w=\dfrac{Fa(l-x)}{6EIl}(x^2+a^2-2lx)$ $(a\leqslant x\leqslant l)$	$\delta=-\dfrac{Fb(l^2-b^2)^{3/2}}{9\sqrt{3}\,EIl}$ $\left(在\,x=\sqrt{\dfrac{l^2-b^2}{3}}\,处\right)$ $\theta_A=-\dfrac{Fb(l^2-b^2)}{6EIl}$ $\theta_B=\dfrac{Fa(l^2-a^2)}{6EIl}$
(8)		$w=-\dfrac{qx}{24EI}(x^3+l^3-2lx^2)$	$\delta=-\dfrac{5ql^4}{384EI}$ $\theta_A=-\theta_B=-\dfrac{ql^3}{24EI}$

序号	梁 的 简 图	挠 曲 线 方 程	挠 度 和 转 角
(9)		$w=\dfrac{M_e x}{6EIl}(l^2-x^2)$	$\delta=\dfrac{M_e l^2}{9\sqrt{3}EI}$ (位于 $x=l/\sqrt{3}$ 处) $\theta_A=\dfrac{M_e l}{6EI}$ $\theta_B=-\dfrac{M_e l}{3EI}$
(10)		$w=\dfrac{M_e x}{6EIl}(l^2-3b^2-x^2)$ $(0\leqslant x\leqslant a)$ $w=\dfrac{M_e(l-x)}{6EIl}(3a^2-2lx+x^2)$ $(a\leqslant x\leqslant l)$	$\delta_1=-\dfrac{M_e(l^2-3b^2)^{3/2}}{9\sqrt{3}EIl}$ (在 $x=\sqrt{l^2-3b^2}/\sqrt{3}$ 处) $\delta_2=-\dfrac{M_e(l^2-3a^2)^{3/2}}{9\sqrt{3}EIl}$ (位于距 B 端 $x=\sqrt{l^2-3a^2}/\sqrt{3}$ 处) $\theta_A=\dfrac{M_e(l^2-3b^2)}{6EIl}$ $\theta_B=\dfrac{M_e(l^2-3a^2)}{6EIl}$ $\theta_C=-\dfrac{M_e(l^2-3a^2-3b^2)}{6EIl}$
(11)		$w=\dfrac{Fax}{6EIl}(l^2-x^2)$ $(0\leqslant x\leqslant l)$ $w=-\dfrac{F(x-l)}{6EI}\times[a(3x-l)-(x-l)^2]$ $(l\leqslant x\leqslant l+a)$	$w_C=-\dfrac{Fa^2}{3EI}(l+a)$ $\theta_A=-\dfrac{1}{2}\theta_B=\dfrac{Fal}{6EI}$ $\theta_C=-\dfrac{Fa}{6EI}(2l+3a)$
(12)		$w=\dfrac{Mx}{6EIl}(l^2-x^2)$ $(0\leqslant x\leqslant l)$ $w=-\dfrac{M}{6EI}\times(3x^2-4xl+l^2)$ $(l\leqslant x\leqslant l+a)$	$w_C=-\dfrac{Ma}{6EI}(2l+3a)$

　　用叠加法求梁的位移时应注意以下两点：一是正确理解梁的变形与位移之间的区别和联系，位移是由变形引起的，但没有变形不一定没有位移；二是正确理解和应用变形连续条件，即在线弹性范围内，梁的挠曲线是一条连续光滑的曲线。下面举例说明叠加法的应用。

　　例 6-4　某桥式起重机力学模型如图 6-6(a)所示，横梁自重可视为均布载荷，集度为 q，作用于跨度中点的载荷 $F=ql$，梁的抗弯刚度为 EI，试求 B 点处截面的转角 θ_B 及 C 点处的挠度 w_C。

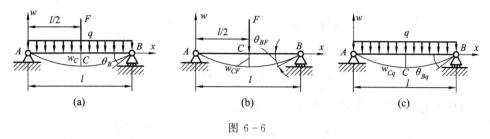

图 6 - 6

解 用叠加法求解此题。

将载荷分解为中点作用集中力、全梁作用均布载荷的简支梁两种情况，查表 6 - 1 可得由集中力 F 引起的 C 处的挠度 w_{CF} 和 B 处的转角 θ_{BF} 分别为

$$w_{CF} = -\frac{Fl^3}{48EI} = -\frac{ql^4}{48EI}, \quad \theta_{BF} = \frac{Fl^2}{16EI} = \frac{ql^3}{16EI}$$

由均布载荷 q 引起的 C 处的挠度 w_{Cq} 和 B 处的转角 θ_{Bq} 分别为

$$w_{Cq} = -\frac{5ql^4}{384EI}, \quad \theta_{Bq} = \frac{ql^3}{24EI}$$

所以 B 截面处的转角和 C 截面处的挠度分别为

$$\theta_B = \theta_{BF} + \theta_{Bq} = \frac{ql^3}{16EI} + \frac{ql^3}{24EI} = \frac{5ql^3}{48EI} \quad (\circlearrowleft)$$

$$w_C = w_{CF} + w_{Cq} = -\frac{ql^4}{48EI} - \frac{5ql^4}{384EI} = -\frac{13ql^4}{384EI} \quad (\downarrow)$$

例 6 - 5 图 6 - 7 所示的简支梁受半跨度均布载荷作用，梁的抗弯刚度为 EI。试求梁中点 C 处的挠度 w_C。

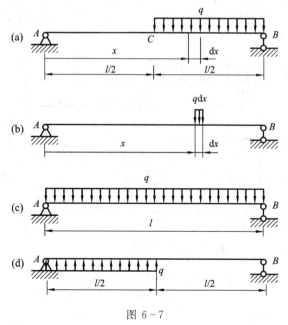

图 6 - 7

解 本题可用两种方法求解。

解法一：均布载荷可视为作用在梁轴上的无数微小集中载荷。由表 6 - 1(7) 可知，在距梁左端为 $x(l/2 < x < l)$ 处的微小载荷 $q \, \mathrm{d}x$ 作用下（见图 6 - 7(b)），简支梁中点的挠度为

$$dw_C = -\frac{q\,dx(l-x)\dfrac{l}{2}}{6EIl}\Big[l^2 - \Big(\frac{l}{2}\Big)^2 - (l-x)^2\Big]$$

$$= -\frac{q}{48EI}(4x^3 - 12lx^2 + 9l^2x - l^3)\,dx$$

所以半跨度均布载荷在简支梁中点处所引起的挠度为

$$w_C = -\frac{q}{48EI}\int_{l/2}^{l}(4x^3 - 12lx^2 + 9l^2x - l^3)\,dx = -\frac{5ql^4}{768EI} \quad (\downarrow)$$

解法二：将图 6-7(a)所示的梁上载荷分解为作用在整个梁上向下的均布载荷 q（见图 6-7(c)）和左半跨度上的均布载荷 q（见图 6-7(d)）。由表 6-1(8)可查出，图 6-1(c)所示载荷作用下，梁中点的挠度为

$$w_{C1} = -\frac{5ql^4}{384EI} \quad (\downarrow)$$

由对称性可知，在图 6-7(d)所示的半跨度均布载荷作用下，简支梁中点的挠度与所要求的 w_C 大小相等、方向相反，即

$$w_{C2} = -w_C$$

由叠加法可知，梁中点 C 的挠度为

$$w_C = w_{C1} + w_{C2} = w_{C1} - w_C$$

所以有

$$w_C = \frac{1}{2}w_{C1} = -\frac{5ql^4}{768EI} \quad (\downarrow)$$

例 6-6 图 6-8(a)所示的组合梁由梁 AB 与梁 BC 用铰链连接而成。在梁 AB 上作用有均布载荷 q，梁 BC 的中点作用有集中力 $F = qa$。试求截面 B 的挠度与截面 A 的转角。设两段梁的抗弯刚度均为 EI。

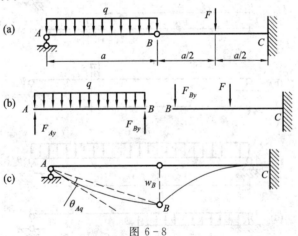

图 6-8

解 梁 AB 与梁 BC 的受力分别如图 6-8(b)所示。由静平衡条件可求得支座 A 及中间铰链 B 处的约束力分别为

$$F_{Ay} = F_{By} = \frac{1}{2}qa$$

分析悬臂梁 BC，查表 6-1(1)、(2)可得

$$w_{BF_{By}} = \frac{F_{By}a^3}{3EI} = \frac{qa^4}{6EI}$$

$$w_{BF} = \frac{F(a/2)^2}{6EI}\left(3a - \frac{1}{2}a\right) = \frac{5qa^4}{48EI}$$

$$w_B = w_{BF_{By}} + w_{BF} = \frac{13qa^4}{48EI} \quad (\downarrow)$$

变形后挠曲线的大致形状如图 6-8(c)中细实线所示。截面 A 的转角等于因中间铰链 B 处挠度所引起的截面 A 的转角与均布载荷作用于简支梁 AB 所引起截面 A 的转角的代数和，即

$$\theta_A = \frac{w_B}{a} + \theta_{Aq} = \frac{13qa^3}{48EI} + \frac{qa^3}{24EI} = \frac{5qa^3}{16EI} \quad (\circlearrowright)$$

6.4 梁的刚度条件及合理设计

1. 梁的刚度条件

在机械设备及工程结构中，许多梁除应满足弯曲强度条件外，还应具备必要的刚度。在工程中应对许多梁的挠度加以限制，对于某些梁（如传动轴），还需要对其转角加以限制。

若许用挠度用$[\delta]$表示，许用转角用$[\theta]$表示，梁的刚度条件可表示为

$$|w_{\max}| \leqslant [\delta] \tag{6-6}$$

$$|\theta_{\max}| \leqslant [\theta] \tag{6-7}$$

式中 $w_{\max}$ 与 $\theta_{\max}$ 均取绝对值。刚度条件要求梁在工作时其最大挠度与最大转角分别不超过各自的许用值。而在有些情况下，还会限制某些特定截面的挠度、转角不超过其许用值。

许用挠度与许用转角的数值由梁的工作条件决定。例如对跨度为 l 的桥式起重机梁，其许用挠度为

$$[\delta] = \frac{l}{750} \sim \frac{l}{500}$$

对于跨度为 l 一般用途的轴，其许用挠度为

$$[\delta] = \frac{3l}{1000} \sim \frac{5l}{1000}$$

跨度为 l 的架空管道的许用挠度为

$$[\delta] = \frac{l}{500}$$

对于高度为 h 的一般塔器的许用挠度为

$$[\delta] = \frac{h}{1000} \sim \frac{h}{500}$$

在安装齿轮或滑动轴承处，轴的许用转角则为

$$[\theta] = 0.001 \text{ rad}$$

至于其他梁或轴的许用位移值，可从有关设计规范或手册中查得。

对于锅炉、化工容器、水处理工艺中的容器等结构或构件，在满足强度要求后，其弹性变形一般都比较小，不会影响正常工作，所以不再有刚度要求。

例 6-7　一简支梁由单根工字钢制成，跨度中点承受集中载荷 F，已知 $F=35$ kN，跨度 $l=3$ m，许用应力 $[\sigma]=160$ MPa，许用挠度 $[\delta]=l/500$，弹性模量 $E=200$ GPa，试选择工字钢型号。

解　（1）强度设计。

梁的最大弯矩为

$$M_{max}=\frac{Fl}{4}=\frac{35\times10^3\times3\times10^3}{4}\approx2.63\times10^7 \text{ N}\cdot\text{mm}$$

根据梁的弯曲正应力强度条件，可得

$$W_z\geqslant\frac{M_{max}}{[\sigma]}=\frac{2.63\times10^7}{160}\approx1.64\times10^5 \text{ mm}^3$$

查型钢表得，18 号工字钢的抗弯截面系数 $W_z=1.85\times10^5$ mm^3，满足强度条件。

（2）刚度校核。

查型钢表得，18 号工字钢对中性轴的惯性矩为 $I_z=1.66\times10^7$ mm^4，最大挠度在梁跨度的中点，它的数值为

$$w_{max}=\frac{Fl^3}{48EI}=\frac{35\times10^3\times(3000)^3}{48\times200\times10^3\times1.66\times10^7}\approx5.93 \text{ mm}$$

梁的许可挠度 $[\delta]=l/500=6$ mm，$w_{max}<[\delta]$ 所以满足刚度条件。

大多数构件的设计过程都是先进行强度设计或工艺结构设计，确定截面的形状和尺寸，然后再进行刚度校核。

2. 提高弯曲刚度的措施

梁的挠度和转角不仅与受力有关，而且与梁的抗弯刚度、跨度以及约束条件有关。据此，在梁的设计中可采取以下主要措施提高梁的刚度以减小其变形：增大梁截面的惯性矩；尽量减小梁的跨度或长度；增加支承；改善梁的受力情况等。

（1）提高梁的抗弯刚度 EI。各种钢材的弹性模量 E 的数值相差不大，故采用高强度优质钢来提高弯曲刚度的做法是不可取的。增大截面惯性矩 I 是提高抗弯刚度的主要途径。与梁的强度问题一样，可选用槽形、工字形、框形及空心圆等合理的截面形状。

（2）改善梁的载荷。改善梁上载荷的作用位置、方向及作用形式，降低梁上的弯矩，可提高梁的弯曲刚度。这与提高梁的强度措施一致。

（3）减小梁的跨度或合理增加梁的支承。因为梁的挠度与跨度的三次方（集中载荷）或四次方（分布载荷）成正比，随着梁的跨度的增加，梁的挠度迅速增大。在集中载荷作用下，简支梁的跨度若加长 20%，则最大挠度相应增加 48.8%。所以降低梁的跨度可明显提高梁的弯曲刚度。

6.5　简单静不定梁

前面所研究的梁均为静定梁。在工程中，为了提高梁的强度和刚度，或由于结构上的需要，往往给静定梁增加约束，于是，梁的约束力数目超过独立静平衡方程的数目，即成为静不定梁。

在静定梁上增加的约束，对于维持构件平衡来说是多余的，因此，习惯上常把这种约束称为多余约束。与多余约束所对应的支座约束力或约束力偶，统称为多余约束反力。

通常把梁具有的多余约束反力数目，称为梁的静不定次数，静不定次数等于约束反力总个数减去独立静平衡方程数。

图 6-9(a)、(b)所示的两个梁分别为一次静不定梁与二次静不定梁。

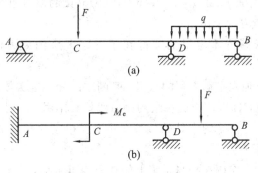

图 6-9

为了求解静不定梁，除需要列出静力平衡方程式外，还需要根据变形协调条件以及力与位移间的物理关系，建立补充方程，补充方程个数应与静不定次数相等，这样才能解出全部约束力。下面以图 6-10(a)为例，说明静不定梁的求解方法。

该梁具有一个多余约束，为一次静不定梁。如以 B 处支座作为多余约束，则相应的多余约束力为 F_B。

为了求解，假想地将支座 B 解除，而以约束力 F_B 代替其作用，于是得到一个承受集中力 F 和未知力 F_B 的静定悬臂梁 AB，如图 6-10(b)所示。多余约束解除后，所得受力与原静不定梁相同的静定梁，称为原静不定梁的相当系统。

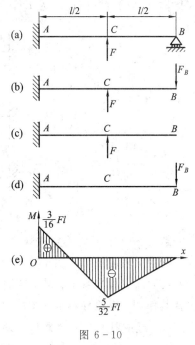

相当系统在载荷 F 与未知的多余反力 F_B 作用下发生变形，为了使其变形与原静不定梁相同，多余约束处的位移必须符合原静不定梁在该处的约束条件。在本例中，即要求相当系统横截面 B 的挠度为零，则图 6-10(b)与图 6-10(a)完全吻合。对于图 6-10(b)，要求其挠度为零的条件称为变形协调条件。必须强调指出，这一变形协调条件是针对承受给定载荷和未知多余约束力的相当系统写出的。

利用叠加法可求图 6-10(b)梁 B 点的挠度。

图 6-10

由 F 力单独作用时，如图 6-10(c)，B 点挠度记为 w_{BF}，由 F_B 力单独作用时，如图 6-10(d)，B 点挠度记为 w_{BF_B}，所以变形协调条件可写为

$$w_B = w_{BF} + w_{BF_B} = 0 \tag{a}$$

查表 6-1 得

$$w_{BF_B} = -\frac{F_B l^3}{3EI} \tag{b}$$

$$w_{BF} = \frac{F}{6EI}\left(\frac{l}{2}\right)^2\left(3l - \frac{l}{2}\right) = \frac{5Fl^3}{48EI} \tag{c}$$

将式(b)、(c)代入式(a)并求解,可得

$$-\frac{F_B l^3}{3EI} + \frac{5Fl^3}{48EI} = 0, \quad F_B = \frac{5}{16}F$$

F_B 取正号,表示实际 F_B 的方向与图 6-10(b)假设的方向相同。求出多余反力后,其余约束力即可由静平衡方程求出。

以上分析表明,求解静不定梁的关键在于确定多余约束力,其方法和步骤可概述如下:

(1) 根据约束力与独立平衡方程的数目,判断梁的静不定次数。

(2) 解除多余约束,并以相应的多余约束力代替其作用,得到原静不定梁的相当系统。

(3) 计算相当系统在多余约束处的位移,并根据相应的变形协调条件建立补充方程,由此即可求出多余约束力。

多余约束力确定后,作用在相当系统上的外力均可求出,由此即可通过相当系统计算静不定梁的内力、应力与位移。

例 6-8 一悬臂梁 AB,承受集中载荷 F 作用,因其刚度不够,用一短梁加固,两梁在 C 处的连接方式为铰链连接,如图 6-11(a)所示。试计算梁 AB 最大挠度的减少量。假设二梁横截面的抗弯刚度均为 EI。

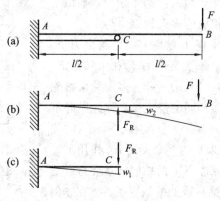

图 6-11

解 (1) 判断静不定次数。梁 AB 与梁 AC 均为静定梁,但由于在 C 处用铰链相连增加一约束,因而该结构属于一次超静定结构。

(2) 确定相当系统。选定铰链 C 为多余约束,解除多余约束,并以相应多余约束力 F_R 代替其作用,得原静不定结构的相当系统如图 6-11(b)、(c)所示。

(3) 建立补充方程并求解。设图 6-11(c)中 C 点的挠度为 w_1,设图 6-11(b)中 C 点的挠度为 w_2,两梁在 C 处的变形应协调,变形协调条件可写为

$$w_1 = w_2 \tag{a}$$

查表 6-1(1)可得

$$w_1 = -\frac{F_R(l/2)^3}{3EI} = -\frac{F_R l^3}{24EI} \tag{b}$$

查表 6-1(1)、(2),并利用叠加法可知

$$w_2 = \frac{(2F_R - 5F)l^3}{48EI} \tag{c}$$

将式(b)、(c)代入式(a),可得补充方程为

$$-\frac{F_R l^3}{24EI} = \frac{(2F_R - 5F)l^3}{48EI}$$

可解得

$$F_R = \frac{5}{4}F$$

(4) 刚度比较。未加固时,梁 AB 端点 B 的最大挠度为

$$\Delta = \frac{Fl^3}{3EI}$$

加固后该截面的挠度为

$$\Delta' = \frac{Fl^3}{3EI} - \frac{5F_R l^3}{48EI} = \frac{13Fl^3}{64EI}$$

后者仅为前者的 60.9%,可见经加固后 AB 梁的挠度显著降低。

例 6 - 9　求解图 6 - 12(a)所示 BC 杆的内力。已知载荷集度 q、尺寸 l、AB 梁的抗弯刚度 EI 和 BC 杆的抗拉(压)刚度 EA。

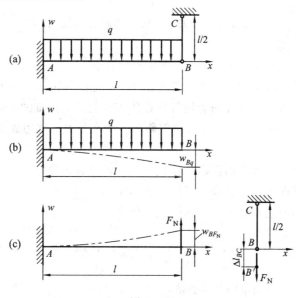

图 6 - 12

解　(1) 判断静不定次数。由图 6 - 12(a)可知,梁 AB 是一次静不定。

(2) 选择相当系统。选拉杆 BC 的轴力 F_N 作为多余约束力,这样,得出 AB 梁的相当系统为图 6 - 12(b)所示的悬臂梁。

(3) 建立补充方程并求解。载荷 q 在 B 点所引起的挠度为 w_{Bq},如图 6 - 12(b)所示;轴力 F_N 在 B 点所引起的挠度为 w_{BF_N},如图 6 - 12(c)所示,则 B 点的实际位移为

$$w_B = w_{Bq} + w_{BF_N}$$

查表 6 - 1 得

$$w_{Bq} = -\frac{ql^4}{8EI}, \quad w_{BF_N} = \frac{F_N l^3}{3EI}$$

故

$$w_B = -\frac{ql^4}{8EI} + \frac{F_N l^3}{3EI}$$

由于杆 BC 在拉力 F_N 作用下发生拉伸变形(见图 $6-12(c)$),其伸长量为

$$\Delta l_{BC} = \frac{F_N \frac{l}{2}}{EA}$$

可得补充方程为

即

$$-w_B = \Delta l_{BC}$$

$$\frac{ql^4}{8EI} - \frac{F_N l^3}{3EI} = \frac{F_N l}{2EA}$$

解之得 BC 杆的内力为

$$F_N = \frac{3Aql^3}{4(2Al^2 + 3I)} \quad (拉力)$$

思 考 题

6-1 何谓挠曲线?平面弯曲时,挠曲线有何特点?

6-2 何谓挠度?何谓转角?在小变形条件下,挠度与转角有何关系?

6-3 挠曲线近似微分方程的应用条件是什么?关于坐标轴的选取有何规定?

6-4 积分法求变形时,积分常数如何确定?什么是梁位移边界条件与挠曲线光滑连续条件?

6-5 叠加法计算梁变形的依据是什么?应满足什么条件?

6-6 如何按刚度要求合理设计梁?

6-7 何谓静不定梁?静不定梁的特点是什么?

习 题

本章习题中,如不特别说明,梁的抗弯刚度 EI 均为常量。

6-1 用积分法计算题 $6-1$ 图所示截面 B 的转角与梁的最大挠度。

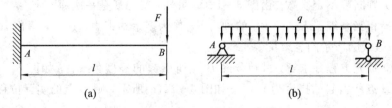

(a)   (b)

题 $6-1$ 图

6-2 用积分法计算题 $6-2$ 图所示各梁的变形时,分别要分几段积分?将出现几个积分常数?确定积分常数的条件如何?(图(b)中右端 B 端支承在弹簧上,弹簧刚度为 K。)

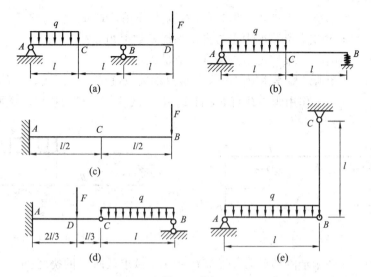

题 6-2 图

6-3 题 6-3 图所示各梁，试根据梁的弯矩图及约束条件画出梁挠曲线的大致形状。

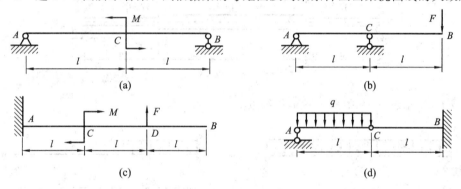

题 6-3 图

6-4 试用叠加法计算题 6-4 图所示各梁叠面 B 的转角与截面 C 的挠度。

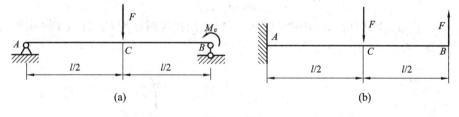

题 6-4 图

6-5 用叠加法求题 6-5 图所示外伸梁之外伸端截面 C 的挠度。

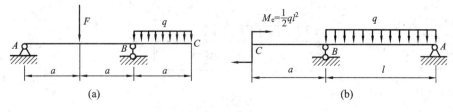

题 6-5 图

6-6　题 6-6 图所示外伸梁，两端承受载荷 F 作用，试问：

(1) 当 x/l 为何值时，梁跨度中点与自由端挠度数值相等？

(2) 当 x/l 为何值时，梁跨度中点挠度数值最大？

6-7　题 6-7 图所示横梁由梁 AC、CB 通过中间铰链 C 连接而成。在梁 CB 上作用有均布载荷 q，在梁 AC 上作用集中载荷 F，且 $F=ql$，试求截面 C 的挠度与截面 A 的转角。

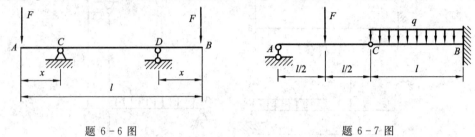

题 6-6 图　　　　　　　　　　　　题 6-7 图

6-8　题 6-8 图所示阶梯形梁，已知 $I_2=2I_1$，试求截面 C 的挠度。

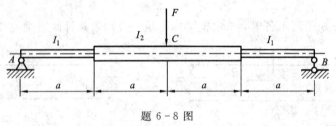

题 6-8 图

6-9　试求题 6-9 图所示各梁的约束力。

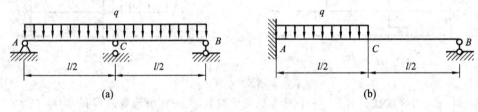

(a)　　　　　　　　　　　　　　　(b)

题 6-9 图

6-10　题 6-10 图所示结构中，已知梁 ABC 的抗弯刚度为 EI，杆 CD 的拉压刚度为 EA。试计算 CD 杆的轴力。

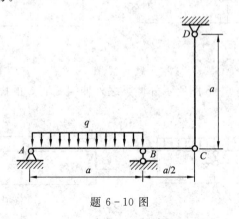

题 6-10 图

第7章　应力状态与强度理论

7.1　引　言

前几章中，分别讨论了杆件在轴向拉伸(压缩)、扭转和弯曲等基本变形形式下横截面上的应力，并根据横截面上的应力以及相应的试验结果，建立了只有正应力或只有切应力作用时的强度条件。例如：对于单向拉伸(压缩)杆件，以危险横截面上的正应力与材料在单向拉伸(压缩)时的许用应力相比较，建立了拉压强度条件；对于自由扭转构件，以危险横截面上的最大切应力与材料在扭转时的许用切应力相比较，建立了扭转强度条件；对于纯弯曲构件，以危险横截面上的最大正应力与材料单向拉伸(压缩)时的许用应力相比较，建立了弯曲强度条件。仅有这些理论，对于分析复杂强度问题是远远不够的。

例如，根据横截面上的应力，许多破坏现象不能得到合理解释，比如：

（1）不能解释为什么低碳钢试件拉伸到屈服时，表面会出现与轴线呈 45°夹角的滑移线；

（2）不能解释铸铁圆轴扭转时，为什么会沿 45°螺旋面破坏；

（3）不能解释铸铁压缩试验时，其断面为什么不像铸铁圆轴扭转破坏面那样呈粗糙颗粒状，而是呈错动光滑状。

又如，工程中除了基本变形之外，还会有更为复杂的变形形式。图 7-1(a)所示的飞机螺旋桨杆，在工作时同时承受轴向拉力与扭转外力偶矩，同时发生拉伸与扭转变形，横截面上既有正应力又有切应力；图 7-1(b)所示的内压容器，工作时同时承受轴向拉力与周向拉力的作用，除横截面有拉应力外，在纵截面上也存在拉应力。对于这些复杂变形问题，不可能在实验室中通过试验直接建立其强度条件。

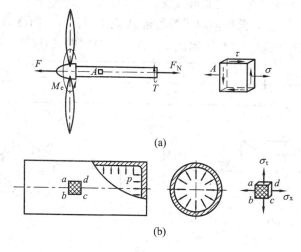

(a)

(b)

图 7-1

第 2 章中，除分析拉压杆横截面上的应力外，还对斜截面上的应力进行了分析，拉压杆斜截面上同时存在正应力与切应力，且正应力与切应力随斜截面方位不同而变化。一般情况下，任何杆件受力后不仅在横截面上产生应力，而且在斜截面上也会产生应力，正应力与切应力同时存在，且随截面方位不同而改变。要解决截面上正应力与切应力同时存在时的强度问题，就必须研究应力状态与强度理论。

1. 一点的应力状态与单元体

基本变形研究表明，杆件内不同位置的点，一般情况下具有不同的应力，一个点的应力是该点坐标位置的函数。然而就一点来说，通过这个点可以做无数个截面，在不同方位的截面上，该点处的应力也不同，即某点处的应力还随截面方位的不同而改变，是截面方位角的函数。例如，直杆轴向拉伸或压缩时斜截面上的应力就是截面倾角的函数，在杆件的横截面上，正应力取最大值，在与杆件轴线呈 45° 的斜面上，切应力取最大值。因此，凡提到"应力"，必须指明是哪个点在哪个方位上的应力。

构件受力后，构件某一点各个截面上的应力情况，统称为该点的应力状态。要解决一个构件的强度问题，就必须了解该构件内各点的应力状态，也就是了解构件内各点在不同截面上的应力情况，据此解决构件的强度问题。这就是研究应力状态的目的。

描述一点的应力状态，通常是围绕该点做一个三对面相互垂直的小六面体，当各边边长充分小时，六面体便趋于宏观上的点，这种六面体称为单元体。在单元体的每个表面上标出应力，由于单元体各边的长度趋于无限小，因此可以认为：① 单元体各面上的应力是均匀分布的；② 单元体任意一对平行截面上的应力大小相等，矢向相反。此时的单元体称为**应力单元体**，简称为**单元体**。

当单元体三对面上的应力已知时，即可用截面法和平衡条件求得过该点任意斜截面上的应力，这一过程称为应力状态分析。因此，通过单元体及其三对相互垂直面上的应力，就可以表征一点的应力状态。

受力构件上一点的单元体不是唯一的，在取单元体时，应尽量使其三对面上的应力容易确定。一般取三对面中的一对面为杆的横截面，另外两对面分别为垂直于横截面的纵向截面。

下面介绍基本变形时单元体的截取方法。

图 7-2 给出了直杆在轴向拉伸时表面附近 A 点的单元体。围绕 A 点，用一对相距很近的横截面、一对相距很近的水平纵向面及一对相距很近的竖直纵向面截取单元体，放大

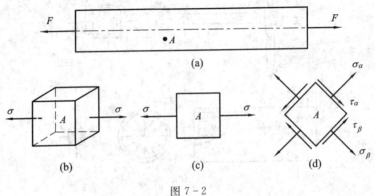

图 7-2

后如图 7-2(b)所示，前后、上下面上均无应力，可用平面图 7-2(c)表示，其中 $\sigma = \dfrac{F}{A}$。如果按照图 7-2(d)所示方式截取单元体，使其四个侧面与纸面垂直，但与杆轴线既不垂直也不平行，则这四个面为斜截面，其上同时存在正应力与切应力。所以，截取方位不同，单元体各面上的应力也随之不同。一般情况下，截取单元体时应以单元体表面应力容易确定为原则。

图 7-3 给出了圆轴在发生扭转变形时表面附近 A 点的单元体。围绕 A 点，用两个相距很近的横截面截出一薄圆盘，用两个同心圆柱面截出一薄圆环，再用过轴线的两个夹角很小的纵截面截出单元体，放大后如图 7-3(b)所示，前后面上没有应力，可用平面图 7-3(c)表示，其中最大扭转切应力可由第 3 章式(3-9)求得，即 $\tau = \dfrac{T}{W_{\mathrm{P}}} = \dfrac{M_{\mathrm{e}}}{W_{\mathrm{P}}}$。

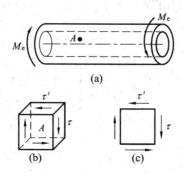

图 7-3

图 7-4 给出了矩形截面梁在弯曲时梁上任意一点 A 的单元体。围绕 A 点，用两个相距很近的横截面、两个竖直方向相距很近的纵截面、两个水平方向相距很近的纵截面截取单元体 A，放大后如图 7-4(b)所示。由于前后面上没有应力，因此可用平面图 7-4(c)表示，其中正应力、切应力可由第 5 章式(5-2)和式(5-9)求得，即 $\sigma = \dfrac{My}{I_z}$，$\tau = \dfrac{F_S S_z^*}{I_z b}$。

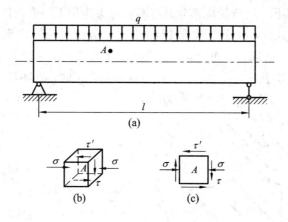

图 7-4

对于复杂变形，可采用与基本变形相类似的方法截取单元体，如飞机螺旋桨拉杆上一点的单元体如图 7-1(a)所示，内压薄壁容器外表面附近一点的单元体如图 7-1(b)所示。

2. 主平面、主应力、主单元体

理论分析表明，在构件内任一点总可以取出一个特殊的单元体，其三个相互垂直的面上均无切应力，这种切应力为零的截面称为**主平面**，主平面上的正应力称为**主应力**。这种特殊的单元体称为**主单元体**。主单元体上三个主应力按代数值大小排序，有 $\sigma_1 \geqslant \sigma_2 \geqslant \sigma_3$，$\sigma_1$、$\sigma_2$、$\sigma_3$ 分别称为第一、第二和第三主应力。一般来说，受力构件上的任意点都可以找到对应的主单元体，因而每一点都有三个主应力。

3. 应力状态的分类

按照主应力是否为零，可以对应力状态进行分类，如图 7-5 所示。若三个主应力中只有一个不等于零，则这种应力状态称为单向应力状态，如图 7-5(a)所示；若三个主应力中有两个不等于零，则这种应力状态称为二向应力状态，如图 7-5(b)所示；若三个主应力均不为零，则这种应力状态称为三向应力状态，如图 7-5(c)所示。

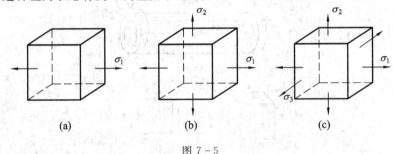

图 7-5

单向应力状态又称为**简单应力状态**，二向应力状态又称为**平面应力状态**，二向和三向应力状态统称为**复杂应力状态**。

轴向拉伸时，杆件内每一点均处于单向应力状态，如图 7-2(b)所示；梁弯曲时上下边缘各点也处于单向应力状态；蒸汽锅炉等其他圆筒形薄壁容器在内压 p 作用下，筒壁外表面上各点均处于二向应力状态，如图 7-1(b)所示，受扭圆轴上各点的应力状态也属于二向应力状态；铁路钢轨顶部和火车车轮是在很小的范围内互相接触，钢轨受到车轮的压力作用，如图 7-6(a)所示，钢轨受压部分的材料在压力作用下将有向四处扩张的趋势，而周围的材料阻止其向外扩张，故受到周围材料的压力。如果从钢轨的压力中心，沿着平行及垂直于钢轨轴线方向，截取一个单元体，单元体上将受到三个主应力 σ_1、σ_2、σ_3 作用，这样钢轨与车轮的接触点处于三向应力状态，在滚珠轴承工作时，外环与滚珠的接触点 A 同样也处于三向应力状态，如图 7-6(b)、(c)所示。

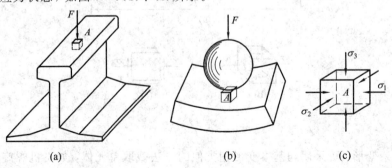

图 7-6

7.2　平面应力状态分析的解析法

1. 平面应力状态下单元体斜截面上的应力

分析方法：用一个假想的平面将单元体从所考察的斜面处截开，分为两部分，考察其中任意一部分的平衡，由平衡条件可求得该斜截面上的正应力和切应力。这就是截面法，是分析单元体斜截面上应力的基本方法。

公式推导：设单元体处于平面应力状态（见图 7 - 7(a)），图 7 - 7(b) 是单元体的正投影。已知：σ_x、σ_y、τ_{xy}、τ_{yx}，斜面方位角为 α。求斜面 α 上的正应力 σ_α 和切应力 τ_α。

应力正负号规定：规定正应力拉为正，压为负；切应力对单元体内任意点的矩为顺时针转向时切应力为正，反之为负；斜面方位角 α 从 x 正向转到斜截面外法线，逆时针为正，顺时针为负。按照上述规定，在图 7 - 7(b) 中，σ_x、σ_y、τ_{xy} 和 α 都取正值，而 τ_{yx} 取负值。

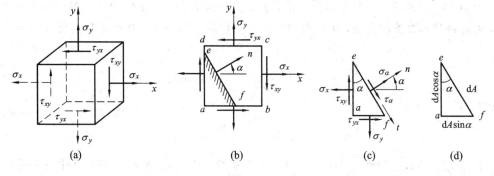

图 7 - 7

应力符号角标的含义：σ_x、σ_y 分别表示法线与 x、y 轴平行的面上的正应力；切应力 τ_{xy} 第一个角标表示切应力作用面的外法线方向，第二个角标表示切应力的方向平行于 y 轴。

用平面将单元体沿 ef 面（截面 ef 平行于 z 轴）截开，保留 eaf 部分，如图 7 - 7(c) 所示。设 ef 面的面积是 dA，则 af、ae 面的面积分别是 $dA \sin\alpha$ 和 $dA \cos\alpha$（见图 7 - 7(d)）。列出三棱柱单元 eaf 的静平衡方程：

由 $\sum F_n = 0$ 得

$$\sigma_\alpha dA + (\tau_{xy} dA \cos\alpha)\sin\alpha - (\sigma_x dA \cos\alpha)\cos\alpha + (\tau_{yx} dA \sin\alpha)\cos\alpha - (\sigma_y dA \sin\alpha)\sin\alpha = 0$$

由 $\sum F_t = 0$ 得

$$\tau_\alpha dA - (\tau_{xy} dA \cos\alpha)\cos\alpha - (\sigma_x dA \cos\alpha)\sin\alpha + (\tau_{yx} dA \sin\alpha)\sin\alpha + (\sigma_y dA \sin\alpha)\cos\alpha = 0$$

根据切应力互等定理，τ_{yx} 和 τ_{xy} 在数值上相等，代入上面两式可求得

$$\sigma_\alpha = \sigma_x \cos^2\alpha + \sigma_y \sin^2\alpha - 2\tau_{xy} \sin\alpha \cos\alpha$$

$$= \frac{\sigma_x + \sigma_y}{2} + \frac{\sigma_x - \sigma_y}{2} \cos2\alpha - \tau_{xy} \sin2\alpha \tag{7-1}$$

$$\tau_\alpha = \sigma_x \sin\alpha\cos\alpha - \sigma_y \sin\alpha \cos\alpha + \tau_{xy}(\cos^2\alpha - \sin^2\alpha)$$

$$= \frac{\sigma_x - \sigma_y}{2}\sin2\alpha + \tau_{xy} \cos2\alpha \tag{7-2}$$

式(7-1)、式(7-2)即为平面应力状态时任意斜截面上正应力和切应力的计算公式。它适用于所有平面应力状态，包括单向、纯剪切等特殊的平面应力状态。

需要注意的是：式(7-1)、式(7-2)的推导是按图7-7(b)所示的 σ_x、σ_y、τ_{xy} 和 α 的方向进行的，所以在应用这两个公式时，一定要遵循应力及 α 角的正负规定，这四个量都应该以具体的代数值代入公式进行计算。

如果用 $\alpha+90°$ 代替式(7-1)中的 α，则

$$\sigma_{\alpha+90°} = \frac{\sigma_x + \sigma_y}{2} - \frac{\sigma_x - \sigma_y}{2}\cos2\alpha + \tau_{xy}\sin2\alpha$$

从而有

$$\sigma_\alpha + \sigma_{\alpha+90°} = \sigma_x + \sigma_y$$

可见，在平面应力状态下，一点处与 z 轴平行的两相互垂直面上的正应力的代数和是一个不变量。

2. 主平面和主应力

从式(7-1)和式(7-2)中可以看出，斜截面上的正应力和切应力都是斜面倾角 α 的函数，通过函数求极值的方法，可以得到正应力和切应力的极值，并确定它们所在平面的位置。令

$$\frac{d\sigma_\alpha}{d\alpha} = -2\left(\frac{\sigma_x - \sigma_y}{2}\sin2\alpha + \tau_{xy}\cos2\alpha\right) = 0 \tag{a}$$

可以得到

$$\tan2\alpha_0 = -\frac{2\tau_{xy}}{\sigma_x - \sigma_y} \tag{7-3}$$

因为正切函数的周期为 $180°$，所以满足上式的角度为 α_0 和 $\alpha_0+90°$，其中一个是最大正应力所在的平面，另一个是最小正应力所在的平面。比较式(a)和式(7-2)可以看出：正应力的极大值和极小值对应的平面恰好是切应力为零的平面，即该平面是主平面。所以，主应力就是最大或最小的正应力，这也证明了主平面是相互垂直的。

结论：在切应力为零的平面上正应力取极大值和极小值，即最大正应力和最小正应力就是主应力，所在的平面为主平面。

从式(7-3)中求出 $\sin2\alpha_0$ 和 $\cos2\alpha_0$ 后，将其代入式(7-1)，就可以求出最大和最小的正应力为

$$\left.\begin{array}{c}\sigma_{max}\\\sigma_{min}\end{array}\right\} = \frac{\sigma_x + \sigma_y}{2} \pm \sqrt{\left(\frac{\sigma_x - \sigma_y}{2}\right)^2 + \tau_{xy}^2} \tag{7-4}$$

在 α_0、$\alpha_0+90°$ 所确定的两个互相垂直的平面中，究竟哪个平面上是 σ_{max}，哪个平面上是 σ_{min} 呢？这个问题的判别方法有许多种，这里仅介绍其中一种。

为了判定 σ_{max} 和 σ_{min} 与 α_0 和 $\alpha_0+90°$ 的对应关系，需研究 σ_α 对 α 的二阶导数。求出 $\frac{d^2\sigma_\alpha}{d\alpha^2}$，将满足式(7-3)的 α_0 值代入后发现：当 $\sigma_x > \sigma_y$ 时，在 $|\alpha_0| < \frac{\pi}{4}$ 所对应主平面上的正应力是 σ_{max}；而当 $\sigma_x < \sigma_y$ 时，在 $|\alpha_0| < \frac{\pi}{4}$ 所对应主平面上的正应力是 σ_{min}；当 $\sigma_x = \sigma_y$ 时，如果 τ_{xy} 有使单元体顺时针转动的趋势，则 σ_{max} 指向为从 σ_x 所在的 x 轴正向沿顺时针转过 $45°$；

如果 τ_{xy} 有使单元体逆时针转动的趋势，则 σ_{max} 指向为从 σ_x 所在的 x 轴正向沿逆时针转过 $45°$。

式 $(7-4)$ 是计算单元体主应力大小的公式，单元体的三个主应力可按下述规则排序：

(1) 若 $\sigma_{max}>0$，$\sigma_{min}<0$，则 $\sigma_1=\sigma_{max}$，$\sigma_2=0$，$\sigma_3=\sigma_{min}$。

(2) 若 $\sigma_{max}>0$，$\sigma_{min}>0$，则 $\sigma_1=\sigma_{max}$，$\sigma_2=\sigma_{min}$，$\sigma_3=0$。

(3) 若 $\sigma_{max}<0$，$\sigma_{min}<0$，则 $\sigma_1=0$，$\sigma_2=\sigma_{max}$，$\sigma_3=\sigma_{min}$。

3. 最大和最小切应力

用完全相同的求函数极值方法，由式 $(7-2)$ 可以求出切应力的最大值和最小值为

$$\left.\begin{array}{c}\tau_{max}\\\tau_{min}\end{array}\right\}=\pm\sqrt{\left(\frac{\sigma_x-\sigma_y}{2}\right)^2+\tau_{xy}^2}=\pm\frac{\sigma_{max}-\sigma_{min}}{2} \tag{7-5}$$

对应的平面倾角为

$$\tan2\alpha_1=\frac{\sigma_x-\sigma_y}{2\tau_{xy}} \tag{7-6}$$

由式 $(7-6)$ 可以求出两个相差 $90°$ 的平面，分别对应最大和最小切应力。比较式 $(7-3)$ 和式 $(7-6)$ 可以看出：$2\alpha_1=2\alpha_0+90°$，$\alpha_1=\alpha_0+45°$，即最大和最小切应力所在平面与主平面的夹角为 $45°$。

从式 $(7-5)$ 可知：斜截面上切应力极值的绝对值，等于该点处两个正应力极值差的绝对值的一半。需要特别指出的是，式 $(7-5)$ 所求出的最大切应力，只是垂直于 xy 平面的斜截面上的切应力之最大值，它不一定是过一点的所有斜截面上的切应力之最大值。

还要指出，最大切应力所在平面上的正应力一般情况下都不等于零，通常用 σ_n 表示，如果将 α_1 和 $\alpha_1+90°$ 分别代入式 $(7-1)$，经过计算就可以得到这两个面上的正应力恒为

$$\sigma_n=\frac{\sigma_{max}+\sigma_{min}}{2}$$

由式 $(7-6)$ 可得 $(\sigma_x-\sigma_y)\cos2\alpha_1-2\tau_{xy}\sin2\alpha_1=0$，代入式 $(7-1)$ 第一式得

$$\sigma_{\alpha_1}=\sigma_{\alpha_1+90°}=\frac{\sigma_x+\sigma_y}{2}$$

可见在 τ_α 极值作用面上的正应力相等，且为 σ_x、σ_y 的平均值。

例 7-1　分析轴向拉伸杆件的最大切应力的作用面，说明低碳钢拉伸时发生屈服的主要原因。

解　轴向拉伸时，杆件上任意一点的应力状态为单向应力状态，如图 7-1 所示。$\sigma_x=\sigma$，$\sigma_y=0$，$\tau_{xy}=0$。根据式 $(7-1)$、式 $(7-2)$ 求出，任意斜截面上的应力为：$\sigma_\alpha=\frac{\sigma}{2}+\frac{\sigma}{2}\cos2\alpha$，$\tau_\alpha=\frac{\sigma}{2}\sin2\alpha$。可见，当 $\alpha=45°$ 时，切应力 τ_α 取最大值 $\tau_{max}=\frac{\sigma}{2}$。或者直接根据式 $(7-5)$ 求出：$\tau_{max}=\frac{\sigma_{max}-\sigma_{min}}{2}=\frac{\sigma-0}{2}=\frac{\sigma}{2}$。

这表明最大切应力发生在与轴线呈 $45°$ 夹角的斜面上，这正是屈服时试件表面出现滑移线的方向。因此可以认为低碳钢的拉伸屈服是由最大切应力引起的。

例 7-2 受力构件上某点的应力状态如图 7-8 所示。

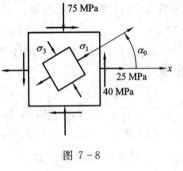

图 7-8

(1) 求 45°斜截面上的应力；

(2) 求主应力并确定主平面；

(3) 求最大切应力。

解 根据应力的正负规定可以看出：$\sigma_x = 25$ MPa，$\sigma_y = -75$ MPa，$\tau_{xy} = -40$ MPa。

(1) 45°斜截面上的应力：

$$\sigma_{45°} = \frac{\sigma_x + \sigma_y}{2} + \frac{\sigma_x - \sigma_y}{2}\cos 2\alpha - \tau_{xy}\sin 2\alpha$$

$$= \frac{25 + (-75)}{2} + \frac{25 - (-75)}{2}\cos 90° - (-40)\sin 90°$$

$$= 15 \text{ MPa}$$

$$\tau_{45°} = \frac{\sigma_x - \sigma_y}{2}\sin 2\alpha + \tau_{xy}\cos 2\alpha$$

$$= \frac{25 - (-75)}{2}\sin 90° + (-40)\cos 90°$$

$$= 50 \text{ MPa}$$

(2) 主应力：

$$\left.\begin{array}{r}\sigma_{\max} \\ \sigma_{\min}\end{array}\right\} = \frac{\sigma_x + \sigma_y}{2} \pm \sqrt{\left(\frac{\sigma_x - \sigma_y}{2}\right)^2 + \tau_{xy}^2}$$

$$= \frac{25 + (-75)}{2} \pm \sqrt{\left(\frac{25 - (-75)}{2}\right)^2 + (-40)^2} \approx \left\{\begin{array}{l}39 \text{ MPa} \\ -89 \text{ MPa}\end{array}\right.$$

所以　　　　　　　　$\sigma_1 = 39$ MPa，$\sigma_2 = 0$，$\sigma_3 = -89$ MPa

$$\tan 2\alpha_0 = -\frac{2\tau_{xy}}{\sigma_x - \sigma_y} = -\frac{2 \times (-40)}{25 - (-75)} = 0.8$$

解得 $2\alpha_0 = 38.66°$，$\alpha_0 = 19.33°$。

因为 $\sigma_x > \sigma_y$，在 $|\alpha_0| < \frac{\pi}{4}$ 所对应主平面上的正应力是 $\sigma_{\max}$，由此作出主应力单元体，如图 7-8 所示。

(3) 最大切应力：

$$\tau_{\max} = \frac{\sigma_{\max} - \sigma_{\min}}{2} = \frac{39 - (-89)}{2} = 64 \text{ MPa}$$

7.3　平面应力状态分析的几何法——应力圆

1. 应力圆的概念

由上一节平面应力状态分析的解析法可知，平面应力状态下，斜截面上的应力可由式 (7-1)、式(7-2)来确定，它们皆为 α 的函数。将 α 看作参数，为消去 α，将两式改写成

$$\sigma_\alpha - \frac{\sigma_x + \sigma_y}{2} = \frac{\sigma_x - \sigma_y}{2}\cos2\alpha - \tau_{xy}\sin2\alpha$$

$$\tau_\alpha = \frac{\sigma_x - \sigma_y}{2}\sin2\alpha + \tau_{xy}\cos2\alpha$$

将两式等号两边平方，然后再相加，得

$$\left(\sigma_\alpha - \frac{\sigma_x + \sigma_y}{2}\right)^2 + \tau_\alpha^2 = \left(\frac{\sigma_x - \sigma_y}{2}\right)^2 + \tau_{xy}^2$$

上式中，σ_x、σ_y 和 τ_{xy} 皆为已知量，若建立一个坐标系：横坐标轴为 σ 轴，纵坐标轴为 τ 轴，则上式是一个以 σ_α 和 τ_α 为变量的圆方程。圆心的横坐标为 $\frac{1}{2}(\sigma_x + \sigma_y)$，纵坐标为零，圆的半径为 $\sqrt{\left(\dfrac{\sigma_x - \sigma_y}{2}\right)^2 + \tau_{xy}^2}$。这个圆称作**应力圆**，亦称**莫尔(Mohr)圆**。这种应力分析方法是 1895 年由德国科学家 O. Mohr 建议采用的。

2. 应力圆的绘制

利用上述圆心和半径画应力圆不是很方便。现以图 7-9(a)所示平面应力状态为例来说明一种简便的应力圆绘制方法。

(1) 建立应力坐标系 $\sigma - \tau$，如图 7-9(b)所示。

(2) 根据已知应力 σ_x、σ_y、τ_{xy} 的大小，选取适当比例尺，在 $\sigma - \tau$ 坐标系内画出点 $A(\sigma_x, \tau_{xy})$ 和 $B(\sigma_y, \tau_{yx})$。

(3) AB 与 σ 轴的交点 C 便是圆心。

(4) 以 C 为圆心，以 AC 为半径画圆，如图 7-9(b)所示。

因为 C 点的坐标为

$$OC = OE + EC = OE + \frac{1}{2}(OG - OE) = \frac{1}{2}(OE + OG) = \frac{\sigma_x + \sigma_y}{2}$$

半径为

$$AC = \sqrt{(CG)^2 + (AG)^2} = \sqrt{\left(\frac{\sigma_x - \sigma_y}{2}\right)^2 + \tau_{xy}^2}$$

所以，这一圆周就是上面所提到的应力圆。

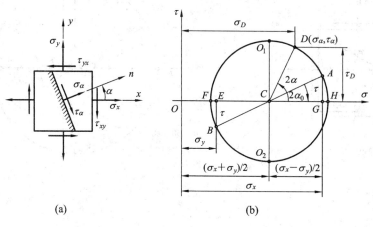

(a)　　　　　　　　　　　(b)

图 7-9

3. 单元体中面上应力与应力圆上点的坐标的对应关系

从图 7-9(a)和 7-9(b)可以看出，在单元体上相差 90°的 x 和 y 两个面上的应力代数值正好与应力圆上相差 180°的两个点 A 和 B 的坐标值相对应，由此可以证明应力圆上的点与平面应力状态任意斜截面上的应力有如下对应关系：

（1）点面对应：应力圆上某一点的坐标值对应单元体某一方位面上的正应力和切应力值。如图 7-9(b)上的 D 点的坐标即为斜截面 α 面的正应力和切应力。

（2）转向对应：应力圆半径旋转时，半径端点的坐标随之改变，对应地，斜截面外法线亦沿相同方向旋转，才能保证某一方向面上的应力与应力圆上半径端点的坐标相对应。

（3）二倍角对应：应力圆上半径转过的角度，等于斜截面外法线旋转角度的 2 倍。因为，在单元体中，外法线与 x 轴间夹角相差 180°的两个面是同一截面，而应力圆中圆心角相差 360°时才能为同一点。

4. 应力圆的应用

（1）应用应力圆能够确定任意斜截面上应力的大小和方向。如果欲求 α 面上的应力 σ_α 及 τ_α，则可从与 x 面对应的 A 点开始沿应力圆圆周逆时针方向转 2α 圆心角至 D 点（见图 7-9(b)），这时 D 点的坐标便同外法线与 x 轴成 α 角的面上的应力对应。

（2）确定主应力的大小和方位。应力圆与 σ 轴的交点 F 和 H（见图 7-9(b)），其纵坐标（即切应力）为零，因此，对应的正应力便是平面应力状态的两个正应力极值。注意：在图 7-9 所示情况中，因 $\sigma_{\max} > \sigma_{\min} > 0$，所以用单元体主应力 σ_1、σ_2 表示，这时的 σ_3 应为零。半径由 A 点转到 H 点的圆心角的一半就是主应力 σ_1 所在斜面与 x 面的夹角，半径由 A 点转到 F 点的圆心角的一半就是主应力 σ_2 所在斜面与 x 面的夹角。

（3）确定极值剪应力及其作用面。由图 7-9(b)不难看出，应力圆上的 O_1、O_2 两点，是与切应力极值面（α_1 面和 $\alpha_1 + 90°$ 面）上的应力对应的。可以看出：正应力极值面与切应力极值面互成 45°夹角。

例 7-3 如图 7-10(a)所示单元体，试用应力圆求：① $\alpha = 30°$ 斜截面上的应力；② 主应力及其方位；③ 极值切应力（图中应力单位为 MPa）。

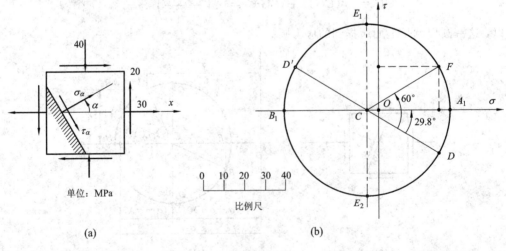

图 7-10

解　选定比例尺，在 σ-τ 坐标系中，以 x 面上的应力定出 D 点 $(30,-20)$，以 y 面上的应力定出 D' 点 $(-40,20)$。连接 D 和 D' 两点，交 σ 轴于 C 点。以 C 点为圆心，以 CD 为半径做出的圆就是应力圆，如图 7-10(b) 所示。

(1) 确定 $\alpha=30°$ 斜截面上的应力。在应力圆上从半径 CD 按逆时针转向转动 $60°$ 来确定 F 点。按选定的比例尺量得此点的坐标后得知，$\sigma_{30°}=30$ MPa，$\tau_{30°}=20$ MPa。

(2) 按选定的比例尺量取 A_1、B_1 点的坐标即得

$$\sigma_1 = 35.2 \text{ MPa}, \quad \sigma_3 = -45.2 \text{ MPa}$$

另一个主应力 $\sigma_2=0$。在应力圆上由 D 到 A_1 为逆时针转向，且 $\angle DCA_1=2\alpha_0=29.8°$，所以在单元体中从 x 方向以逆时针转向量取 $\alpha_0=14.9°$，确定 σ_1 所在主平面的法线。

(3) 按选定的比例尺量取 E_1、E_2 点的纵坐标即得

$$\left.\begin{array}{r}\tau_{\max}\\[4pt]\tau_{\min}\end{array}\right\}=\pm\,40.2 \text{ MPa}$$

讨论：建议读者利用解析法自行对本题进行计算，并与应力圆法进行比较分析。

例 7-4　讨论圆轴扭转时的应力状态，并分析低碳钢和铸铁试样受扭时的破坏现象。

解　(1) 画出危险点应力单元体。从扭转试件表面任一点 D 处截取应力单元体，单元体各表面上的应力如图 7-11(a) 所示，$\sigma_x=\sigma_y=0$，$\tau_{xy}=\tau=T/W_P$。此应力单元体所表示的应力状态是平面应力状态的一个特例，也就是第三章所述的纯剪切应力状态。

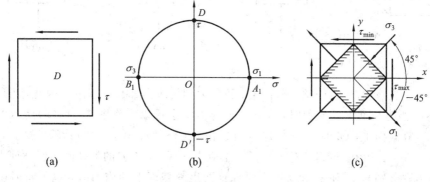

图 7-11

(2) 画出应力圆。选定比例尺，在 σ-τ 坐标系中，以 x 面上的应力定出 D 点 $(0,\tau)$，以 y 面上的应力定出 D' 点 $(0,-\tau)$。连接 D 和 D' 两点，交 σ 轴于 O 点。以 O 点为圆心，OD 为半径作出的圆就是应力圆，如图 7-11(b) 所示。

(3) 求主应力大小和方位。从应力圆可以看出，$\sigma_1=\tau$，$\sigma_3=-\tau$，另一个主应力 $\sigma_2=0$。在应力圆上由 D 到 A_1 为顺时针转向，且 $\angle DOA_1=2\alpha_0=90°$，所以在单元体中从 x 方向以顺时针转向量取 $\alpha_0=45°$，确定 σ_1 所在主平面的法线。在应力圆上由 D 到 B_1 为逆时针转向，且 $\angle DOB_1=90°$，所以在单元体中从 x 方向以逆时针转向量取 $\alpha_0=45°$，确定 σ_3 所在主平面的法线。根据以上分析可知，纯剪切的两个主应力的绝对值相等，都等于切应力 τ，但一个是拉应力，一个是压应力。作出主应力单元体如图 7-11(c) 所示。

(4) 求切应力大小和方位。从应力圆可以看出，$\tau_{\max}=\tau$，发生在横截面上；$\tau_{\min}=-\tau$，发生在水平纵截面上。

(5) 分析扭转试件的破坏原因。由于一点处的应力状态与试件的材料无关，故低碳钢

和铸铁试件在任一点处的最大应力都可以根据图 7-11(c)来分析。扭转试验时，低碳钢试件沿横截面破坏，这正好是 τ_{max} 所在平面，可见是被剪断的。因为 $\tau_{max}=\sigma_{max}$，所以说明低碳钢的抗剪能力低于其抗拉能力。铸铁试件是沿着与轴线约成 $\alpha_0=45°$ 的螺旋面破坏的，这正好是 σ_{max} 所在平面，可见是被拉断的。由于 $\sigma_{max}=\tau_{max}$，因此说明铸铁的抗拉能力低于其抗剪能力。

讨论：读者也可以利用解析法很方便地求出主应力和最大切应力的数值。

7.4　三向应力状态下的最大应力

1. 三向应力圆

设受力构件上的某点处于三向应力状态，其主应力单元体如图 7-12(a)所示。可以将这种应力状态分解为三种平面应力状态，分析平行于三个主应力的三组特殊方位面上的应力。

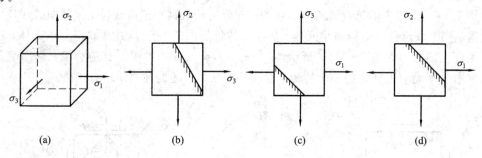

图 7-12

在平行于主应力 σ_1 的任意斜截面上，正应力和切应力都与 σ_1 无关。因此，当研究平行于 σ_1 的这一组方位面上的应力时，所研究的应力状态可以看作图 7-12(b)所示的平面应力状态，其斜截面上的正应力和切应力可以由式(7-1)、式(7-2)计算。这时，式中的 $\sigma_x=\sigma_3$，$\sigma_y=\sigma_2$，$\tau_{xy}=0$。同理，对于平行于主应力 σ_2 和 σ_3 方向的另外两组斜截面上的正应力和切应力则分别与 σ_2 和 σ_3 无关。当研究这两组斜截面上的应力时，也可将所研究的应力状态看作如图 7-12(c)、(d)所示的平面应力状态。其斜截面上的应力同样可以由式(7-1)、式(7-2)计算。

可以利用平面应力圆的绘制方法分别画出由 σ_2 和 σ_3、σ_1 和 σ_3、σ_1 和 σ_2 所决定的应力圆，这三个应力圆如图 7-13 所示，称为**三向应力圆**。用弹性力学方法可以证明，对于与三个主应力都不平行的任意斜截面上的正应力和切应力，它们在 $\sigma-\tau$ 平面的对应点 (σ_n, τ_n) 必位于上述三向应力圆所构成的阴影区域内。

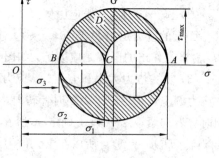

图 7-13

2. 最大应力

综上所述，在 $\sigma-\tau$ 平面内，代表任意斜截面的应力的点或位于应力圆上，或位于由三个应力圆所构成的阴影区域内。

由图 7 - 12 可知，在三向应力状态下，最大和最小正应力分别为最大和最小主应力，即

$$\sigma_{\max} = \sigma_1, \quad \sigma_{\min} = \sigma_3 \qquad (7 - 7)$$

而最大切应力为

$$\tau_{\max} = \frac{\sigma_1 - \sigma_3}{2} \qquad (7 - 8)$$

最大切应力位于 σ_1 和 σ_3 均成 45°的截面上。

式(7 - 7)、式(7 - 8)也适用于三向应力状态的两种特殊情况：二向应力状态及单向应力状态。

由图 7 - 12 还可以看出，分别平行于 σ_1、σ_2 和 σ_3 三组斜截面上的最大切应力为

$$\tau_{1\max} = \frac{\sigma_2 - \sigma_3}{2}, \quad \tau_{2\max} = \frac{\sigma_1 - \sigma_3}{2}, \quad \tau_{3\max} = \frac{\sigma_1 - \sigma_2}{2} \qquad (7 - 9)$$

过一点的所有斜截面上的切应力之最大值就是上述三个切应力中的最大值，即 $\tau_{\max} = (\sigma_1 - \sigma_3)/2$。

平面应力状态是三向应力状态的特殊情况，因此计算最大切应力时应该在三向应力状态下考虑，即应该根据式(7 - 8)来计算。

例 7 - 5 受力构件上某点的应力状态如图 7 - 14(a)所示，应力单位是 MPa。

(1) 求主应力。

(2) 求最大切应力。

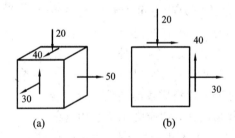

图 7 - 14

解 (1) 主应力。这是一个三向应力状态，可以看出左、右面就是一对主平面，对应的正应力 $\sigma' = 50$ MPa 就是一个主应力。其余的应力构成一个平面应力状态，左视图如图 7 - 14(b)所示。根据应力的正负规定可以看出：$\sigma_x = 30$ MPa，$\sigma_y = -20$ MPa，$\tau_{xy} = -40$ MPa。

$$\left.\begin{matrix} \sigma_{\max} \\ \sigma_{\min} \end{matrix}\right\} = \frac{\sigma_x + \sigma_y}{2} \pm \sqrt{\left(\frac{\sigma_x - \sigma_y}{2}\right)^2 + \tau_{xy}^2}$$

$$= \frac{30 + (-20)}{2} \pm \sqrt{\left(\frac{30 - (-20)}{2}\right)^2 + (-40)^2}$$

$$\approx \begin{cases} 52.2 \text{ MPa} \\ -42.2 \text{ MPa} \end{cases}$$

$$\sigma_1 = 52.2 \text{ MPa}, \quad \sigma_2 = 50 \text{ MPa}, \quad \sigma_3 = -42.2 \text{ MPa}$$

(2) 最大切应力。

$$\tau_{\max} = \frac{\sigma_1 - \sigma_3}{2} = \frac{52.2 - (-42.2)}{2} = 47.2 \text{ MPa}$$

7.5　广义胡克定律

1. 广义胡克定律

前几章介绍了轴向拉伸或压缩和纯剪切时的胡克定律。

轴向拉压时:

$$\sigma = E\varepsilon \quad \text{或} \quad \varepsilon = \frac{\sigma}{E} \tag{a}$$

横向线应变为

$$\varepsilon' = -\mu\varepsilon = -\mu\frac{\sigma}{E} \tag{b}$$

纯剪切时:

$$\tau = G\gamma \quad \text{或} \quad \gamma = \frac{\tau}{G} \tag{c}$$

现在介绍复杂应力状态下应力和应变之间的关系。设受力构件上某点处于三向应力状态,它的应力单元体如图 7-15 所示。单元体各面上将作用有正应力 σ_x、σ_y、σ_z 和切应力 $\tau_{xy}=\tau_{yx}$、$\tau_{yz}=\tau_{zy}$、$\tau_{zx}=\tau_{xz}$,九个应力分量中有六个量是独立的。这种复杂应力状态可以看成是三组单向应力状态和三组纯剪切应力状态的组合,单元体除了沿 x、y 及 z 方向产生线应变 ε_x、ε_y 及 ε_z 外,还在三个坐标面 xy、yz、zx 内产生切应变 γ_{xy}、γ_{yz} 及 γ_{zx}。

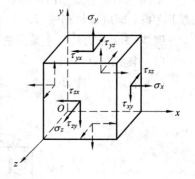

图 7-15

理论及实验均表明,对于连续均质各向同性小变形线弹性材料,正应力不会引起切应变,切应力也不会引起线应变,而且切应力引起的切应变互不耦合。于是,就可以利用(a)、(b)、(c)三式求出各应力分量各自对应的应变,然后再进行叠加。例如,σ_x、σ_y 和 σ_z 分别单独作用时在 x 方向引起的线应变分别为 σ_x/E、$-\mu(\sigma_y/E)$和$-\mu(\sigma_z/E)$,将这三项叠加即得:$\varepsilon_x=[\sigma_x-\mu(\sigma_y+\sigma_z)]/E$,同理可以求出 ε_y 和 ε_z。经整理后即得

$$\left.\begin{aligned}
\varepsilon_x &= \frac{1}{E}[\sigma_x - \mu(\sigma_y + \sigma_z)] \\
\varepsilon_y &= \frac{1}{E}[\sigma_y - \mu(\sigma_z + \sigma_x)] \\
\varepsilon_z &= \frac{1}{E}[\sigma_z - \mu(\sigma_x + \sigma_y)]
\end{aligned}\right\} \tag{7-10}$$

对于切应变和切应力之间的关系,仍然是式(c)所表示的关系,且与正应力分量无关。由此可得,在 xy、yz 和 zx 三个平面内的切应变分量为

$$\gamma_{xy} = \frac{\tau_{xy}}{G}, \quad \gamma_{yz} = \frac{\tau_{yz}}{G}, \quad \gamma_{zx} = \frac{\tau_{zx}}{G} \tag{7-11}$$

式(7-10)、式(7-11)称为**广义胡克定律**。

如果单元体处于平面应力状态，即有 $\sigma_z = 0$，如图 7-16 所示，可得二向应力状态下应变与应力之间的关系式：

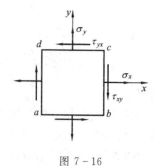

$$
\left.
\begin{aligned}
\varepsilon_x &= \frac{1}{E}(\sigma_x - \mu\sigma_y) \\
\varepsilon_y &= \frac{1}{E}(\sigma_y - \mu\sigma_x) \\
\gamma_{xy} &= \frac{1}{G}\tau_{xy}
\end{aligned}
\right\}
\tag{7-12}
$$

式(7-12)称为二向应力状态下的胡克定律。

图 7-16

2. 主应变与主应力的关系

当单元体的周围六个面都是主平面时，取 x、y、z 的方向分别与 σ_1、σ_2 和 σ_3 三个主应力的方向一致，这时有：$\sigma_x = \sigma_1$，$\sigma_y = \sigma_2$，$\sigma_z = \sigma_3$；$\tau_{xy} = 0$，$\tau_{yz} = 0$，$\tau_{zx} = 0$。这时式(7-10)、式(7-11)就转化为

$$
\left.
\begin{aligned}
\varepsilon_1 &= \frac{1}{E}[\sigma_1 - \mu(\sigma_2 + \sigma_3)] \\
\varepsilon_2 &= \frac{1}{E}[\sigma_2 - \mu(\sigma_1 + \sigma_3)] \\
\varepsilon_3 &= \frac{1}{E}[\sigma_3 - \mu(\sigma_1 + \sigma_2)]
\end{aligned}
\right\}
\tag{7-13}
$$

$$
\gamma_{xy} = 0, \quad \gamma_{yz} = 0, \quad \gamma_{zx} = 0
$$

这种沿三个主应力 σ_1、σ_2 和 σ_3 方向的三个线应变 ε_1、ε_2 和 ε_3 称为**主应变**。式(7-13)就是复杂应力状态下主应力和主应变之间的关系，它是以主应力表示的广义胡克定律。可以证明，由式(7-13)求出的主应变满足关系 $\varepsilon_1 \geqslant \varepsilon_2 \geqslant \varepsilon_3$，即最大与最小主应变分别发生在最大与最小主应力方向。并且，如果 $\sigma_1 \geqslant 0$，由于 $\mu < 1/2$，则

$$
\varepsilon_{\max} = \varepsilon_1 = \frac{1}{E}[\sigma_1 - \mu(\sigma_2 + \sigma_3)] \geqslant 0
\tag{7-14}
$$

即最大拉应变发生在最大拉应力方位。

3. 体积变化与应力之间的关系

图 7-17 所示平行六面体的六个面都是主平面，边长分别是 dx、dy、dz。变形前六面体的体积为

$$
V = \mathrm{d}x\,\mathrm{d}y\,\mathrm{d}z
$$

变形后六面体的体积为

$$
\begin{aligned}
V_1 &= (\mathrm{d}x + \varepsilon_1\mathrm{d}x)(\mathrm{d}y + \varepsilon_2\mathrm{d}y)(\mathrm{d}z + \varepsilon_3\mathrm{d}z) \\
&= (1+\varepsilon_1)(1+\varepsilon_2)(1+\varepsilon_3)\mathrm{d}x\,\mathrm{d}y\,\mathrm{d}z
\end{aligned}
$$

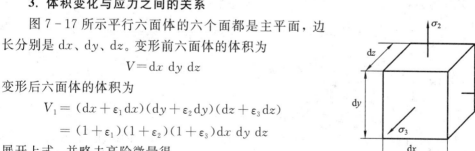

展开上式，并略去高阶微量得

$$
V_1 = (1+\varepsilon_1+\varepsilon_2+\varepsilon_3)\mathrm{d}x\,\mathrm{d}y\,\mathrm{d}z
$$

图 7-17

单位体积的体积改变量为

$$
\theta = \frac{V_1 - V}{V} = \varepsilon_1 + \varepsilon_2 + \varepsilon_3 = \frac{1-2\mu}{E}(\sigma_1 + \sigma_2 + \sigma_3)
\tag{7-15}
$$

上式可以写成

$$\theta = \frac{3(1-2\mu)}{E} \frac{(\sigma_1 + \sigma_2 + \sigma_3)}{3} = \frac{\sigma_m}{k} \qquad (7-16)$$

式中：θ 称为**体应变**；$k = \dfrac{E}{3(1-2\mu)}$ 称为**体积弹性模量**；$\sigma_m = \dfrac{\sigma_1 + \sigma_2 + \sigma_3}{3}$ 是三个主应力的平均值。

式(7-16)称为**体积胡克定律**，它表明体应变 θ 只与三个主应力之和有关，至于三个主应力之间的比例，对 θ 并无影响；体应变 θ 与平均应力 σ_m 成正比。

例 7-6　直径为 $d = 20$ mm 的实心轴(见图 7-18(a))，轴的两端加扭力矩 $M_e = 126$ N·m，在轴的表面上某点 A 处用应变仪测出与轴线成 $-45°$ 方向的线应变 $\varepsilon = 5 \times 10^{-4}$，求该圆轴材料的切变模量 G。

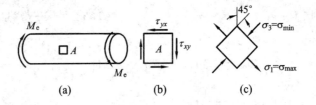

图 7-18

解　圆轴扭转后，从轴表面 A 处取出纯剪切微体如图 7-18(b)所示。由例 7-4 得

$$\left. \begin{matrix} \sigma_{max} \\ \sigma_{min} \end{matrix} \right\} = \begin{cases} \tau \\ -\tau \end{cases}$$

$$\alpha_0 = -45°$$

由此作出主应力单元体如图 7-18(c)。故 A 点处测得 $-45°$ 方向的应变即是主应变 $\varepsilon_1 = 5 \times 10^{-4}$，主单元体的主应力分别是 $\sigma_1 = \tau_{xy}$，$\sigma_2 = 0$，$\sigma_3 = -\tau_{xy}$，其中：

$$\tau_{xy} = \tau = \frac{T}{W_P} = \frac{M_e}{W_P}$$

由广义胡克定律，得

$$\varepsilon_1 = \frac{1}{E}(\sigma_1 - \mu\sigma_3) = \frac{1+\mu}{E}\tau = \frac{1+\mu}{E} \cdot \frac{M_e}{W_P}$$

又由于 $G = \dfrac{E}{2(1+\mu)}$，则 $\varepsilon_1 = \dfrac{1}{2G} \cdot \dfrac{M_e}{W_P} = \varepsilon$，所以

$$G = \frac{M_e}{2W_P\varepsilon} = \frac{M_e}{2\varepsilon} \cdot \frac{16}{\pi d^3} = \frac{126 \times 10^3}{2 \times 5 \times 10^{-4}} \cdot \frac{16}{\pi \times 20^3} \approx 8.02 \times 10^4 \text{ MPa} = 80.2 \text{ GPa}$$

例 7-7　在一个体积比较大的钢块上有一个直径为 50.01 mm 的凹座，凹座内放置一个直径为 50 mm 的钢制圆柱(见图 7-19(a))，圆柱受到 $F = 300$ kN 的轴向压力。假设钢块不变形，已知 $E = 200$ GPa，$\mu = 0.3$。试求该圆柱一点处的主应力。

解　圆柱体横截面上的压应力为

$$\sigma' = -\frac{F}{A} = -\frac{300 \times 10^3 \text{ N}}{\frac{\pi}{4}(50 \text{ mm})^2} \approx -153 \text{ MPa}$$

在轴向压缩下，圆柱将产生横向膨胀。在它胀到塞满凹座后，凹座与柱体之间将产生

径向均匀压力 p（见图 7 - 19(b)）。在圆柱体内任取一点，可以证明该点所受的径向压应力和环向压应力相等，即

$$\sigma'' = \sigma''' = -p$$

又因为假设钢块不变形，所以柱体在径向只能发生由于塞满凹座而引起的应变，其数值为

$$\varepsilon'' = \frac{50.01\ \text{mm} - 50\ \text{mm}}{50\ \text{mm}} = 0.0002$$

根据广义胡克定律得

$$\varepsilon'' = \frac{1}{E}[\sigma'' - \mu(\sigma' + \sigma''')] = \frac{1}{E}[-p - \mu(-153 \times 10^6 - p)] = 0.0002$$

由此求出 $p = 8.43$ MPa，所以柱体内各点的三个主应力为

$$\sigma_1 = \sigma_2 = -p = -8.43\ \text{MPa}, \quad \sigma_3 = -153\ \text{MPa}$$

如图 7 - 18(c)所示。

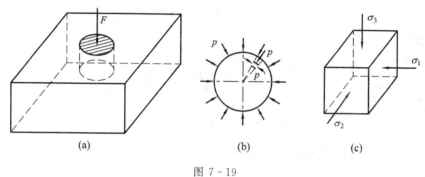

图 7 - 19

7.6　复杂应力状态下的应变能与畸变能

1. 复杂应力状态下的应变能

单向拉压时，如果应力 σ 和应变 ε 之间的关系是线性的，那么根据功能关系，应变能等于外力对弹性体做的功，根据式(2 - 19)可得，应变能密度的计算公式为

$$v_\varepsilon = \frac{1}{2}\sigma\varepsilon$$

在三向应力状态下，弹性体应变能与外力做功在数值上仍然相等，并且只取决于外力和变形的最终数值，与外力加载次序无关。假设单元体的三个主应力都是由零开始按比例增长而同时到达各自的最终值，与三个主应力对应的三个主应变也将同时按比例增长。在 σ_1 方向，其作用面上的力等于 $\sigma_1 \mathrm{d}y\,\mathrm{d}z$（见图 7 - 17）。$\mathrm{d}x$ 棱边因三个主应力的共同作用而产生的变形为 $\varepsilon_1 \mathrm{d}x$。由于力和变形是按比例同时增长的，因此该面上作用力做功为 $\frac{1}{2}\sigma_1\varepsilon_1 \mathrm{d}x\,\mathrm{d}y\,\mathrm{d}z$。同理，在 σ_2 和 σ_3 方向上完成的功分别是 $\frac{1}{2}\sigma_2\varepsilon_2 \mathrm{d}x\,\mathrm{d}y\,\mathrm{d}z$ 和 $\frac{1}{2}\sigma_3\varepsilon_3 \mathrm{d}x\,\mathrm{d}y\,\mathrm{d}z$。把这三部分的功相加就得到单元体内储存的应变能为

$$V_\varepsilon = \frac{1}{2}(\sigma_1\varepsilon_1 + \sigma_2\varepsilon_2 + \sigma_3\varepsilon_3)\mathrm{d}x\,\mathrm{d}y\,\mathrm{d}z \qquad (7 - 17)$$

将式(7 - 17)除以单元体的体积 $V = \mathrm{d}x\,\mathrm{d}y\,\mathrm{d}z$，可得应变能密度为

$$v_\varepsilon = \frac{1}{2}\sigma_1\varepsilon_1 + \frac{1}{2}\sigma_2\varepsilon_2 + \frac{1}{2}\sigma_3\varepsilon_3 = \frac{1}{2E}[\sigma_1^2 + \sigma_2^2 + \sigma_3^2 - 2\mu(\sigma_1\sigma_2 + \sigma_2\sigma_3 + \sigma_3\sigma_1)] \quad (7-18)$$

2. 畸变能密度

一般情况下,单元体变形时既有体积改变,也有形状改变。对应地,应变能密度也可以看成由两部分构成:① 因体积变化而储存的应变能密度,称为**体积应变能密度**,用 v_V 表示。体积变化是指单元体的棱边变形相等,变形后仍为正方体,只是体积发生变化而形状不变。② 单元体体积不变,但由正方体变为长方体而储存的应变能密度,称为**畸变能密度**,用 v_d 表示。于是有

$$v_\varepsilon = v_V + v_d \tag{a}$$

以 $\sigma_m = \dfrac{\sigma_1 + \sigma_2 + \sigma_3}{3}$ 代替三个主应力,那么三个棱边变形相同,所以单元体只有体积变化而形状不变。则根据式(7-18)得到的就是体积应变能密度

$$v_V = \frac{1}{2}\sigma_m\varepsilon_m + \frac{1}{2}\sigma_m\varepsilon_m + \frac{1}{2}\sigma_m\varepsilon_m = \frac{3\sigma_m\varepsilon_m}{2} \tag{b}$$

由广义胡克定律知

$$\varepsilon_m = \frac{\sigma_m}{E} - \mu\left(\frac{\sigma_m}{E} + \frac{\sigma_m}{E}\right) = \frac{1-2\mu}{E}\sigma_m$$

将上式代入式(b)得

$$v_V = \frac{3(1-2\mu)}{2E}\sigma_m^2 = \frac{1-2\mu}{6E}(\sigma_1 + \sigma_2 + \sigma_3)^2 \tag{c}$$

将式(c)和式(7-18)同时代入式(a),经过整理即得到

$$v_d = \frac{1+\mu}{3E}(\sigma_1^2 + \sigma_2^2 + \sigma_3^2 - \sigma_1\sigma_2 - \sigma_2\sigma_3 - \sigma_3\sigma_1)$$

$$= \frac{1+\mu}{6E}[(\sigma_1 - \sigma_2)^2 + (\sigma_2 - \sigma_3)^2 + (\sigma_3 - \sigma_1)^2] \tag{7-19}$$

上式将用来建立复杂应力状态下的强度条件。

3. 弹性常数 E、G、μ 之间的关系

材料有三个弹性常数,材料的拉压弹性模量 E、剪切弹性模量 G 和泊松比 μ,这三个弹性常数不是彼此独立的,式(3-5)给出了它们之间的关系,即

$$G = \frac{E}{2(1+\mu)}$$

现对这一关系证明如下。

某单元体处于图 7-11(a)所示的纯剪切应力状态,根据式(3-6)可知,此单元体的剪切应变能密度为

$$v_{\varepsilon 1} = \frac{\tau^2}{2G} \tag{a}$$

该单元体的主应力为

$$\sigma_1 = \tau, \ \sigma_2 = 0, \ \sigma_3 = -\tau$$

对应的主应力单元体如图 7-11(c)所示。代入式(7-18),可得应变能密度为

$$v_{\varepsilon 2} = \frac{1}{2E}[\sigma_1^2 + \sigma_2^2 + \sigma_3^2 - 2\mu(\sigma_1\sigma_2 + \sigma_2\sigma_3 + \sigma_3\sigma_1)] = \frac{1}{2E}(\tau^2 + \tau^2 + 2\mu\tau^2) = \frac{1+\mu}{E}\tau^2 \tag{b}$$

式(a)与式(b)表示的是同一单元体的应变能密度,二者应该相等,即

$$v_{\epsilon 1} = v_{\epsilon 2} \tag{c}$$

将式(a)、(b)代入式(c),可得

$$G = \frac{E}{2(1+\mu)}$$

此即为式(3-5),三个弹性常数之间的关系得证。

7.7　强度理论概述

1. 强度理论概述

1) 材料的破坏形式

在强度问题中,失效或破坏形式大致可以分为两种,即脆性断裂和塑性屈服。脆性断裂是指在外力作用下,由于应力过大而产生裂缝并导致断裂,例如铸铁在拉伸和扭转时的破坏属于脆性断裂。这种破坏的特点是在没有明显塑性变形的情况下突然发生断裂,断裂发生在最大正应力的作用面上。塑性屈服是指在构件上出现显著的塑性变形,例如低碳钢在拉伸和扭转时的屈服失效。材料无论出现脆性断裂或塑性屈服,构件都会丧失正常的工作能力。

2) 简单应力状态强度条件

在前面几章中,我们在各基本变形强度分析中,建立了相应的强度条件,它们可以概括为

$$\sigma_{\max} \leqslant [\sigma] = \frac{\sigma_{\mathrm{u}}}{n} \qquad 或 \qquad \tau_{\max} \leqslant [\tau] = \frac{\tau_{\mathrm{u}}}{n}$$

其中:n 是安全系数,极限应力 σ_{u} 或 τ_{u} 是通过试验测定出来的。

3) 复杂应力状态强度理论

在复杂应力状态下,σ_1、σ_2 和 σ_3 的比值可以有无数多种组合形式,即使对于同一种材料,在不同的主应力比值下,材料的失效应力值也各不相同。例如三向等拉时,在很小的应力数值下材料就会失效;三向等压(静水压力)时,应力数值达到很大时材料都不会失效。所以根本不可能对每一种主应力比值,一一通过试验来测定材料破坏时的极限应力。

对于复杂应力状态,一般是依据部分试验结果,经过推理、分析来建立失效准则。即将简单应力状态看成复杂应力状态的特殊情况,利用简单应力状态下试验得到的材料破坏时的极限应力,根据材料的破坏规律,寻找同一种失效形式的共同因素,经过推理来建立复杂应力状态下材料的破坏准则和强度条件。于是对材料在不同应力状态下失效的共同原因提出了各种不同的假说,来推测材料失效的原因。这类假说称之为**强度理论**。

强度理论既然是推测强度失效的一些假说,它正确与否,适用于什么情况,必须由生产实践来检验。适用于某种材料的强度理论,并不一定适用于另一种材料;在某种条件下适用的理论,并不一定适用于另一种条件。

材料的强度失效可以分为脆性断裂和塑性屈服两种形式,相应地,强度理论也分为两类:一类是解释材料脆性断裂失效的强度理论,另一类是解释材料塑性屈服失效的强度理论。下面介绍四种常用的强度理论,这些都是在常温静载下,适用于均匀、连续、各向同性材料的强度理论。当然,强度理论远不止这几种,而且,这几种强度理论并不能解决所有

强度问题。随着科学技术的发展和新材料的不断出现,已经出现了一些新的强度理论,而且必将出现更多新的强度理论。

2. 最大拉应力理论(第一强度理论)

这一理论认为最大拉应力是引起断裂失效的主要因素。即应力无论是什么状态,只要最大拉应力达到与材料性质有关的某一极限值,材料就发生断裂失效。既然该理论认为断裂失效与应力状态无关,我们就可以利用单向拉伸试验建立断裂准则,得到断裂准则为

$$\sigma_1 = \sigma_b \tag{7-20}$$

将极限应力 σ_b 除以安全因素得到许用应力$[\sigma]$,所以第一强度理论的强度条件为

$$\sigma_1 \leqslant [\sigma] \tag{7-21}$$

讨论:第一强度理论基本上能反映脆性材料失效的实际情况,适用于铸铁、砖石、陶瓷、玻璃等脆性材料有拉应力存在的情况,当一点在任何截面上都没有拉应力时,该理论就不适用。脆性材料扭转也是沿拉应力最大的斜截面发生断裂,与此理论相符合。

3. 最大拉应变理论(第二强度理论)

这一理论认为最大拉应变是引起断裂的主要因素。即应力无论是什么状态,只要最大拉应变 ε_1 达到与材料性质有关的某一极限值,材料就发生断裂失效。既然该理论认为断裂失效与应力状态无关,我们就可以利用单向应力状态的最大拉应变的试验结果来建立断裂准则,得到断裂准则为

$$\varepsilon_1 = \frac{\sigma_b}{E} \tag{a}$$

利用广义胡克定律得到

$$\varepsilon_1 = \frac{1}{E}[\sigma_1 - \mu(\sigma_2 + \sigma_3)]$$

将上式代入式(a)就得到断裂准则为

$$\sigma_1 + \mu(\sigma_2 + \sigma_3) = \sigma_b \tag{7-22}$$

将极限应力 σ_b 除以安全因素得到许用应力$[\sigma]$,所以第二强度理论的强度条件为

$$\sigma_1 - \mu(\sigma_2 + \sigma_3) \leqslant [\sigma] \tag{7-23}$$

第二强度理论适用于铸铁在拉-压二向应力状态且压应力较大的情况,也适用于石料、混凝土等脆性材料的单向压缩。在一般情况下,第二强度理论并不比第一强度理论更符合试验结果。

4. 最大切应力理论(第三强度理论)

这一理论认为最大切应力是引起屈服的主要因素。即应力无论是什么状态,只要最大切应力 τ_{max} 达到与材料性质有关的某一极限值,材料就发生屈服失效。既然该理论认为屈服失效与应力状态无关,我们就可以利用单向应力状态的最大切应力和试验结果来得到屈服准则为

$$\tau_{max} = \tau_u \tag{b}$$

根据式(7-8)知

$$\tau_{max} = \frac{\sigma_1 - \sigma_3}{2} \tag{c}$$

在单向应力状态下:

$$\tau_u = \frac{\sigma_s}{2} \tag{d}$$

将式(c)、(d)代入式(b)就得到屈服准则为

$$\sigma_1 - \sigma_3 = \sigma_s \tag{7-24}$$

将极限应力 σ_s 除以安全因素得到许用应力 $[\sigma]$，所以第三强度理论的强度条件为

$$\sigma_1 - \sigma_3 \leqslant [\sigma] \tag{7-25}$$

试验表明，第三强度理论与有关塑性材料的许多试验结果比较接近，结果偏于安全。由于其形式简单，计算方便，因而应用相当广泛。

5. 畸变能密度理论(第四强度理论)

畸变能密度理论认为畸变能密度是引起屈服的主要因素。即应力无论是什么状态，只要畸变能密度 ν_d 达到与材料性质有关的某一极限值，材料就发生屈服失效。既然该理论认为屈服失效与应力状态无关，我们就可以利用单向应力状态的畸变能密度和试验结果来得到屈服准则为

$$\frac{1+\mu}{6E}[(\sigma_1 - \sigma_2)^2 + (\sigma_2 - \sigma_3)^2 + (\sigma_3 - \sigma_1)^2] = v_{du} \tag{e}$$

在单向应力状态下：

$$v_{du} = \frac{1+\mu}{6E}(\sigma_1^2 + \sigma_1^2) = \frac{1+\mu}{3E}\sigma_1^2 = \frac{1+\mu}{3E}\sigma_s^2 \tag{f}$$

将式(f)代入式(e)，整理后就得到屈服准则为

$$\sqrt{\frac{1}{2}[(\sigma_1 - \sigma_2)^2 + (\sigma_2 - \sigma_3)^2 + (\sigma_3 - \sigma_1)^2]} = \sigma_s \tag{7-26}$$

将极限应力 σ_s 除以安全因素得到许用应力 $[\sigma]$，所以第四强度理论的强度条件为

$$\sqrt{\frac{1}{2}[(\sigma_1 - \sigma_2)^2 + (\sigma_2 - \sigma_3)^2 + (\sigma_3 - \sigma_1)^2]} \leqslant [\sigma] \tag{7-27}$$

第四强度理论是从反映受力和变形综合影响的变形能出发来研究材料强度的，因此更全面和完善。试验表明，对塑性材料，第四强度理论比第三强度理论更符合试验结果，工程上的应用也较为广泛。

6. 强度条件的统一表达式

上面所述的四种强度理论可以用一个统一的表达式表示为

$$\sigma_{ri} \leqslant [\sigma] \tag{7-28}$$

式中 σ_{ri} 称为**相当应力**，它并不是实际存在的应力，而是由强度理论得出的复杂应力状态下三个主应力按照一定形式的组合值，相当于把复杂应力状态转化为强度相当的单向应力状态，然后建立强度条件。按照从第一强度理论到第四强度理论的顺序，相当的应力分别为

$$\left.\begin{aligned}
\sigma_{r1} &= \sigma_1 \\
\sigma_{r2} &= \sigma_1 - \mu(\sigma_2 + \sigma_3) \\
\sigma_{r3} &= \sigma_1 - \sigma_3 \\
\sigma_{r4} &= \sqrt{\frac{1}{2}[(\sigma_1 - \sigma_2)^2 + (\sigma_2 - \sigma_3)^2 + (\sigma_3 - \sigma_1)^2]}
\end{aligned}\right\} \tag{7-29}$$

一般说来，受力构件处于复杂应力状态时，在常温、静载条件下，铸铁、石料、混凝

土、玻璃等脆性材料通常以断裂的形式失效,宜采用第一和第二强度理论。碳钢、铜、铝等塑性材料通常以屈服形式失效,宜采用第三和第四强度理论。

7. 材料的脆性状态与塑性状态

材料的失效形式不仅取决于材料的性质,还与其所处的应力状态、温度和加载速度等因素有关。即使是同一种材料,在不同的应力状态下也可能有不同的失效形式。例如,碳钢在单向拉伸下以屈服的形式失效,但碳钢制成的螺钉在受拉时,螺纹根部因应力集中引起三向拉伸,就会出现断裂。这是因为当三向拉伸的三个主应力数值接近时,由屈服准则即式(7-24)或式(7-26)可以看出,这时候屈服很难出现。又如,铸铁单向受拉时以断裂的形式失效,但如果用淬火钢球压在铸铁板上,接触点附近的材料处于三向受压状态,随着压力的增大,铸铁板会出现明显的凹坑,这表明出现了屈服现象。这些实际例子说明材料的失效形式与应力状态有关。无论是塑性材料或脆性材料,在三向拉应力相近的情况下都将以断裂的形式失效,宜采用最大拉应力强度理论;在三向压应力相近的情况下都可引起塑性变形,宜采用第三或第四强度理论。

例 7-8 某结构上危险点的应力状态如图 7-20 所示,其中 $\sigma = 116.7$ MPa, $\tau = 46.3$ MPa,材料为 Q235 钢,许用应力$[\sigma] = 160$ MPa。试校核此结构是否安全。

解 钢材在该应力状态下将发生屈服,故可采用第三或第四强度理论进行计算。该微体的主应力分别为

$$\sigma_1 = \frac{1}{2}(\sigma + \sqrt{\sigma^2 + 4\tau^2})$$

$$\sigma_2 = 0$$

$$\sigma_3 = \frac{1}{2}(\sigma - \sqrt{\sigma^2 + 4\tau^2})$$

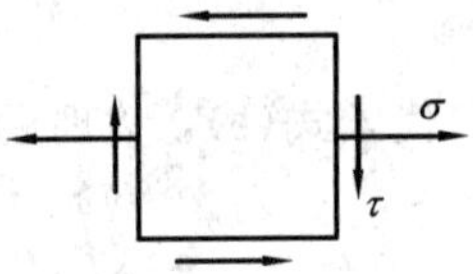

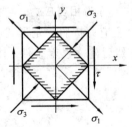

图 7-20

故

$$\sigma_{r3} = \sigma_1 - \sigma_3 = \sqrt{\sigma^2 + 4\tau^2} = \sqrt{116.7^2 + 4 \times 46.3^2} \approx 149 \text{ MPa} < [\sigma]$$

$$\sigma_{r4} = \sqrt{\frac{1}{2}[(\sigma_1 - \sigma_2)^2 + (\sigma_2 - \sigma_3)^2 + (\sigma_1 - \sigma_3)^2]}$$

$$= \sqrt{\sigma^2 + 3\tau^2} = \sqrt{116.7^2 + 3 \times 46.3^2} \approx 141.6 \text{ MPa} < [\sigma]$$

因此该结构是安全的。

例 7-9 试按强度理论建立纯剪切应力状态的强度条件,并寻求许用切应力$[\tau]$和许用拉应力$[\sigma]$之间的关系。

解 (1) 纯剪切应力状态如图 7-21 所示,其主应力为: $\sigma_1 = \tau$, $\sigma_2 = 0$, $\sigma_3 = -\tau$,是二向应力状态。

(2) 对脆性材料,按第一强度理论得

$$\sigma_{r1} = \sigma_1 = \tau \leqslant [\sigma] \qquad \text{(a)}$$

另一方面,剪切强度条件为

$$\tau \leqslant [\tau] \qquad \text{(b)}$$

比较(a)和(b)两式可以看出

$$[\tau] = [\sigma]$$

图 7-21

这是按第一强度理论得到的$[\tau]$和$[\sigma]$之间的关系。

按第二强度理论得

$$\sigma_{r2} = \sigma_1 - \mu(\sigma_2 + \sigma_3) = \tau(1 + \mu) \leqslant [\sigma]$$

即

$$\tau \leqslant \frac{[\sigma]}{1 + \mu} \tag{c}$$

比较(c)和(b)两式可以看出

$$[\tau] = \frac{[\sigma]}{1 + \mu}$$

若取 $\mu = 0.25$，则 $[\tau] = 0.8[\sigma]$。

这是按第二强度理论得到的 $[\tau]$ 和 $[\sigma]$ 之间的关系。

所以，对于脆性材料，一般取：$[\tau] = (0.8 \sim 1.0)[\sigma]$。

（3）对塑性材料，按第三强度理论得

$$\sigma_{r3} = \sigma_1 - \sigma_3 = 2\tau \leqslant [\sigma]$$

即

$$\tau \leqslant 0.5[\sigma]$$

所以有

$$[\tau] = 0.5[\sigma]$$

这是按第三强度理论得到的 $[\tau]$ 和 $[\sigma]$ 之间的关系。

按第四强度理论得

$$\sigma_{r4} = \sqrt{\frac{1}{2}[(\sigma_1 - \sigma_2)^2 + (\sigma_2 - \sigma_3)^2 + (\sigma_3 - \sigma_1)^2]} = \sqrt{3}\,\tau \leqslant [\sigma]$$

即

$$\tau \leqslant \frac{[\sigma]}{\sqrt{3}}$$

所以有

$$[\tau] = \frac{[\sigma]}{\sqrt{3}} \approx 0.577[\sigma] \approx 0.6[\sigma]$$

这是按第四强度理论得到的 $[\tau]$ 和 $[\sigma]$ 之间的关系。

所以，对于塑性材料，一般取：$[\tau] = (0.5 \sim 0.6)[\sigma]$。试验结果也证明了 $[\tau]$ 和 $[\sigma]$ 之间的这种比例关系。

例 7 - 10　图 7 - 22(a)所示薄壁圆筒，同时承受内压 p 与扭力偶矩 M 作用。已知圆筒内径为 D，壁厚为 δ，筒体的长度为 l，材料的许用应力为 $[\sigma]$，弹性模量为 E，泊松比为 μ，扭力偶矩 $M = \pi D^3 p/4$。

（1）根据第三强度理论建立筒体的强度条件；

（2）计算筒体的轴向变形。

解　（1）筒体的强度条件。根据叠加原理，薄壁圆筒单独在内压 p 作用下，由图 7 - 1(b)可知：作用在两端筒底的压力，在圆筒横截面上引起轴向正应力 σ_x；而作用在筒壁的压力，则在圆筒径向纵截面上引起周向正应力 σ_t。当筒壁很薄时（$\delta \leqslant D/20$），可以认为应力 σ_x 与 σ_t 均沿壁厚均匀分布。

另外，圆筒单独在扭力偶矩 M 作用下，只发生扭转变形。

所以，用纵、横截面从筒壁切取微体，各截面的应力状态如图 7 - 22(b)所示，轴向正应力和周向正应力分别为

$$\sigma_x = \frac{pD}{4\delta} \tag{7-30}$$

$$\sigma_t = \frac{pD}{2\delta} \tag{7-31}$$

扭转切应力为

$$\tau_T = \frac{2M}{\pi D^2 \delta} = \frac{pD}{2\delta}$$

式(7-30)和式(7-31)的推导可查阅材料力学相关书籍。

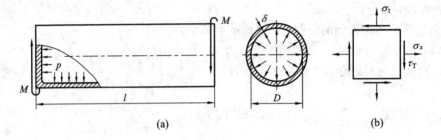

图 7-22

将上述应力代入式(7-4)，得

$$\left.\begin{array}{l}\sigma_{max}\\\sigma_{min}\end{array}\right\} = \frac{\sigma_x + \sigma_y}{2} \pm \sqrt{\left(\frac{\sigma_x - \sigma_y}{2}\right)^2 + \tau_x^2} = \frac{3 \pm \sqrt{17}}{8} \frac{pD}{\delta}$$

则相应主应力为

$$\sigma_1 = \frac{3 + \sqrt{17}}{8} \frac{pD}{\delta}, \ \sigma_2 = 0, \ \sigma_3 = \frac{3 - \sqrt{17}}{8} \frac{pD}{\delta}$$

根据第三强度理论，得筒体的强度条件为

$$\sigma_{r3} = \sigma_1 - \sigma_3 = \frac{\sqrt{17}\,pD}{4\delta} \leqslant [\sigma]$$

(2) 筒体的轴向变形。由图 7-22(b)可以看出，筒体沿轴线方向的正应变 ε_x 仅与轴向正应力 σ_x 及周向正应力 σ_t 有关。根据广义胡克定律，得筒体的轴向正应变为

$$\varepsilon_x = \frac{1}{E}(\sigma_x - \mu\sigma_t) = \frac{pD(1 - 2\mu)}{4\delta E}$$

由此得筒体的轴向变形为

$$\Delta l = \varepsilon_x l = \frac{pDl(1 - 2\mu)}{4\delta E}$$

思 考 题

7-1　何谓一点处的应力状态？何谓平面应力状态？如何分析一点处的应力状态？

7-2　在单元体中最大正应力所作用的平面上有无切应力？在最大切应力所作用的平面上有无正应力？

7-3　如何用解析法确定任一斜截面的应力？应力和方位角的正负符号是怎样规定的？

7-4　何谓主平面？何谓主应力？如何确定主应力的大小和方位？

7-5　何谓单向、二向和三向应力状态？何谓复杂应力状态？

7-6　在单向、二向应力状态中，最大正应力和最大切应力各为何值？各位于何截面？

7-7　思考题 7-7 图中应力圆(a)、(b)、(c)表示的应力状态分别为(　　)。

(a) 二向应力状态、纯剪切应力状态、三向应力状态

(b) 单向拉应力状态、单向压应力状态、三向应力状态

(c) 单向压应力状态、纯剪切应力状态、单向拉应力状态

(d) 单向拉应力状态、单向压应力状态、纯剪切应力状态

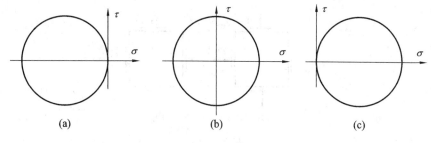

(a)　　　　　　　　　(b)　　　　　　　　　(c)

思考题 7-7 图

7-8　何谓广义胡克定律？该定律是怎样建立的？应用条件是什么？

7-9　何谓强度理论？金属材料失效主要有几种形式？相应有几类强度理论？

7-10　目前常用的强度理论的基本观点及相应的强度条件各是什么？这些条件是如何建立的？各适用于何种情况？

7-11　如何利用强度理论确定纯剪切时的许用切应力？

········ 习　　　题 ········

7-1　构件受力如题 7-1 图所示，其中 F、M_e、d、l 等均已知。

(1) 确定危险点的位置；

(2) 用单元体表示危险点的应力状态。

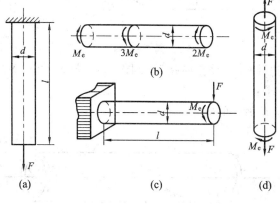

(a)　　　　　　　　(b)　　　　　　　　(c)　　　　　　　　(d)

题 7-1 图

7-2　在题 7-2 图所示各单元体中，试分别用解析法和图解法求斜截面 ab 上的应力，

应力的单位为 MPa。

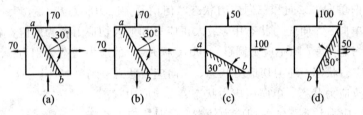

题 7 - 2 图

7 - 3 已知应力状态如题 7 - 3 图所示,图中应力单位为 MPa。

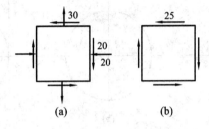

题 7 - 3 图

试分别用解析法和图解法:

(1) 求主应力大小及方向。

(2) 求最大切应力。

(3) 绘出主应力单元体。

7 - 4 已知题 7 - 4 图所示矩形截面梁某截面上的弯矩和剪力分别为 $M = 10$ kN · m,$F_s = 120$ kN,试绘出截面上 1、2、3、4 各点单元体的应力状态,并求其主应力。

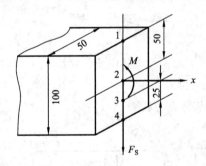

题 7 - 4 图

7 - 5 薄壁圆筒扭转-拉伸试验如题 7 - 5 图所示。若 $F = 20$ kN,$M_e = 600$ N · m,$d = 50$ mm,$\delta = 2$ mm,试求:

(1) A 点在指定斜截面上的应力。

(2) A 点主应力。

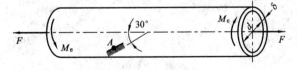

题 7 - 5 图

7-6　试求题 7-6 图所示各点应力状态的主应力及最大切应力（应力单位：MPa）。

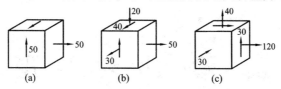

题 7-6 图

7-7　列车通过钢桥时，在题 7-7 图所示钢桥横梁的 A 点用应变仪量得 $\varepsilon_x = 0.0004$，$\varepsilon_y = -0.000\,12$。试求 A 点在 $x-x$ 和 $y-y$ 方向的正应力。设 $E = 200$ GPa，$\mu = 0.3$。问这样能否求出 A 点的主应力？

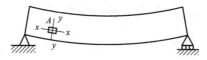

题 7-7 图

7-8　在题 7-8 图所示一体积较大的钢块上开一个贯穿的槽，其宽度和深度都是 10 mm。在槽内紧密无隙地嵌入一铝质立方块，它的尺寸是 10 mm×10 mm×10 mm。当铝块受到 $F = 6$ kN 的压力作用时，假设钢块不变形。铝的弹性模量 $E = 70$ GPa，$\mu = 0.33$。试求铝块的三个主应力和相应的变形。

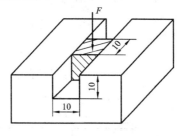

题 7-8 图

7-9　对题 7-6 图中的各应力状态，写出四个常用强度理论的相当应力。设 $\mu = 0.30$。如材料为中碳钢，指出该用哪一理论。

7-10　构件中危险点的应力状态如题 7-10 图所示，试对以下两种情况进行强度校核（对于脆性材料建议选用第一强度理论，对于塑性材料建议选用第三强度理论）。

（1）构件材料为碳素钢，$\sigma_x = 45$ MPa，$\sigma_y = 135$ MPa，$\sigma_z = 0$，$\tau_{xy} = 0$，拉伸许用应力 $[\sigma] = 160$ MPa。

（2）构件材料为铸铁，$\sigma_x = 20$ MPa，$\sigma_y = -25$ MPa，$\sigma_z = 30$ MPa，$\tau_{xy} = 0$，$[\sigma] = 30$ MPa。

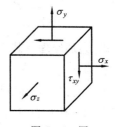

图 7-10 图

第8章 组合变形

8.1 引 言

1. 组合变形的概念与工程实例

前面章节主要研究了构件在几种基本变形下的强度及刚度问题。在工程实际中，杆件的受力变形情况种类很多，有不少构件同时发生两种或两种以上的基本变形。例如，图8-1是工程中常见的钻杆简图，钻杆受扭矩作用，同时钻杆的自重沿钻杆的轴向作用，所以钻杆的变形既有轴向拉伸变形，又有扭转变形。又如，图8-2是机械设备中的传动轴，传动轮上的作用力使传动轴既有扭转变形，又有弯曲变形。杆件同时发生两种或两种以上基本变形的情形称为**组合变形**。

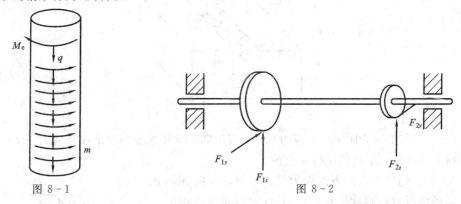

图 8-1   图 8-2

2. 叠加原理及其适用范围

在线弹性、小变形条件下，构件的内力、应力和变形等均与外力呈线性关系。可以认为，载荷的作用是独立的，每一载荷所引起的内力、应力、变形都不受其他载荷的影响。几个载荷同时作用在杆件上所产生的应力、变形，等于各个载荷单独作用时产生的应力、变形之和，此即叠加原理。当杆件在复杂载荷作用下同时发生几种基本变形时，根据静力等效原则，先将外力进行分解、简化、分组，使简化后的每一组载荷只对应一种基本变形，再分别计算每一种基本变形下产生的内力、应力和变形，然后将所得结果叠加，便可得到组合变形时构件的内力、应力和变形，其结果与各力的加载次序无关。当构件危险点处于单向应力状态时，可将上述应力代数相加；如果构件危险点处于复杂应力状态，则需要按照强度理论进行计算。

本章主要讨论拉(压)弯组合变形和弯曲与扭转组合变形的强度计算问题。

8.2　拉(压)弯组合变形

8.2.1　杆件同时承受横向力与轴向力作用

如图 8-3(a)所示的矩形截面梁,在自由端截面形心上作用一斜向下的集中力 F,其作用线位于梁的纵向对称面内,与梁轴线的夹角为 θ。因为力 F 的作用线既不与轴线重合,又不与轴线垂直,所以梁的变形既不是单纯的轴向拉压,也不是单纯的平面弯曲,而是轴向拉伸与弯曲的组合变形。

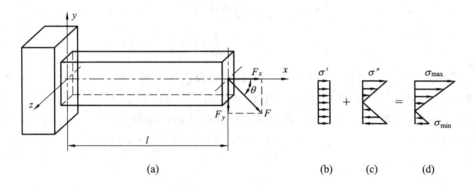

图 8-3

将力 F 分解为两个分力 F_x 和 F_y,如图 8-3(a)所示,其大小分别为

$$F_x = F\cos\theta, \quad F_y = F\sin\theta$$

轴向力 F_x 使梁发生轴向拉伸变形,横向力 F_y 使梁发生弯曲变形。故梁在 F 力作用下,将发生拉弯组合变形。

在轴向力 F_x 的作用下,梁的轴力为 $F_N = F_x$,它在横截面上引起的正应力均匀分布,其值为

$$\sigma' = \frac{F_N}{A} = \frac{F\cos\theta}{A}$$

拉应力 σ' 在横截面上均匀分布,如图 8-3(b)所示。

在横向力 F_y 的作用下,梁发生弯曲变形,固定端处为梁的危险截面,最大弯矩值大小为

$$M_{max} = F_y \cdot l = Fl\sin\theta$$

最大弯曲正应力在危险面上下边缘处,其值分别为

$$\sigma'' = \pm\frac{M_{max}}{W_z} = \pm\frac{Fl\sin\theta}{W_z}$$

弯曲正应力沿截面高度方向按三角形规律分布,如图 8-3(c)所示。

危险面上总的正应力可由拉应力和弯曲正应力叠加而得,其分布情况如图 8-3(d)所示,截面的上边缘有最大正应力,其值为

$$\sigma_{max} = \sigma' + \sigma'' = \frac{F_N}{A} + \frac{M_{max}}{W_z} \tag{8-1}$$

截面的下边缘有最小正应力，其值为

$$\sigma_{min} = \sigma' - \sigma'' = \frac{F_N}{A} - \frac{M_{max}}{W_z} \tag{8-2}$$

由式(8-2)所得的 σ_{min} 可正可负，取决于等式右边两项数值的大小。图 8-3(d)是根据第一项数值小于第二项画出的。

由此可见，该梁的危险截面在梁的根部，危险点在上下边缘处，危险点处于单向应力状态。上下边缘各点有最大、最小正应力，对于塑性材料制成的梁，其强度条件为

$$\sigma_{max} = \frac{F_N}{A} + \frac{M_{max}}{W_z} \leqslant [\sigma] \tag{8-3a}$$

对于脆性材料制成的梁，如最小正应力为压应力，应分别建立拉、压强度条件

$$\begin{cases} \sigma_{max} = \dfrac{F_N}{A} + \dfrac{M_{max}}{W_z} \leqslant [\sigma_t] \\[3mm] |\sigma_{min}| = \left| \dfrac{F_N}{A} - \dfrac{M_{max}}{W_z} \right| \leqslant [\sigma_c] \end{cases} \tag{8-3b}$$

上述计算方法完全适用于压(弯)组合，其区别仅在于轴向力所引起的应力为压应力。

例 8-1 图 8-4(a)为一悬臂式吊车机架简图。机架由单根 18 号工字钢 AB 及拉杆 AC 构成。横梁 AB 的跨度 $l=2$ m，作用在 AB 梁中点的载荷 $W=25$ kN，材料的许用应力 $[\sigma]=100$ MPa，$\alpha=30°$，梁与拉杆的自重不计。试校核横梁 AB 的强度。

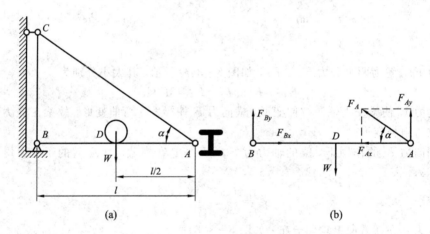

图 8-4

解 (1) 外力分析。以横梁 AB 为研究对象，作用在横梁上的力有载荷 W，拉杆的拉力 F_A，支座 B 的反力 F_{Bx}、F_{By}，如图 8-4(b)所示。将 A 点的作用力分解为 F_{Ax} 和 F_{Ay}。可以将作用在 AB 梁上的力分为两组，其中 W、F_{Ay}、F_{By} 使梁发生弯曲变形，而 F_{Ax}、F_{Bx} 使梁发生轴向压缩变形。故梁 AB 发生压弯组合变形。

由梁的静平衡方程可解得各未知力的大小为

$$F_{By} = F_{Ay} = \frac{W}{2} = 12.5 \text{ kN}$$

$$F_{Ax} = F_{Ay} \cdot \cot\alpha = 21.65 \text{ kN}$$

(2) 判断危险截面及危险点。AB 梁在轴向压力作用下发生压缩变形时，等截面梁任一截面上的轴力相等，均为 21.65 kN，任意横截面均为危险截面，由于压缩时横截面上应

力均匀分布，其上任意一点均为危险点；AB 梁在横向力作用下发生弯曲变形时，最大弯矩在中点 D，该截面应为梁的危险截面。因为弯矩在危险截面上引起的正应力呈线性分布，危险截面上下边缘处各点均为可能的危险点，并且材料的抗拉、抗压能力相同，所以此梁的危险点应在应力绝对值最大的点，即 D 截面上边缘各点均为危险点。

（3）内力分析。危险截面 D 上的轴力为

$$F_N = -F_x = -21.65 \text{ kN} = -21.65 \times 10^3 \text{ N}$$

危险截面 D 上的弯矩为

$$M_{max} = \frac{Wl}{4} = \frac{25 \times 10^3 \times 2 \times 10^3}{4} = 12.5 \times 10^6 \text{ N} \cdot \text{mm}$$

（4）强度计算。由附录 C 附表 4 查得 18 号工字钢横截面面积 $A = 30.756 \text{ cm}^2 = 3.08 \times 10^3 \text{ mm}^2$，抗弯截面系数 $W_z = 185 \text{ cm}^3 = 185 \times 10^3 \text{ mm}^3$。

在危险截面上，轴向压力引起的压应力为

$$\sigma' = \frac{F_N}{A} = \frac{-21.65 \times 10^3}{3.08 \times 10^3} \approx -7.02 \text{ MPa}$$

在危险截面上的上下边缘各点由弯矩引起的最大弯曲正应力大小为

$$\sigma'' = \frac{M_{max}}{W_z} = \frac{12.5 \times 10^6}{185 \times 10^3} \approx 67.56 \text{ MPa}$$

将危险点处正应力叠加，因为危险点上总的应力为压应力，其绝对值大小为

$$\sigma_{max} = |\sigma'| + |\sigma''| = 7.02 + 67.56 = 74.58 \text{ MPa} < [\sigma] = 100 \text{ MPa}$$

所以，AB 梁满足正应力强度条件。

8.2.2 偏心拉（压）

与杆的轴线平行但不重合的载荷称为**偏心载荷**，由偏心载荷引起的变形称为偏心拉伸或偏心压缩，偏心拉（压）本质上是轴向拉（压）与弯曲的组合变形。现以矩形截面杆为例，讨论偏心拉压强度问题。

图 8-5(a) 所示的矩形截面立柱，集中力 F 与轴线平行但不重合，作用点距形心主轴 y、z 的垂直距离分别用 e_z、e_y 表示，称之为偏心距。当 $e_y \neq 0$，$e_z \neq 0$ 时，称为**双向偏心压缩**；而当 e_y、e_z 之一为零时，则称为**单向偏心压缩**。

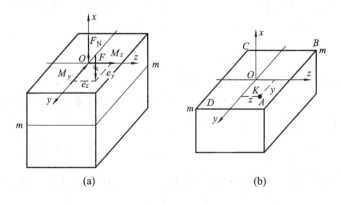

(a)　　　　　　　(b)

图 8-5

若将力 F 向截面形心简化，可以得到等效力系：轴向力 F_N 及 F 对 y、z 轴的附加力偶矩 M_y、M_z，如图 8-5(a)所示。因此，横截面上的内力有轴力 F_N、弯矩 M_y 和弯矩 M_z，其大小分别为

$$F_N = F, \quad M_y = F \cdot e_z, \quad M_z = F \cdot e_y$$

可见立柱在偏心压力 F 的作用下将发生压缩与两向弯曲的组合变形。

由偏心载荷引起的杆件各横截面上的内力是相同的，对于 $m-m$ 截面上的任意点 $K(y、z)$，与各内力对应的应力可按基本变形应力计算公式分别求得

$$\sigma' = -\frac{F_N}{A} = -\frac{F}{A}, \ \sigma'' = -\frac{M_y z}{I_y} = -\frac{F \cdot e_z \cdot z}{I_y}, \ \sigma''' = -\frac{M_z y}{I_z} = -\frac{F \cdot e_y \cdot y}{I_z}$$

根据叠加原理，并注意到 $I_z = A i_z^2$，$I_y = A i_y^2$，可得任意横截面上任一点 $K(y、z)$ 处的正应力为

$$\sigma = \sigma' + \sigma'' + \sigma''' = -\frac{F}{A} - \frac{F \cdot e_z \cdot z}{I_y} - \frac{F \cdot e_y \cdot y}{I_z} = -\frac{F}{A}\left(1 + \frac{e_z z}{i_y^2} + \frac{e_y y}{i_z^2}\right) \tag{8-4}$$

式(8-4)中，i_y、i_z 分别为截面对 y、z 轴的惯性半径。

为了确定危险点的位置，先要确定中性轴的位置。假设中性轴上各点的坐标为 y_0 和 z_0，由中性轴上各点的正应力均为零的特点，将 y_0 和 z_0 代入式(8-4)，可得

$$1 + \frac{e_z z_0}{i_y^2} + \frac{e_y y_0}{i_z^2} = 0 \tag{8-5}$$

这是一个直线方程，称为**中性轴方程**，中性轴位置如图 8-6(a)所示。可见中性轴是一条位于 Oyz 面内的直线，它可能位于截面之内，也可能位于截面之外，或与截面周边相切，这取决于叠加后截面上正应力的分布情况。

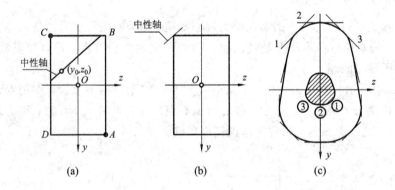

图 8-6

偏心压(拉)杆任一横截面均为危险截面，危险点是距中性轴最远处的点。对矩形截面，不难看出危险点为图 8-6(a)中的 A 点或 C 点，危险点的应力状态为单向应力状态。若杆用塑性材料制成，则其强度条件为

$$|\sigma_{max}| = |\sigma_{c\,max}| = \left|-\frac{F_N}{A} - \frac{M_y}{W_y} - \frac{M_z}{W_z}\right| \leqslant [\sigma] \tag{8-6}$$

若杆用脆性材料制成，当杆件横截面上出现拉应力时，则应分别建立拉压强度条件：

$$\sigma_{t\,max} = -\frac{F_N}{A} + \frac{M_y}{W_y} + \frac{M_z}{W_z} \leqslant [\sigma_t] \tag{8-7}$$

$$|\sigma_{c\,max}| = \left| -\frac{F_N}{A} - \frac{M_y}{W_y} - \frac{M_z}{W_z} \right| \leqslant [\sigma_c] \qquad (8-8)$$

具体计算时,式(8-6)～式(8-8)中的弯矩均以绝对值代入,最大应力所在的位置应根据物理意义确定。应该指出,对于偏心压杆,只有粗短杆才能用上式进行强度计算,而对于细长杆则有可能会发生失稳现象,应对其采用第9章的稳定性理论,进行稳定性分析。

另外,式(8-6)～式(8-8)是根据偏心压缩推导出来的,对于偏心拉伸,公式不能直接套用,需要根据物理意义做适当修改。

*8.2.3 截面核心

在机械设备和工程结构中,许多承压构件都是用脆性材料制成的,如铸铁或混凝土。由于脆性材料的抗压能力远远大于其抗拉能力,因此应尽量避免在横截面上出现拉应力。

由式(8-5)可知,中性轴与 z 轴的交点坐标为 $\left(-\frac{i_y^2}{e_z}, 0\right)$,与 y 轴的交点坐标为 $\left(0, -\frac{i_z^2}{e_y}\right)$,可见偏心距越小,中性轴距截面形心越远。当中性轴位于截面边缘并与其相切时,横截面上只有压应力而无拉应力,如图8-6(b)所示。因此,要使横截面上只存在压应力,必须对偏心压力作用点 (e_y, e_z) 的位置加以限制,使其位于某一范围内,此范围称之为截面核心。

图8-6(c)为一受压杆件的横截面(任意形状),若中性轴1对应的压力点为①,中性轴2对应的压力点为②,中性轴3对应的压力点为③…… 所用这些压力点①、②、③……围成一封闭区域,当偏心压力位于该区域内时,横截面上各点处均受压,此封闭区域即为**截面核心**,如图8-6(c)中的阴影区所示。

例8-2 某钻床结构简图如图8-7所示,钻床在钻孔时受到 $F=15$ kN的工件反力作用,已知偏心距 $e=0.4$ m,钻床立柱直径 $d=125$ mm,铸铁立柱的许用拉应力 $[\sigma_t]=35$ MPa,许用压应力 $[\sigma_c]=120$ MPa。试校核该立柱的强度。

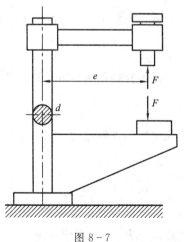

图8-7

解 (1)外力分析。

将作用在钻头上的力 F 平移到立柱轴线,同时得到一个力和一个附加力偶,附加力偶之矩 $M_e=F\cdot e$,力 F 使立柱产生轴向拉伸,附加力偶使立柱产生平面弯曲。所以,立柱的变形为拉弯组合变形。

(2)内力分析。

轴向拉伸的轴力 $F_N=F=15$ kN,附加力偶矩即为弯矩,其值为 $M=F\cdot e=6$ kN·m。

(3)危险点判断。

轴向拉力在任一横截面上任意一点引起的应力相等,作用在立柱任一横截面的弯矩相等,弯矩在左侧引起最大压应力,在右侧引起最大拉应力,从弯曲考虑危险点为立柱左侧或右侧面上的任意一点。

（4）应力分析与强度校核。

轴向拉伸引起的正应力值为

$$\sigma' = \frac{F_N}{A} = \frac{4F}{\pi d^2} = \frac{4 \times 15 \times 10^3}{\pi \times 125^2} \approx 1.22 \text{ MPa}$$

由弯曲引起的正应力最大值为

$$\sigma'' = \frac{M}{W_z} = \frac{32M}{\pi d^3} = \frac{32 \times 6 \times 10^6}{\pi \times 125^3} \approx 31.29 \text{ MPa}$$

应力叠加后，最大拉应力发生在立柱的右侧，其值为

$$\sigma_{t\,max} = \sigma' + \sigma'' = 32.51 \text{ MPa} < [\sigma_t]$$

最大压应力发生在立柱的左侧，其值为

$$\sigma_{c\,max} = |\sigma' - \sigma''| = 30.07 \text{ MPa} < [\sigma_c]$$

所以，钻床立柱满足强度条件。

由此例可以看出，偏心拉压中的偏心距越大，弯曲应力所占比例就越高。因此，要提高偏心拉压杆件的强度，就应尽可能减小偏心距或尽量避免杆件偏心受载。

* **例 8-3** 短柱的截面为矩形，尺寸为 $b \times h$，如图 8-8 所示，试确定截面核心。

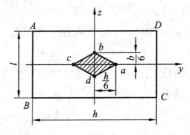

图 8-8

解 对称轴 y、z 即为截面图形的形心主惯性轴，而且

$$i_y^2 = \frac{b^2}{12}, \quad i_z^2 = \frac{h^2}{12}$$

设中性轴与 AB 边重合，则中性轴在坐标轴上的截距为

$$a_y = -\frac{h}{2}, \quad a_z = \infty$$

代入中性轴方程式(8-5)，得到偏心压力 F 的作用点 a 的坐标为

$$e_y = -\frac{i_z^2}{a_y} = \frac{h}{6}, \quad e_z = -\frac{i_y^2}{a_z} = 0$$

同理，当中性轴与 BC 边重合时，偏心压力 F 的作用点 b 的坐标为 $b(0, b/6)$。用同样的方法可以确定 c 点和 d 点，由于中性轴方程为直线方程，因此可得图 8-8 中矩形截面的截面核心为 $abcd$（阴影线所示菱形）。

8.3 弯曲与扭转的组合

杆件在扭力偶矩和横向力共同作用时，将发生弯曲与扭转的组合变形。轴受纯扭转的情况是很少见的，一般来说，轴在受到扭转作用的同时还受到弯曲作用，例如转轴、曲柄轴均是如此。对这类轴就必须按弯扭组合变形进行强度计算。

8.3.1 弯曲与扭转组合变形时轴的强度计算

现以图 8-9 所示的电机轴外伸段为例,讨论杆件作弯曲与扭转组合变形时的强度计算问题。电机轴的外伸端装一皮带轮,两边皮带张力分别为 F_1 和 F_2,设 $F_1 > F_2$,轮的自重忽略不计。

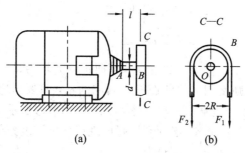

图 8-9

电机轴外伸段可简化为左端固定、右端自由的圆轴,如图 8-10(a)所示。将皮带张力向自由端面内简化,可得一向下的合力 F 和一合力偶矩 M_e,合力 F 的大小为 $F = F_1 + F_2$,合力偶矩的大小为 $M_e = (F_1 - F_2)R$。力偶矩 M_e 使轴发生扭转变形,而横向力 F 使轴发生弯曲变形。对一般的轴,横向力引起的切应力影响很小,可以忽略不计。这样,电机轴外伸段的变形可视为弯曲与扭转的组合变形。

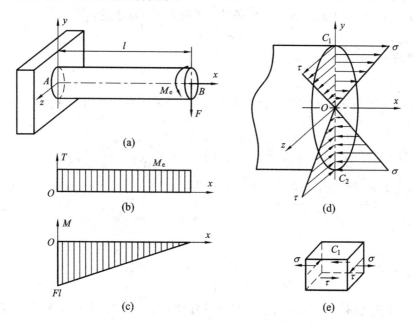

图 8-10

由图 8-10(a)可以看出,各横截面上的扭矩相同,其大小均为 $T = M_e$;各横截面上弯矩不同,在固定端截面上弯矩最大,大小为

$$M_{max} = Fl$$

分别绘出轴的扭矩图和弯矩图,如图 8-10(b)、(c)所示。由内力图可知,固定端截面是圆轴的危险截面。

在危险截面上由扭矩所产生的切应力 τ 沿半径按线性规律变化,如图 8 − 10(d)所示。在该截面边缘各点上扭转切应力最大,其值为

$$\tau = \frac{T}{W_P}$$

在危险截面上,弯矩所产生的正应力沿截面高度按线性规律变化,如图 8 − 10(d)所示。在该截面上、下边缘 C_1 和 C_2 两点的弯曲正应力最大,其值为

$$\sigma = \pm \frac{M_{max}}{W_z}$$

由以上分析可知,C_1、C_2 两点处切应力和弯曲正应力均为最大,故 C_1、C_2 两点均为危险点。对于由抗拉、抗压强度相同的塑性材料制成的轴,只要研究其中一点就够了。现取 C_1 点为研究对象,在 C_1 点附近截取一单元体,如图 8 − 10(e)所示。单元体的侧面上有正应力 σ 和切应力 τ,为平面应力状态,必须利用强度理论建立强度条件。由平面应力状态极值应力的计算公式,可得 C_1 点处的主应力为

$$\sigma_1 = \frac{1}{2} \left[\sigma + \sqrt{\sigma^2 + 4\tau^2} \right]$$

$$\sigma_2 = 0$$

$$\sigma_3 = \frac{1}{2} \left[\sigma - \sqrt{\sigma^2 + 4\tau^2} \right]$$

求得主应力后,就可以按照不同的强度理论建立强度条件。对于由塑性材料制成的轴,应按第三或第四强度理论建立强度条件。如用第三强度理论,强度条件为

$$\sigma_{r3} = \sigma_1 - \sigma_3 \leqslant [\sigma]$$

将前面所得的 σ_1、σ_3 代入,经化简后可得

$$\sigma_{r3} = \sqrt{\sigma^2 + 4\tau^2} \leqslant [\sigma] \tag{8−9}$$

将弯曲正应力和扭转切应力的计算公式代入上式,并考虑到圆截面的 $W_P = 2W_z$,上述强度条件可改写为

$$\sigma_{r3} = \sqrt{\left(\frac{M}{W_z} \right)^2 + 4 \left(\frac{T}{W_P} \right)^2} = \frac{\sqrt{M^2 + T^2}}{W_z} \leqslant [\sigma] \tag{8−10}$$

若采用第四强度理论,同理可得强度条件为

$$\sigma_{r4} = \sqrt{\frac{1}{2} \left[(\sigma_1 - \sigma_2)^2 + (\sigma_2 - \sigma_3)^2 + (\sigma_3 - \sigma_1)^2 \right]} = \sqrt{\sigma^2 + 3\tau^2} \leqslant [\sigma] \tag{8−11}$$

或

$$\sigma_{r4} = \frac{\sqrt{M^2 + 0.75T^2}}{W_z} \leqslant [\sigma] \tag{8−12}$$

式(8−10)和式(8−12)同样适用于空心圆轴的计算。这时,式中的 W_z 要用空心圆轴的抗弯截面系数。

上述强度条件中的(8−9)和(8−11)两式,适用于图 8 − 10(e)所示的平面应力状态,其中的 σ 和 τ 可正可负,并且不用考虑应力是由何种变形引起的;而式(8−10)和式(8−12)不仅适用于弯扭组合下的圆形截面杆件,也适用于空心圆轴的计算,此时,式中的 W_z 要用空心圆轴的抗弯截面模量。

例 8 − 4 某传动轴如图 8 − 11 所示。已知电动机通过联轴器作用在截面 A 上的外力偶

矩 $M_e = 1$ kN·m，皮带紧边和松边的张力分别为 F 和 F'，其中 $F = 2F'$，轴承 C、B 的间距 $l = 200$ mm，皮带轮的直径 $D = 300$ mm，轴用 Q235 钢制成，许用应力 $[\sigma] = 160$ MPa。试按第三强度理论设计轴的直径 d。

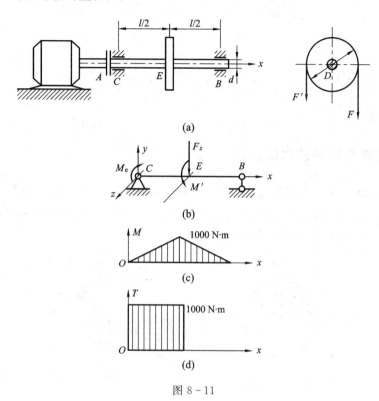

图 8 - 11

解 （1）外力分析。

轴 AB 在截面 A 受力偶矩 $M_e = 1$ kN·m 的外力偶作用，在截面 E 上受皮带张力 F 和 F' 作用。将 F 和 F' 向轴 AB 的轴线简化，力学模型如图 8 - 11(b)所示，得作用在截面 E 的横向力 F_z 和力偶矩 M'，其值分别为

$$F_z = F + F' = 3F' \tag{a}$$

$$M' = \frac{FD}{2} - \frac{F'D}{2} = \frac{F'D}{2} \tag{b}$$

稳定运转时，所有的力对 x 轴取矩的代数和为零，即

$$\sum M_x = M_e - M' = 0 \tag{c}$$

式(a)、(b)、(c)联立求解，可得

$$F' = \frac{2M_e}{D} = 6.67 \text{ kN}, \quad F_z = F + F' = 20 \text{ kN}$$

（2）内力分析。

作轴的弯矩图和扭矩图，如图 8 - 11(c)、(d)所示。显然截面 E 为危险截面，该截面的扭矩和弯矩分别为

$$T = M = 1000 \text{ N} \cdot \text{m}$$

$$M = \frac{Pl}{4} = 1000 \text{ N} \cdot \text{m}$$

(3) 设计轴径。

由第三强度理论强度条件式(8-10)可知：

$$\sigma_{r3} = \sqrt{\left(\frac{M}{W_z}\right)^2 + 4\left(\frac{T}{W_P}\right)^2} = \frac{\sqrt{M^2 + T^2}}{W_z} \leqslant [\sigma]$$

式中，$W_z = \dfrac{1}{32}\pi d^3$，所以有

$$d \geqslant \sqrt[3]{\frac{32\sqrt{M^2 + T^2}}{\pi[\sigma]}} = \sqrt[3]{\frac{32\sqrt{(1000 \times 10^3)^2 + (1000 \times 10^3)^2}}{\pi \times 160}} = 44.82 \text{ mm}$$

取 $d = 45$ mm。

8.3.2 双向弯曲时轴的强度计算

设圆轴弯曲时，在两个正交的纵向对称面内均存在弯矩，xy 面内的弯矩记为 M_z，xz 面内的弯矩记为 M_y，如图 8-12(a)所示。$\boldsymbol{M}_z$ 在截面上的 A、A' 点处引起最大弯曲正应力，$\boldsymbol{M}_y$ 在截面上的 B、B' 点处引起最大弯曲正应力。

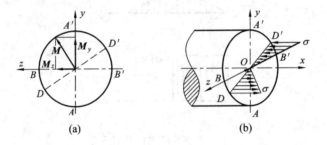

(a)　　　　　(b)

图 8-12

为了求 $\boldsymbol{M}_z$ 与 $\boldsymbol{M}_y$ 共同作用时横截面上的最大弯曲正应力，可以用矢量合成的方法先将弯矩合成，称之为复合弯矩，复合弯矩的大小为

$$M = \sqrt{M_z^2 + M_y^2} \tag{8-13}$$

过圆心做垂直于 $\boldsymbol{M}$ 的直径 DD'，复合弯矩位于 x 轴与 DD' 决定的纵向对称面内。由于圆截面的特殊性，过轴线的任意纵截面均为纵向对称面，复合弯矩引起的弯曲正应力，可用平面弯曲时的应力计算公式进行计算，最大弯曲正应力在 D、D' 点，如图 8-12(b)所示，最大应力的大小为

$$\sigma = \frac{M}{W_{DD'}} = \frac{M}{W} \tag{8-14}$$

式中，M 为复合弯矩的大小，$W_{DD'} = W = \dfrac{\pi}{32}d^3$。

需要说明的是，由于 $\boldsymbol{M}_z$、$\boldsymbol{M}_y$ 随着横截面位置的不同而改变，因此复合弯矩的大小方位也随之而变，复合弯矩的作用面随着横截面位置的不同而改变，最大弯曲正应力的位置也会随之改变；变形后轴线也不再保持为平面曲线，而应是一条空间曲线。无论如何，最大弯曲正应力的数值均可用式(8-14)计算。

双向弯曲与扭转同时存在时，可直接套用式(8-9)～式(8-12)对其进行强度计算。式

中的正应力用复合弯矩引起的最大弯曲正应力，弯矩用复合弯矩。

例 8-5　图 8-13(a)为一传动轴的示意图。C 轮皮带处于水平位置，D 轮皮带处于铅垂位置，两皮带的张力分别为 $F=3900$ N，$F'=1500$ N，两轮的直径均为 600 mm，材料许用应力 $[\sigma]=80$ MPa。试按第四强度理论确定实心轴的直径。

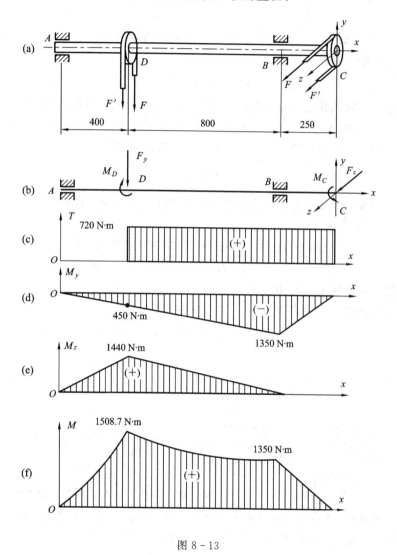

图 8-13

解　(1) 外力分析。

将 D 轮上皮带张力向圆轴 AC 的轴线简化，得一合力 F_y 和一力偶矩 M_D，其大小分别为

$$F_y = F + F' = 3900 + 1500 = 5400 \text{ N}$$

$$M_D = (F - F') \cdot \frac{D}{2} = \frac{(3900 - 1500) \times 600}{2} = 7.2 \times 10^5 \text{ N} \cdot \text{mm}$$

同理，将 C 轮上皮带张力向轴线简化，得一合力 F_z 及力偶矩 M_C，且

$$F_z = 5400 \text{ N}$$

$$M_C = 7.2 \times 10^5 \text{ N} \cdot \text{mm}$$

计算简图如图 8-13(b)所示，在水平力 F_z 的作用下，轴在 xz 平面内发生弯曲，在铅垂力 F_y 作用下，轴在 xy 平面内发生弯曲，而力偶矩 M_C、M_D 使轴段 CD 发生扭转变形，因此，CD 段同时发生扭转和两个方向的平面弯曲，此问题属于双向弯曲与扭转的组合变形问题。

(2) 内力分析。

作轴的扭矩图如图 8-13(c)所示，作两个方向的弯矩图，如图 8-13(d)、(e)所示。对于该圆轴，复合弯矩的大小为

$$M = \sqrt{M_y^2 + M_z^2}$$

如前所述，不同截面上的复合弯矩一般作用在不同的纵向对称面内，但为了比较各个截面上复合弯矩的大小，才将复合弯矩画在同一平面内。复合弯矩的大小沿轴线变化情况如图 8-13(f)所示。对于圆轴，各个截面上最大弯曲正应力为

$$\sigma = \frac{M}{W}$$

由复合弯矩图和扭矩图可知，皮带轮 D 右侧的 D^+ 截面为危险截面，该截面上的复合弯矩和扭矩大小分别为

$$M = 1508.7 \text{ N·m} = 1.51 \times 10^6 \text{ N·mm}$$
$$T = 720 \text{ N·m} = 7.2 \times 10^5 \text{ N·mm}$$

(3) 按第四强度理论设计轴径。

由第四强度理论的强度条件

$$\sigma_{r4} = \frac{\sqrt{M^2 + 0.75T^2}}{W}$$

式中，W 为圆截面的抗弯截面系数，$W = \frac{\pi}{32}d^3$。

可得

$$d \geqslant \sqrt[3]{\frac{32\sqrt{M^2 + 0.75T^2}}{\pi[\sigma]}} = \sqrt[3]{\frac{32\sqrt{(1.51 \times 10^6)^2 + 0.75 \times (7.2 \times 10^5)^2}}{\pi \times 80}} \approx 59.71 \text{ mm}$$

取轴的直径为 $d = 60$ mm。

例 8-6　位于水平面内的等圆截面曲杆 AB，其轴线为 1/4 圆弧，圆弧的半径 $R = 600$ mm，杆的 B 端固定，A 端承受铅垂载荷 $F = 1.5$ kN，如图 8-14(a)所示。材料的许用应力 $[\sigma] = 80$ MPa，试按第三强度理论设计曲杆的直径。

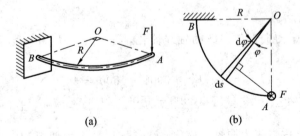

图 8-14

解　如图 8-14(b)所示，任一横截面 φ 上，其内力分量为

$$M = FR \sin\varphi, \quad T = FR(1 - \cos\varphi)$$

容易判定，曲杆的危险截面为固定端截面 B，此时 $\varphi = \pi/2$，危险截面上的内力分量大小为

$$M_{max} = T_{max} = FR$$

危险点位于危险截面 B 的上、下边缘处。在弯扭转组合变形下，由第三强度理论建立的强度条件式（8-10）可得

$$\sigma_{r3} = \frac{1}{W} \sqrt{M_{max}^2 + T_{max}^2} \leqslant [\sigma]$$

式中，W 抗弯截面模量，$W = \dfrac{\pi d^3}{32}$，代入上式可得

$$
\begin{aligned}
d &\geqslant \sqrt[3]{\frac{32\sqrt{M_{max}^2 + T_{max}^2}}{\pi[\sigma]}} \\
&= \sqrt[3]{\frac{32\sqrt{(FR)^2 + (FR)^2}}{\pi[\sigma]}} \\
&= \sqrt[3]{\frac{32 \times \sqrt{2 \times (1.5 \times 10^3 \times 600)^2}}{\pi \times 80}} \\
&\approx 54.52 \text{ mm}
\end{aligned}
$$

取曲杆的直径为 $d = 55$ mm。

思 考 题

8-1 什么是组合变形？工程上常见的组合变形情况有哪几种？

8-2 什么是叠加原理？叠加原理的适用条件是什么？

8-3 利用叠加原理分析组合变形问题时，对外力进行分解或简化的原则是什么？

8-4 试判别思考题 8-4 图中曲杆 $ABCD$ 上 AB、BC 和 CD 段的变形类型。

8-5 思考题 8-5 图中所示的杆件上对称地作用有两个力 F，杆件将发生什么变形？若去掉其中一个力后杆件又将发生什么变形？

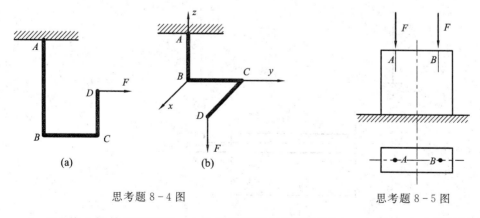

(a)   (b)

思考题 8-4 图   思考题 8-5 图

8-6 偏心拉伸（压缩）时，中性轴是否通过横截面形心？怎样确定中性轴的位置？中性轴具有什么特点？

8-7　何谓截面核心？如何求截面核心？试以矩形截面为例，说明确定截面核心的方法和步骤。

8-8　压力机立柱用铸铁材料制成，受力情况如思考题 8-8 图所示，从强度考虑，其横截面 $m-m$ 应采用哪种截面形状比较合理？为什么？

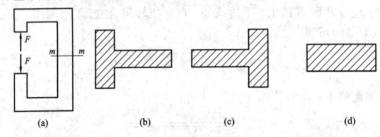

(a)　　　　　(b)　　　　　(c)　　　　　(d)

思考题 8-8 图

8-9　一圆截面杆的危险截面上同时承受轴力 F_N、扭矩 T 和弯矩 M。现按下式计算危险点的应力 $\sigma = \dfrac{F_N}{A} + \dfrac{\sqrt{T^2 + M^2}}{W}$，对吗？为什么？

8-10　画出矩形截面杆拉伸与弯曲组合变形时横截面上可能出现的几种应力分布情况，再画出圆形截面杆弯曲与扭转组合变形时横截面上的应力分布情况。说明这两种情况在危险点处的应力状态有什么区别。

 习　　题

8-1　试求题 8-1 图所示的构件在指定截面上的内力分量，并分析构件将发生何种变形。

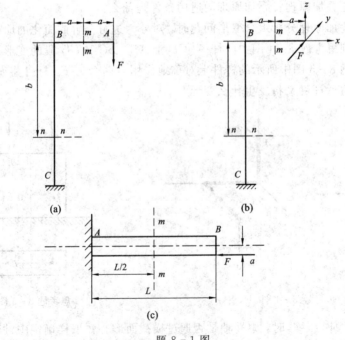

(a)　　　　　　　(b)

(c)

题 8-1 图

8-2 试分别求出题 8-2 图所示不等截面及等截面杆内的最大正应力，并作比较。

8-3 一铸铁 C 形夹具如题 8-3 图所示，材料拉伸和压缩许用应力分别为$[\sigma_t]=$ 40 MPa，$[\sigma_c]=20$ MPa，试确定结构的许可夹紧力 P 的大小。

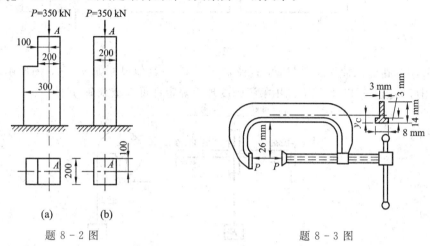

题 8-2 图　　　　　　　题 8-3 图

8-4 三角形构架 ABC 受力如题 8-4 图所示。水平杆 AB 由 No32a 号工字钢制成，材料的许用应力$[\sigma]=150$ MPa，试求 AB 杆的最大应力并校核强度。

8-5 题 8-5 图所示钻床，受力 F＝15 kN，铸铁立柱的许用拉应力$[\sigma_t]=35$ MPa，试确定立柱的直径 d。

8-6 有一拉杆如题 8-6 图所示，截面为边长 a 的正方形，拉力 F 与杆轴重合。后因使用上的需要，在杆的某一段范围内开一 a/2 宽的切口。试求 m-m 截面上的最大拉应力，并和截面削弱以前的拉应力值进行比较。

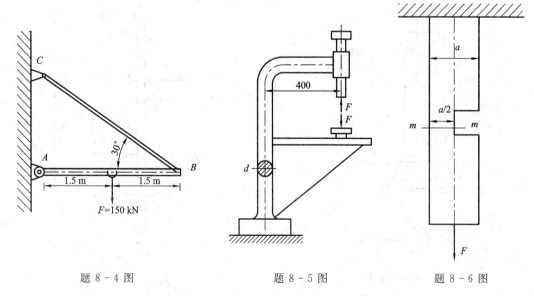

题 8-4 图　　　　　　题 8-5 图　　　　　　题 8-6 图

8-7 受拉构件形状如题 8-7 图所示，已知截面尺寸为 40 mm×5 mm，通过轴线的拉力 F＝12 kN。现拉杆开有切口，如不计应力集中影响，当材料的许用应力$[\sigma]=100$ MPa时，试确定切口的容许最大深度，并绘出切口截面的应力变化图。

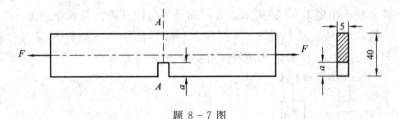

题 8-7 图

8-8 卷扬机轴为圆形截面,直径 $d=30$ mm,其他尺寸如题 8-8 图所示。机轴材料的许用应力 $[\sigma]=120$ MPa,试用第三强度理论确定许可起重载荷 $[F]$。

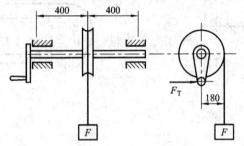

题 8-8 图

8-9 一起重螺旋的载荷和尺寸如题 8-9 图所示。已知起重载荷 $W=40$ kN。若起重时推力 $F=320$ N,力臂 $l=500$ mm,起重最大高度 $h=300$ mm,螺纹内径 $d=40$ mm,螺杆的许用应力 $[\sigma]=100$ MPa。试用第三强度理论校核螺杆强度。

8-10 一垂直轴安装两只带轮,如题 8-10 图所示。B 轮直径 $d_1=100$ mm,C 轮直径 $d_2=250$ mm,轴受到的胶带张力如图所示。若轴的许用应力 $[\sigma]=140$ MPa,试校核轴的强度。

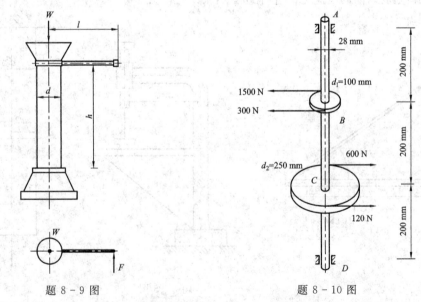

题 8-9 图   题 8-10 图

8-11 题 8-11 图为一齿轮传动机构,轴 AB 的中间段传递的外力偶矩为 1200 N·m,假定齿轮啮合力沿着节圆切线方向,材料许用应力 $[\sigma]=80$ MPa,各构件自重忽略不计,图中尺寸单位为 mm。试按第三、第四强度理论设计该轴的直径。

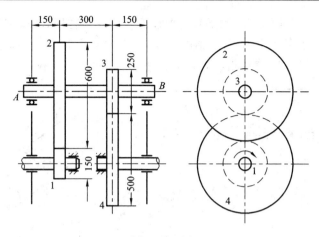

题 8-11 图

8-12　如题 8-12 图所示,圆截面折杆 ABC 位于水平面内,AB 段与 BC 段垂直, $L=150$ mm, $a=140$ mm。铅垂向下的作用力 $F=20$ kN,材料的许用应力 $[\sigma]=160$ MPa。

(1) 画出 AB 段的弯矩图和扭矩图。

(2) 指出危险截面的位置并且用最大切应力理论确定 AB 段的直径。

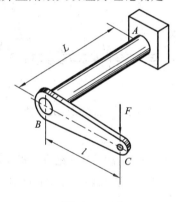

题 8-12 图

8-13　如题 8-13 图所示的传动轴,直径 $d=80$ mm,转速 $n=110$ r/min,传递功率 $P=11$ kW,外伸段长度 $l=520$ mm,胶带紧边张力为其松边张力的 3 倍,皮带轮直径 $D=660$ mm,若轴的许用应力 $[\sigma]=70$ MPa,试按第三强度理论校核该传动轴外伸段的强度。

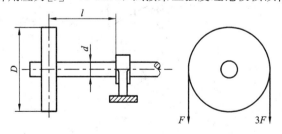

题 8-13 图

8-14　如题 8-14 图所示的传动轴,在外力偶矩 M_e 的作用下作匀速转动,轮直径 $D=0.5$ m,拉力 $F_1=10$ kN, $F_2=5$ kN,轴的直径 $d=90$ mm, $l=500$ mm。若轴的许用应力 $[\sigma]=50$ MPa,试按第三强度理论校核轴的强度。

8-15　如题 8-15 图所示，水平直角折杆受竖直力 P 作用，已知轴直径 $d=100$ mm，$E=200$ GPa，在 D 截面顶点 K 测出轴向应变 $\varepsilon_0=2.75\times10^{-4}$，若材料的许用应力$[\sigma]=160$ MPa。试求该折杆危险点的相当应力 σ_{r3}，并用第三强度理论校核该杆的强度。

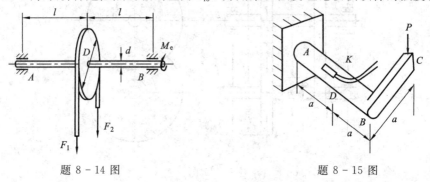

题 8-14 图　　　　　　　　　　　　题 8-15 图

8-16　题 8-16 图为一皮带轮装置。1、2 轮上皮带张力沿铅垂方向，3 轮上皮带张力沿水平方向，已知：$F_1=F_2=1.5$ kN，1、2 两轮的直径均为 300 mm，3 轮的直径为 450 mm，轴的直径为 60 mm，材料的许用应力$[\sigma]=80$ MPa，图中尺寸单位为 mm。试按第三强度理论校核该轴的强度。

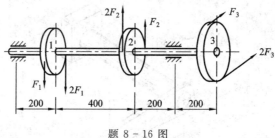

题 8-16 图

8-17　一指路牌如图 8-17 所示，立柱为一钢管，指路牌的重量为 P，作用在指路牌上的水平风力为 F，试分析此立柱的内力，指出危险截面和危险点的位置，并画出危险点处的应力单元体。

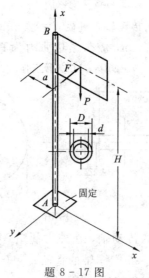

题 8-17 图

第 9 章 压杆稳定

9.1 引 言

绪论中曾指出，要保证构件安全正常地工作，必须使其同时满足强度、刚度、稳定性三方面的要求。前面章节主要讨论了强度、刚度问题，本章讨论稳定性问题。

1. 平衡稳定性的概念

构件在压力或其他特定载荷作用下，在某一位置保持平衡，这一位置称为刚体的平衡位形或弹性体的平衡构形。刚体的平衡位形与弹性体的平衡构形都存在稳定与不稳定的问题。例如，图 9-1(a)所示竖直放置的刚性直杆 AB，下端铰支，上端用刚度系数为 k 的水平弹簧支持。在铅垂载荷 F 作用下，刚杆在竖直位置保持平衡，此时弹簧处于自然状态。假设刚杆受到微小侧向扰动，使杆端产生微小的侧向位移 δ（见图 9-1(b)），则弹簧产生水平恢复力 $k\delta$。此时，载荷 F 对 A 点的力矩 $F\delta$ 将使杆更加偏离竖直的平衡位形，而弹簧力的力矩 $k\delta l$ 将使杆恢复其初始平衡位形。如果 $F\delta < k\delta l$，即 $F < kl$，则在上述干扰解除后，刚杆将自动恢复至初始平衡位形，说明在该载荷作用下，刚杆在竖直位置的平衡位形是稳定的。如果 $F\delta > k\delta l$，即 $F > kl$，则在干扰解除后，刚杆不仅不能自动返回其初始的平衡位形，而且还将继续偏转，这说明在该载荷作用下，刚杆在竖直位置的平衡位形是不稳定的。如果 $F\delta = k\delta l$，即 $F = kl$，则刚杆既可以在竖直位置保持平衡，也可以在任意微小偏斜状态下保持平衡，这种平衡称为**随遇平衡**。随遇平衡实质上也是一种不稳定平衡，它介于稳定平衡与不稳定平衡之间，也称为**临界平衡**。可见，当杆长 l 与弹簧常数 k 确定之后，刚性直杆 AB 竖直平衡位形的性质，由载荷 F 的大小而定。使压杆的直线形式平衡位形由稳定向不稳定过渡的临界状态的载荷值称为**临界载荷**，并用 F_{cr} 表示。

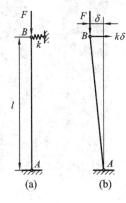

图 9-1

对于轴向受压的细长弹性直杆也存在类似情况。图 9-2 所示两端铰支的细长理想直杆，受力后处于直线平衡构形。在任意微小侧向干扰下，压杆将产生微小弯曲（见图 9-2(a)）。外界微小干扰去除后将出现两种不同情况：当轴向压力较小时，压

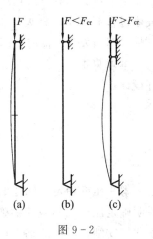

图 9-2

杆最终将恢复其直线平衡构形(见图9-2(b));当轴向压力较大时,压杆不仅不能恢复其直线平衡构形,而且将继续弯曲,产生显著的弯曲变形(见图9-2(c)),甚至破坏。上述情况表明:当轴向压力小于临界载荷 F_{cr} 时,压杆直线平衡构形是稳定的;当轴向压力大于临界载荷 F_{cr} 时,压杆直线平衡构形是不稳定的,在任意微小的外界扰动下,压杆的直线平衡构形会突然转变为弯曲的平衡构形,这种过程称为**屈曲**或**失稳**。在临界载荷 F_{cr} 作用下,压杆既可在直线构形下保持平衡,也可在微弯构形下保持平衡。所以,当轴向压力达到或超过临界载荷时,压杆直线平衡构形将会失稳。

2. 工程中的失稳现象

工程中受压的杆件是很多的,例如各种建筑的立柱、各种液压机械的活塞杆、机床的丝杠、曲柄连杆机构中的连杆、桥梁与钻井井架等桁架结构中的压杆等,它们都有平衡构形的稳定性问题。除细长压杆外,其他弹性构件也存在稳定性问题。例如,若薄壁圆管受压或受扭,当轴向压力或扭矩达到或超过一定数值时,圆管将突然发生皱褶(见图9-3)。图9-4(a)所示狭长矩形截面梁,当载荷 F 达到或超过一定数值时,梁将突然发生翘曲;图9-4(b)所示承受径向外压的圆柱形薄壳,当外压 p 达到或超过一定数值时,圆环形截面将突然变为椭圆形。

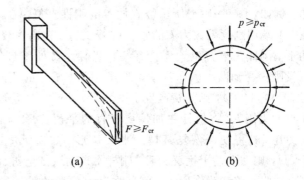

图 9-3　　　　　　　　　　　　　　　　　　图 9-4

失稳现象由于其发生的突然性与破坏的彻底性(使整体结构毁坏、坍塌),不仅会造成物质上的巨大损伤,而且还危及人的生命安全。早在19世纪,曾经在瑞士、俄国、加拿大发生过多起由于压杆失稳引起铁路桥梁坍塌的灾难性事故。在日常工程实际中,构件失稳破坏也时有发生。稳定性问题是工程设计中极为重要的问题之一。

本章将主要讲述有关压杆稳定性的概念、临界载荷的计算方法、压杆的稳定校核与合理设计。

9.2　细长压杆的临界载荷

解决压杆稳定性问题的主要任务是确定临界载荷。本节以两端铰支的细长压杆为例,说明确定压杆临界载荷的弹性静力学方法,进一步阐述压杆稳定性的一些概念,并确定两端非铰支细长压杆的临界载荷。

9.2.1　两端铰支细长压杆的临界载荷

如图 9-5 所示，两端铰支的等截面细长直杆承受轴向压力作用。在临界状态下，压杆除了直线形式的平衡构形外，还可能存在与之无限接近的微弯平衡构形。现以微弯平衡构形作为其临界状态特征，确定其临界载荷。

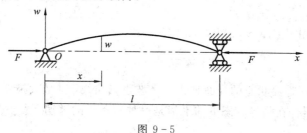

图 9-5

在杆内应力不超过材料的比例极限时，根据小挠度挠曲轴的近似微分方程，压杆的挠曲轴方程 $w=w(x)$ 应满足

$$\frac{\mathrm{d}^2 w}{\mathrm{d}x^2} = \frac{M(x)}{EI} \tag{a}$$

考察微弯状态下任意一段压杆的平衡，得到弯矩方程为

$$M(x) = -Fw \tag{b}$$

将式(b)代入式(a)，得到

$$\frac{\mathrm{d}^2 w}{\mathrm{d}x^2} + k^2 w = 0 \tag{c}$$

式中：

$$k^2 = \frac{F}{EI} \tag{d}$$

二阶常微分方程(c)的通解为

$$w = A \sin kx + B \cos kx \tag{e}$$

式中，A、B、k 均未知，其值由压杆的位移边界条件与微弯变形状态确定。

两端铰支压杆的位移边界条件为

$$w(0) = 0, \quad w(l) = 0 \tag{f}$$

将式(f)代入式(e)，得到

$$B = 0, \quad A \sin kl = 0 \tag{g}$$

由于压杆处于微弯状态，A 和 B 不全为零，因此

$$\sin kl = 0 \tag{h}$$

而要满足此条件，则要求

$$kl = n\pi \quad (n = 0, 1, 2 \cdots) \tag{i}$$

将式(i)代入式(d)，于是得

$$F_{cr} = \frac{n^2 \pi^2 EI}{l^2} \quad (n = 0, 1, 2 \cdots) \tag{j}$$

使压杆在微弯状态下保持平衡的最小轴向压力即为压杆的临界载荷。由式(j)取 $n=1$，即得两端铰支细长压杆的临界载荷为

$$F_{cr} = \frac{\pi^2 EI}{l^2} \tag{9-1}$$

式(9-1)是由欧拉于1744年最早提出的,所以通常称为**临界载荷的欧拉公式**,该载荷又称为**欧拉临界载荷**。可以看出,两端铰支细长压杆的临界载荷与截面弯曲刚度成正比,与杆长的平方成反比。对于各个方向约束相同的情形,上式中的惯性矩 I 应为压杆横截面最小主形心惯性矩。

在临界载荷作用下,即 $k = \pi/l$ 时,由式(e)得

$$w = A \sin \frac{\pi x}{l} \tag{9-2}$$

即两端铰支细长压杆临界状态的挠曲轴为一半波正弦曲线,其最大挠度 A 则取决于压杆微弯的程度。可见,压杆在临界状态下的平衡是一种有条件的随遇平衡,微弯程度可以任意,但挠曲轴形状一定。

9.2.2　大挠度理论与实际压杆

式(9-1)与式(9-2)是对于理想压杆根据小挠度挠曲轴近似微分方程得到的。如果采用大挠度挠曲轴的微分方程 $\dfrac{d\theta}{dx} = \dfrac{1}{\rho(x)} = \dfrac{M(x)}{EI}$ 进行理论分析,则轴向压力 F 与压杆最大挠度 w_{max} 之间存在着如图9-6中的曲线 AB 所示的确定关系,其中 A 点为曲线的极值点,相应之载荷 F_{cr} 即为上述欧拉临界载荷。

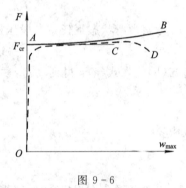

图 9-6

可以看出:当轴向压力 $F < F_{cr}$ 时,压杆只有直线一种平衡构形,而且直线平衡构形是稳定的;当 $F > F_{cr}$ 时,压杆存在两种平衡构形——直线平衡构形(分支 AC 所对应)与屈曲平衡构形(分支 AB 所对应),前者是不稳定的,而后者是稳定的。直线 AC 与曲线 AB 的交点 A 称为临界点,也称为分叉点,因为从 A 点开始,出现两种平衡构形。在 A 点附近,曲线 AB 极为平坦,可近似地用水平线代替曲线,其力学意义是:在 $F = F_{cr}$ 时,压杆既可在直线构形保持平衡,也可在微弯构形保持平衡。由此可见,以微弯构形作为临界状态的特征,并根据挠曲轴的近似微分方程确定临界载荷的方法,不仅简单、正确,而且合理、实用。另外,由于曲线 AB 在 A 点附近极为平坦,因此,当轴向压力 F 略高于临界值 F_{cr} 时,挠度即急剧增加。例如,当 $F = 1.015 F_{cr}$ 时,$w_{max} = 0.11l$,即轴向压力超过临界值的 1.5% 时,最大挠度竟高达杆长的 11%。大挠度理论明确指出了失稳的危险性。

以上讨论是针对理想压杆而言的。对于工程中的实际压杆,由于其轴线可能存在初始曲率,载荷也可能偏心,材料也非绝对均匀等,这些因素都相当于使得压杆发生压弯组合变形。实际压杆的压缩试验给出的载荷与挠度之间的关系如图9-6中的虚线 OD 所示:当压力不大时,压杆即发生微小弯曲变形;弯曲变形随压力增大而缓慢增长,而当压力 F 接近于临界值 F_{cr} 时,挠度急剧增大。试验说明,欧拉临界载荷同样导致实际压杆失效或破坏。所以,用理想压杆作为分析模型解决压杆的承载能力问题是行之有效的方法,这也是常用的模型化方法的一个范例。

9.2.3　两端非铰支细长压杆的临界载荷

对于两端非铰支细长压杆的临界载荷，同样可以用推导欧拉公式的方法求得。为简单起见，下面采用类比的方法，即将各种不同支持条件下的临界微弯变形曲线与两端铰支压杆临界微弯变形曲线相比较，以确定这些压杆的临界载荷。

1. 一端固定、一端自由的细长压杆的临界载荷

图 9 - 7 所示为一端固定、一端自由且长为 l 的细长压杆。当轴向压力 $F=F_{cr}$ 时，该杆的挠曲轴与长为 $2l$ 的两端铰支细长压杆的挠曲轴的一半完全相同。因此，如果二杆各截面的弯曲刚度相同，则临界载荷也相同。所以，一端固定、一端自由且长为 l 的细长压杆的临界载荷为

$$F_{cr} = \frac{\pi^2 EI}{(2l)^2} \tag{9-3}$$

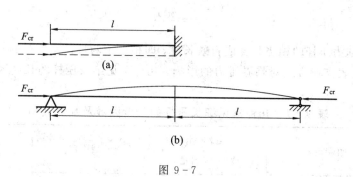

图 9 - 7

2. 两端固定的细长压杆的临界载荷

图 9 - 8 所示为两端固定且长为 l 的细长压杆，当轴向压力 $F=F_{cr}$ 时，该杆的挠曲轴如图 9 - 8(a) 所示，在离两固定端各 $l/4$ 处的截面 A、B 存在拐点，A、B 截面的弯矩均为零。因此，长为 $l/2$ 的 AB 段的两端仅承受轴向压力 F_{cr}（见图 9 - 8(b)），受力情况与长为 $l/2$ 的两端铰支压杆相同。所以，两端固定的压杆的临界载荷为

$$F_{cr} = \frac{\pi^2 EI}{(0.5l)^2} \tag{9-4}$$

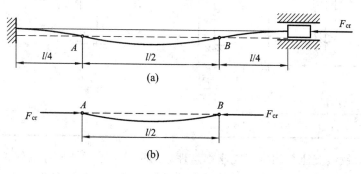

图 9 - 8

3. 一端固定一端铰支的细长压杆的临界载荷

图 9-9 所示为一端固定一端铰支的长为 l 的细长压杆，在微弯临界状态，其拐点与铰支端之间的正弦半波曲线长为 $0.7l$，则该压杆的临界载荷为

$$F_{cr} = \frac{\pi^2 EI}{(0.7l)^2}$$ (9-5)

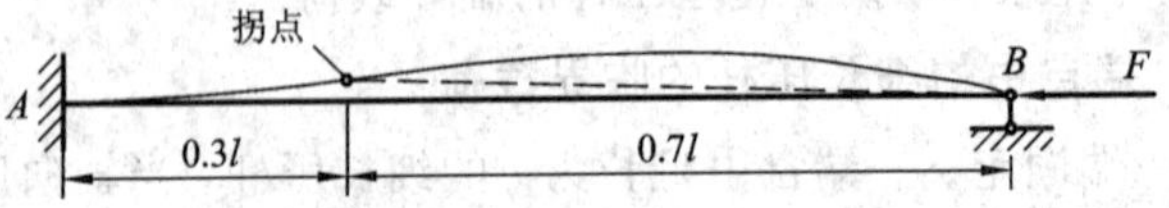

图 9-9

9.2.4 欧拉公式的一般形式

由式(9-1)、式(9-3)、式(9-4)与式(9-5)可知，上述几种细长压杆的临界载荷公式基本相似，只是分母中 l 的系数不同。为了应用方便，将上述公式统一写成如下形式：

$$F_{cr} = \frac{\pi^2 EI}{(\mu l)^2}$$ (9-6)

式中，乘积 μl 称为压杆的**相当长度**或**有效长度**，即相当于两端铰支压杆的长度；系数 μ 称为**长度因数**，代表支持方式对临界压力的影响。几种常见细长压杆的长度因数与临界载荷如表 9-1 所示。

表 9-1　几种常见细长压杆的长度因数及临界载荷

支持方式	两端铰支	一端自由另一端固定	两端固定	一端铰支另一端固定
挠曲轴形状		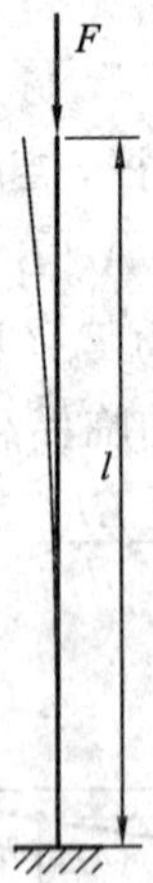	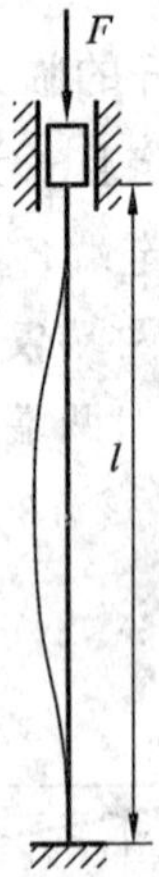	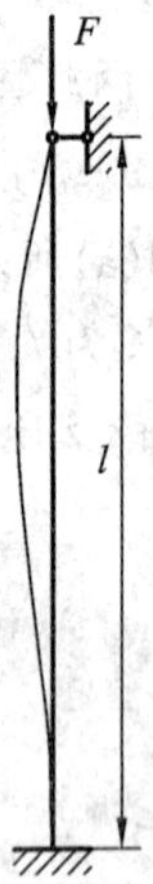
F_{cr}	$\dfrac{\pi^2 EI}{l^2}$	$\dfrac{\pi^2 EI}{(2l)^2}$	$\dfrac{\pi^2 EI}{(0.5l)^2}$	$\dfrac{\pi^2 EI}{(0.7l)^2}$
μ	1.0	2.0	0.5	0.7

必须指出，铰链支座与固定端支座都是理想约束，实际压杆的杆端约束程度通常介于它们之间，其长度因数的选择应对具体情况作具体分析，或参考有关设计规范。另外，还要考虑载荷作用方式以及压杆周围介质对临界载荷的影响。

例 9 - 1　图 9 - 10 所示细长圆截面连杆，长度 $l = 800$ mm，直径 $d = 20$ mm，材料为 Q235 钢，其弹性模量 $E = 200$ GPa。试计算该连杆的临界载荷。

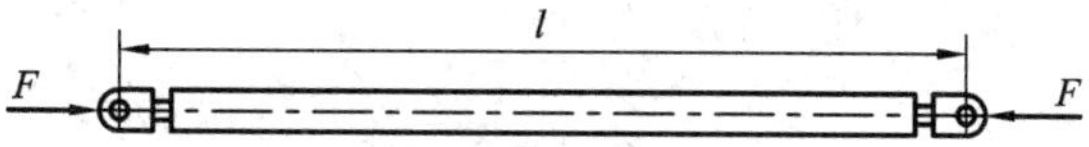

图 9 - 10

解　该连杆为两端铰支细长压杆，$\mu = 1$。根据欧拉公式，其临界载荷为

$$F_{cr} = \frac{\pi^2 EI}{(\mu l)^2} = \frac{\pi^2 E}{l^2} \cdot \frac{\pi d^4}{64} = \frac{\pi^3 \times 200 \times 10^3 \times 20^4}{64 \times 800^2} \approx 2.42 \times 10^4 \text{ N}$$

讨论：在此临界压力作用下，压杆在直线平衡位置时横截面上的应力为

$$\sigma_{cr} = \frac{F_{cr}}{A} = \frac{4 \times 2.42 \times 10^4}{\pi \times 20^2} \approx 77.1 \text{ MPa}$$

Q235 钢的比例极限 $\sigma_p \approx 200$ MPa，表明连杆在临界状态时仍处于线弹性范围内，欧拉公式是适用的。

另外，Q235 钢的屈服极限 $\sigma_s = 235$ MPa，因此，使连杆压缩屈服的轴向压力为

$$F_{NS} = A\sigma_s = \frac{\pi \times 20^2 \times 235}{4} \approx 7.38 \times 10^4 \text{ N}$$

显然，该细长压杆的承载能力是由稳定性要求确定的。

9.3　压杆的临界应力

1. 临界应力与柔度

压杆处于临界状态时横截面上的平均应力，称为压杆的临界应力，并用 σ_{cr} 表示。根据式(9 - 6)，细长压杆临界应力为

$$\sigma_{cr} = \frac{F_{cr}}{A} = \frac{\pi^2 E}{(\mu l)^2} \cdot \frac{I}{A} \tag{a}$$

式中，比值 I/A 是仅与横截面的形状及尺寸有关的几何量，将其用 i^2 表示，即

$$i = \sqrt{\frac{I}{A}} \tag{9 - 7}$$

i 称为**截面的惯性半径**，具有长度量纲。将 i 代入式(a)，并令

$$\lambda = \frac{\mu l}{i} \tag{9 - 8}$$

则细长压杆的临界应力为

$$\sigma_{cr} = \frac{\pi^2 E}{\lambda^2} \tag{9 - 9}$$

式(9 - 9)称为欧拉临界应力公式。式中的 λ 为一无量纲量，称为**柔度**或**细长比**，它综合地反映了压杆的长度、支持方式与截面几何性质对临界应力的影响。式(9 - 9)表明，细长压杆的临界应力与柔度的平方成反比，柔度愈大，临界应力愈低。

2. 欧拉公式的适用范围

欧拉公式是根据挠曲轴近似微分方程建立的，它只在线弹性范围才适用，即要求

$$\sigma_{cr} = \frac{\pi^2 E}{\lambda^2} \leqslant \sigma_p$$

或

$$\lambda \geqslant \pi \sqrt{\frac{E}{\sigma_p}} = \lambda_p \qquad (9-10)$$

式中：

$$\lambda_p = \pi \sqrt{\frac{E}{\sigma_p}} \qquad (9-11)$$

即仅当 $\lambda \geqslant \lambda_p$ 时，欧拉公式才成立。

λ_p 仅随材料而异，对于不同材料的压杆，由于 E、σ_p 各不相同，λ_p 的数值亦不相同。例如对于 Q235 钢制成的压杆，$E \approx 200$ GPa，$\sigma_p = 200$ MPa，于是由式（9-11）得 $\lambda_p \approx 100$。

柔度 $\lambda \geqslant \lambda_p$ 的压杆，称为**大柔度杆**或**细长杆**。这类压杆可能发生弹性失稳，其临界应力可用欧拉公式计算。

3. 临界应力的经验公式

工程实际中存在着大量柔度小于 λ_p 的非细长压杆，其临界应力超过材料的比例极限，属于弹塑性失稳问题。这类压杆的临界应力也可以通过理论分析求得，但工程中通常用经验公式进行计算。

1）直线型经验公式

对于钢材、铸铁、合金钢、铝合金和木材等制成的压杆，直线型经验公式的一般表达式为

$$\sigma_{cr} = a - b\lambda \qquad (9-12)$$

式中，a 与 b 为与材料有关的常数，单位为 MPa，其适用范围为

$$\lambda_0 < \lambda < \lambda_p \qquad (9-13)$$

式中，λ_0 是与材料的压缩极限应力 σ_{cu} 有关的值，因为当临界应力达到压缩极限应力，即 $\sigma_{cr} = \sigma_{cu}$ 时，压杆已因强度不够而失效。例如，对于塑性材料，$\sigma_{cu} = \sigma_s$，由式（9-12）得

$$\lambda_0 = \frac{a - \sigma_s}{b} \qquad (9-14)$$

几种常用材料的 a、b、λ_p、λ_0 值如表 9-2 所示。

表 9-2　几种常用材料的 a、b、λ_p、λ_0 值

材料（σ/MPa）	a/MPa	b/MPa	λ_p	λ_0
Q235 钢 $\sigma_s = 235$，$\sigma_b \geqslant 372$	304	1.12	100	61.6
优质碳钢 $\sigma_s = 306$，$\sigma_b \geqslant 471$	461	2.568	100	61.9
硅钢 $\sigma_s = 353$，$\sigma_b \geqslant 510$	578	3.74	100	60
铬钼钢	980	5.29	55	0
硬铝	372	2.14	50	0
灰口铸铁	331.9	1.453		
松木	39.2	0.199	59	0

总之，根据柔度的大小，压杆可以分为三类：$\lambda \geqslant \lambda_p$ 的压杆属于细长杆或大柔度杆，临界应力按欧拉公式计算；$\lambda_0 < \lambda < \lambda_p$ 的压杆属于中柔度杆或中长杆，临界应力按经验公式计算；$\lambda < \lambda_0$ 的压杆属于小柔度杆或粗短杆，这类压杆一般不会发生失稳，可能发生屈服失效，临界应力等于材料压缩极限应力。在上述三种情况下，临界应力随柔度变化的曲线如图 9-11 所示，称为临界应力总图。

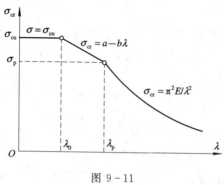

图 9-11

2）抛物线型经验公式

对于由结构钢与低合金钢等材料制作的非细长压杆，工程中还采用抛物线型经验公式计算其临界应力，即

$$\sigma_{cr} = a_1 - b_1 \lambda^2 \qquad (0 < \lambda < \lambda_p) \tag{9-15}$$

式中，$a_1 = \sigma_s$ 与 $b_1 = \sigma_s^2 / (4\pi^2 E)$ 是与材料有关的常数。例如，对于 Q235 钢，$a_1 = 235$ MPa，$b_1 = 0.0068$ MPa。根据欧拉公式与抛物线型公式，得到结构钢等的临界应力总图如图 9-12 所示。

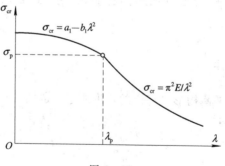

图 9-12

由临界应力总图 9-11 与图 9-12 可以看出，压杆的柔度愈大，临界应力愈小，压杆愈容易失稳。

例 9-2 图 9-13 所示连杆用铬钼钢制成，连杆两端为柱状铰，横截面积 $A = 720$ mm²，惯性矩 $I_z = 6.5 \times 10^4$ mm⁴，$I_y = 3.8 \times 10^4$ mm⁴。试确定连杆的临界载荷。

解 （1）失稳形式判断。在轴向压力作用下，连杆可能在 x-y 平面内失稳（即横截面绕 z 轴转动），连杆两端柱状铰（见图 9-14）的销轴对杆的约束相当于铰支，长度因数 $\mu_z = 1$，连杆的柔度为

$$\lambda_z = \frac{\mu_z l}{i_z} = \frac{1 \times 500}{\sqrt{\dfrac{6.5 \times 10^4}{720}}} \approx 52.6$$

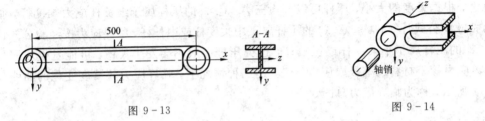

图 9-13　　　　　　　　　　　　　　　　　图 9-14

在轴向压力作用下，连杆也可能在 x-z 平面内失稳(即横截面绕 y 轴转动)，连杆两端柱状铰的销轴对杆的约束接近于固定端，其长度因数介于铰支与固定端之间，如取 $\mu_y=0.7$，连杆的柔度为

$$\lambda_y=\frac{\mu_y l}{i_y}=\frac{0.7\times 500}{\sqrt{\dfrac{3.8\times 10^4}{720}}}\approx 48.2$$

因 $\lambda_z > \lambda_y$，故连杆将在 x-y 平面内失稳。

(2) 临界载荷计算。由表 9-2 查得，铬钼钢的 $\lambda_0=0$，$\lambda_p=55$，$a=980$ MPa，$b=5.29$ MPa，该连杆属于中柔度压杆。根据直线型经验公式，其临界载荷为

$$F_{cr}=A(a-b\lambda)=720\times(980-5.29\times 52.6)\approx 5.05\times 10^5 \text{ N}$$

讨论：该连杆既可能在 x-y 平面内失稳，也可能在 x-z 平面内失稳。为使连杆在这两个平面内抵抗失稳的能力接近相等，在截面设计时，应大致保持 λ_y 与 λ_z 比较接近。该连杆的柔度分别为 $\lambda_z=52.6$，$\lambda_y=48.2$，设计比较合理。

9.4　压杆的稳定条件与合理设计

9.4.1　压杆的稳定条件

为了保证压杆的直线平衡构形是稳定的，并具有一定的安全储备，必须使压杆承受的工作载荷 F 满足下述条件：

$$F\leqslant\frac{F_{cr}}{n_{st}}=[F_{st}] \tag{9-16}$$

或者

$$\sigma\leqslant\frac{\sigma_{cr}}{n_{st}}=[\sigma_{st}] \tag{9-17}$$

式(9-16)与式(9-17)中，n_{st} 为**稳定安全因数**，$[F_{st}]$ 为**稳定许用压力**，$\sigma=\dfrac{F}{A}$ 为压杆直线平衡构形横截面上的工作应力，$[\sigma_{st}]=\dfrac{\sigma_{cr}}{n_{st}}$ 为**稳定许用应力**。

由于压杆失稳大都具有突发性，危害严重，而且考虑到工程实际中的压杆有初曲与加载偏心等不利因素，因此稳定安全因数一般大于强度安全因数。几种常见压杆的稳定安全因数如表 9-3 所示。

表 9-3　几种常见压杆的稳定安全因数

实际压杆	金属结构中的压杆	矿山、冶金设备中的压杆	机床丝杠	精密丝杠	水平长丝杠	磨床油缸活塞杆	低速发动机挺杆	高速发动机挺杆
n_{st}	$1.8 \sim 3.0$	$4 \sim 8$	$2.5 \sim 4$	>4	>4	$2 \sim 5$	$4 \sim 6$	$2 \sim 5$

需要指出的是，压杆的稳定性取决于整个杆件的弯曲刚度，杆件局部削弱（铆钉孔或油孔）对压杆整体稳定的影响很小。因此，在确定杆的临界载荷与临界应力时，均按未削弱截面计算横截面的惯性矩与截面面积。但是，对于受削弱的横截面，还应进行强度校核。

9.4.2　折减系数法

在工程中，常采用所谓折减系数法进行稳定性计算，特别是进行截面的设计计算。这种方法借助于材料的强度许用应力$[\sigma]$，将其乘以小于1的系数φ，以此作为稳定许用应力，于是，压杆稳定条件为

$$\sigma \leqslant [\sigma_{st}] = \varphi[\sigma] \tag{9-18}$$

式中，φ称为**稳定系数**或**折减系数**，其值与压杆的柔度及所用材料有关。结构钢、低合金钢以及木质压杆的$\varphi-\lambda$曲线如图9-15所示。各种轧制与焊接构件的折减系数可查阅有关规范。

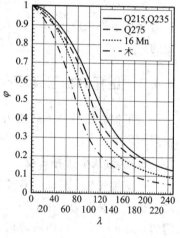

图 9-15

例 9-3　图9-16所示立柱，下端固定，上端承受轴向压力$F=200$ kN。立柱用No25a工字钢制成，柱长$l=1$ m，材料为Q235钢，许用应力$[\sigma]=160$ MPa，规定稳定安全因数$n_{st}=5$。在立柱中点C处，因结构需要钻一直径$d=70$ mm的圆孔。试校核立柱的稳定性与强度。

解　（1）计算立柱柔度，确定压杆类型。由型钢表中查得，No25a工字钢的截面面积$A=48.541$ cm²，截面的主惯性矩分别为$I_{max}=5020$ cm⁴，$I_{min}=280$ cm⁴，惯性半径分别为$i_{max}=10.2$ cm，$i_{min}=2.40$ cm。因为立柱在铅垂面内左右弯曲与前后弯曲时约束都相同，所以失稳时立柱横截面绕惯性矩最小的形心主轴转动侧弯，因此

$$\lambda = \frac{\mu l}{i_{min}} = \frac{2 \times 1000}{24} \approx 83.3$$

对于Q235钢，$\lambda_p=100$，$\lambda_0=61$，该立柱属于中柔度杆。

（2）稳定性校核。对于Q235钢，直线型经验公式中的$a=304$ MPa，$b=1.12$ MPa，立柱的临界应力为

$$\sigma_{cr} = 304 - 1.12 \times 83.3 \approx 205.1 \text{ MPa}$$

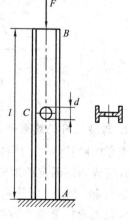

图 9-16

立柱的临界载荷为

$$F_{cr} = A\sigma_{cr} = 48.541 \times 10^2 \times 205.1 \approx 995.58 \times 10^3 \text{ N}$$

立柱的稳定许用载荷为

$$[F_{st}] = \frac{F_{cr}}{n_{st}} = \frac{995.58 \times 10^3}{5} \approx 199.1 \times 10^3 \text{ N} = 199.1 \text{ kN}$$

立柱工作压力 $F = 200$ kN，虽然超过稳定许用压力，但其超过量仅为后者的 0.5%。因此，立柱符合稳定性要求。

(3) 强度校核。从型钢表中查得，No25a 工字钢的腹板厚度 $\delta = 8.0$ mm，所以立柱中点 C 处横截面的净面积为

$$A_C = A - \delta d = 48.541 \times 10^2 - 8 \times 70 \approx 4.29 \times 10^3 \text{ mm}^2$$

该截面的工作应力为

$$\sigma = \frac{F}{A_C} = \frac{200 \times 10^3}{4.29 \times 10^3} \approx 46.6 \times 10^6 \text{ Pa} = 46.6 \text{ MPa}$$

其值远小于许用应力 $[\sigma]$，立柱的强度也符合要求。显然，该立柱的承载能力是由稳定性决定的。

9.4.3　压杆的合理设计

为了提高压杆的承载能力，必须综合考虑杆长、支承、截面的合理性以及材料性能等因素的影响。

1. 尽量减小压杆长度

对于细长杆，其临界载荷与压杆相当长度的平方成反比，因此，减小杆长可以显著提高压杆的承载能力。在某些情况下，通过改变结构或增加支点可以达到减小杆长的目的。例如，图 9-17 所示的两种桁架，其中的 1 杆和 4 杆均为压杆，但图 9-17(b) 中的压杆的承载能力，要远远高于图 9-17(a) 中的压杆。

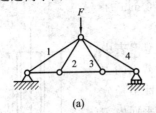
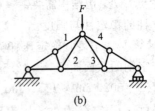

(a)　　　　　　　　　　　　　　(b)

图 9-17

2. 改变压杆的约束条件

支承的刚性越大，压杆的长度系数 μ 值越小，临界应力越大。例如，将两端铰支的细长压杆变成两端固定约束时，临界应力将成数倍地增加。实际上，增加中间支承也是增加压杆的约束。例如，对于两端铰支的细长压杆，如果在该杆中间再增加一活动铰支座，压杆的承载能力将是原来的 4 倍。又如，无缝钢管厂在轧制钢管时，在顶杆中部增加抱辊装置（见图 9-18）。有的车床，丝杠与溜板间的联系除对开螺母外，再增加一导套加强溜板对丝杠的约束作用，因而增强了丝杠的稳定性。

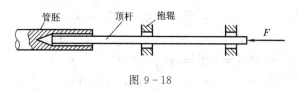

图 9－18

3. 合理选择截面形状

细长杆与中柔度杆的临界应力均与柔度 λ 有关，而且，柔度愈小，临界应力愈高。压杆的柔度为

$$\lambda = \frac{\mu l}{i} = \mu l \sqrt{\frac{A}{I}}$$

因此，对于一定长度与支持方式的压杆，在横截面面积一定的情况下，应选择惯性矩较大的截面形状。

在选择截面形状与尺寸时，还应考虑到失稳的方向性，理想的设计是使两形心主惯性矩平面内的柔度 λ_z 与 λ_y 相同，即

$$\frac{(\mu l)_z}{\sqrt{\dfrac{I_z}{A}}} = \frac{(\mu l)_y}{\sqrt{\dfrac{I_y}{A}}}, \quad \frac{(\mu l)_z}{\sqrt{I_z}} = \frac{(\mu l)_y}{\sqrt{I_y}}$$

如果压杆两端为球形铰支或固定端，即压杆在截面的两个形心主轴方向失稳的约束情况相同时，则宜选主形心惯性矩 $I_y = I_z$ 的截面。在这种情况下，正方形截面或圆形截面比矩形截面好，空心的正方形截面或空心圆形截面比实心截面好。如果压杆两端为柱状铰，即压杆在截面的两个形心主轴方向失稳的约束情况不同时，则宜选择主形心惯性矩 I_y 与 I_z 不等的截面，例如矩形截面、工字形截面以及图 9－19 所示的由角钢或槽钢组成的组合截面，并且使形心主惯性矩较小的平面内具有刚性较大的约束，尽量使两个形心主惯性矩平面内的柔度 λ_z 与 λ_y 相接近(如例题 9－2)。

图 9－19

为了使组合截面压杆如同一整体杆件工作，在各组成杆件之间，需采用缀板与缀条等相连接。

4. 合理选择材料

细长压杆的临界应力与材料的弹性模量 E 成正比，选择弹性模量较高的材料，显然可以提高细长压杆的稳定性。例如，在同样条件下，钢制压杆的临界应力大于铜、铸铁或铝制压杆的临界应力。但是，就钢材而言，普通碳素钢、合金钢以及高强度钢的弹性模量大致相同，因此，如果仅从稳定性考虑，选用高强度钢制作细长压杆是不必要的。对于中柔度压杆，其临界应力与材料的比例极限 σ_p、压缩极限应力 σ_{cu} 等有关，因而强度高的材料，临界应力也高，所以选用高强度材料制作中柔度压杆有利于稳定性的提高。

思 考 题

9-1　何谓失稳？何谓稳定平衡与不稳定平衡？

9-2　何谓临界状态？弹性压杆临界状态的特征是什么？

9-3　两端铰支细长压杆的临界载荷公式是如何建立的？应用该公式的条件是什么？

9-4　如何用类比法确定两端非铰支细长压杆的临界载荷？何谓相当长度与长度因数？

9-5　何谓惯性半径？何谓柔度？它们的量纲各是什么？各如何确定？

9-6　何谓临界应力？如何确定欧拉公式的适用范围？

9-7　如何区分大柔度杆、中柔度杆与小柔度杆？它们的临界应力(或极限应力)各如何确定？如何绘制临界应力总图？

9-8　压杆的稳定条件是如何建立的？

9-9　简述提高压杆稳定性的措施。

习 题

9-1　在分析人体下肢稳定问题时，可简化为题 9-1 图所示两端铰支刚杆-碟形弹簧系统，图中的 k 代表碟形弹簧产生单位转角所需之力偶矩。试求该系统的临界载荷。

9-2　题 9-2 图所示刚性杆 AB，下端与圆截面钢轴 BC 连接，为使刚性杆在图示铅垂位置保持稳定平衡，试确定轴 BC 的直径 d。已知 $F=42$ kN，切变模量 $G=79$ GPa。

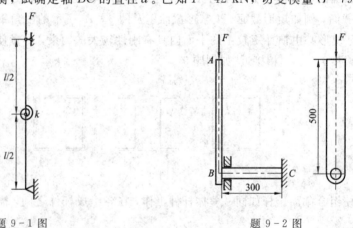

题 9-1 图　　　　　　　　题 9-2 图

9-3　题 9-3 图所示两端球形铰支细长压杆，弹性模量 $E=200$ GPa，试用欧拉公式计算其临界载荷。

(1) 圆形截面，$d=30$ mm，$l=1.2$ m。

(2) 矩形截面，$h=2b=50$ mm，$l=1.2$ m。

(3) No16 工字钢，$l=1.9$ m。

9-4　题 9-4 图所示活塞杆用硅钢制成，杆径 $d=40$ mm，外伸部分的最大长度 $l=1$ m，弹性模量 $E=210$ GPa，$\lambda_p=100$，试确定活塞杆的临界载荷。

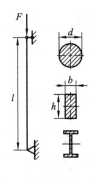

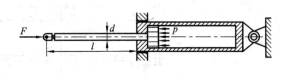

题 9 - 3 图   题 9 - 4 图

9 - 5 题 9 - 5 图所示矩形截面压杆有三种支持方式。杆长 $l=300$ mm，截面宽度 $b=20$ mm，高 $h=12$ mm，弹性模量 $E=70$ GPa，$\lambda_p=50$，$\lambda_0=0$，中柔度杆的临界应力公式为

$$\sigma_{cr} = (382 - 2.18\lambda) \text{ MPa}$$

试计算它们的临界载荷，并进行比较。

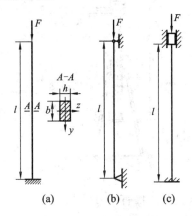

题 9 - 5 图

9 - 6 题 9 - 6 图所示压杆，横截面有四种形式，但其面积均为 $A=3.2\times10^3$ mm^2，试计算它们的临界载荷，并进行比较。材料的力学性能见题 9 - 5。

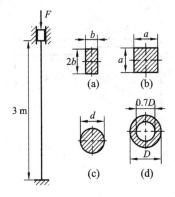

题 9 - 6 图

9 - 7 题 9 - 7 图所示压杆，横截面为 $b\times h$ 的矩形，试从稳定性方面考虑，确定 h/b 的

最佳值。当压杆在 x-z 平面内失稳时,可取 $\mu_y = 0.7$。

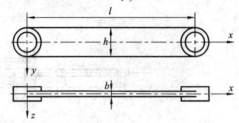

题 9-7 图

9-8 试检查题 9-8 图所示螺旋千斤顶丝杠的稳定性。若千斤顶的最大起重量 $F = 120$ kN,丝杠内径 $d = 52$ mm,丝杠总长 $l = 600$ mm,衬套高度 $h = 100$ mm,丝杠用 Q235 钢制成,稳定安全因数 $n_{st} = 4$,中柔度杆的临界应力公式为

$$\sigma_{cr} = 304 - 1.12\lambda \qquad (61 < \lambda < 100)$$

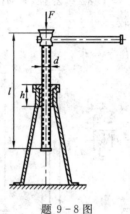

题 9-8 图

9-9 如题 9-9 图所示托架,撑杆 AB 为圆截面杆,其直径 $d = 40$ mm,长度 $l = 800$ mm,两端铰支,材料为 Q235 钢。

(1) 试根据 AB 杆的稳定条件确定托架的临界力 F_{cr};

(2) 若已知实际载荷 $F = 70$ kN,AB 杆规定的稳定安全因数 $n_{st} = 2$,试问此托架是否安全?

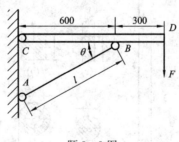

题 9-9 图

第 10 章　构件的疲劳强度

10.1　引　言

1. 交变应力

工程中大量机器的零部件和结构的构件常常受到随时间循环变化的应力作用，这种应力称为**交变应力**或**循环应力**。

例如，火车的轮轴随车轮一起转动时，其承受的载荷与横截面上的弯矩 M 虽然基本不变，但由于车轴在以角速度 ω 旋转，横截面边缘上任一点 A 处(见图 10-1(b))的弯曲正应力为

$$\sigma_A = \frac{M y_A}{I_z} = \frac{MR}{I_z} \sin\omega t$$

上式表明，A 点处的应力随时间按正弦规律交替变化(见图 10-1(c))，车轴每转一圈，A 点处的材料经历一次由拉伸到压缩的应力循环。车轴不停地转动，该处材料反复不断地受力。

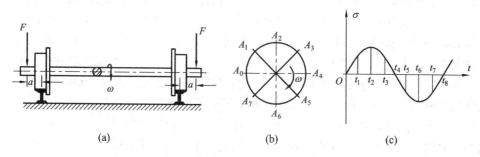

|(a)|(b)|(c)|

图 10-1

又如，齿轮上的每个齿，自开始啮合到脱开的过程中，由于啮合压力的变化，齿根上的弯曲正应力自零增大到最大值，然后又逐渐减为零(见图 10-2)。齿轮不断地转动，每个齿反复不断地受力。

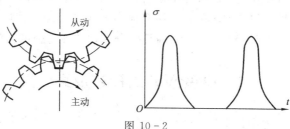

图 10-2

另外，运行中的车辆、船舶、飞机以及海洋采油平台等，其中的许多重要构件承受着随机变化的应力作用。

2. 疲劳失效及其特征

构件在交变应力长时间作用下发生的破坏现象称为**疲劳失效**或**疲劳破坏**，简称**疲劳**。疲劳失效与静载荷作用下的强度失效有着本质上的差别。大量试验结果以及疲劳破坏现象表明，疲劳破坏具有以下明显特征：

(1) 疲劳破坏时的应力值远低于材料在静载荷作用下的强度指标。如火车轮轴承受图 10-1 所示的交变应力，当 $\sigma_{max} = -\sigma_{min} = 260$ MPa 时大约经历 10^7 次循环就会发生断裂，而使用 45 钢后在静载荷下强度极限可高达 600 MPa。

(2) 疲劳破坏是一个损伤累积的过程。构件在确定的应力水平下发生疲劳破坏需要一个过程，即需要一定量的应力循环次数。

(3) 构件在破坏前和破坏时都没有明显的塑性变形，即使塑性很好的材料，也会呈现脆性断裂。

(4) 同一疲劳破坏断口，一般都有明显的两个区域：光滑区域和粗粒状区域。图 10-3 为传动轴疲劳破坏断口的示意图，这种断口特征提供了疲劳破坏的起源和损伤传递的重要信息。

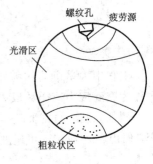

图 10-3

3. 疲劳破坏原因分析

构件疲劳破坏的特征与疲劳破坏的机理和损伤传递的过程密切相关。在微观上构件内部组织是不均匀的。对于承载的构件，当循环应力的大小超过一定限度并经历足够多次的交替反复后，在高应力区的晶界上、夹有杂物与内部空洞等缺陷处、机械加工所造成的刻痕以及其他应力集中处，将产生长度约为 $10^{-9} \sim 10^{-4}$ m 的细微裂纹(即所谓疲劳源)。这种裂纹随着应力循环次数增加而不断扩展，并逐渐形成长度大于 10^{-4} m 的宏观裂纹。在裂纹扩展过程中，由于应力反复变化，裂纹或时张时合，或左右错动，类似研磨过程，从而形成断口的光滑区。当裂纹尺寸达到其临界尺寸时，构件将发生突然断裂，断口的颗粒状粗糙区就是突然断裂造成的。由于裂纹的生成和扩展需要一定的应力循环次数，因此疲劳破坏需要经历一定的时间历程。宏观裂纹类似于构件上存在着尖锐的切口，应力集中造成局部区域的应力达到很大数值，结果使构件在很低的应力水平下发生破坏。另外，裂纹尖端附近的材料处于三向拉伸应力状态，在这种应力状态下，即使塑性很好的材料也会发生脆性断裂，因而疲劳破坏时没有明显的塑性变形。总之，疲劳破坏的过程可理解为：疲劳裂纹萌生→裂纹扩展→断裂。

统计表明，疲劳破坏在构件的破坏中占有很大的比重。疲劳破坏常常带有突发性，往往造成严重后果。在机械与航空等领域，很多损伤事故是由疲劳破坏所造成的。因此，对于承受交变应力作用的机械设备与结构，应该十分重视其疲劳强度问题。

10.2　交变应力的描述及其分类

图 10-4 所示是工程中最常见、最基本的恒幅交变应力，其应力在两个极值之间周期

性地变化。应力变化一个周期，称为一次应力循环。在一次应力循环中，应力的极大值 $\sigma_{\max}$ 与极小值 $\sigma_{\min}$，分别称为最大应力与最小应力。

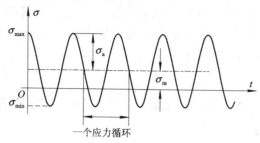

图 10-4

根据应力随时间变化的特点，定义下列名词和术语：

一次应力循环中最小应力与最大应力的比值称为**循环特征**或**应力比**，记为 r，即

$$r = \frac{\sigma_{\min}}{\sigma_{\max}} \qquad (-1 \leqslant r \leqslant 1) \tag{10-1}$$

循环特征 $|r| \leqslant 1$。循环特征反映了交变应力的变化特点，对材料的疲劳强度有直接影响。

最大应力与最小应力的代数平均值 σ_{m} 称为**平均应力**，记为 σ_{m}，即

$$\sigma_{\mathrm{m}} = \frac{\sigma_{\max} + \sigma_{\min}}{2} \tag{10-2}$$

最大应力与最小应力的代数值差的一半称为**应力幅**，记为 σ_{a}，即

$$\sigma_{\mathrm{a}} = \frac{\sigma_{\max} - \sigma_{\min}}{2} \tag{10-3}$$

应力幅反映交变应力变化的幅度。

在应力循环中，若应力数值与正负号都反复变化，且有 $\sigma_{\max} = -\sigma_{\min}$，这种应力循环称为**对称循环应力**（见图 10-5(a)），其中 $r = -1$，$\sigma_{\mathrm{m}} = 0$，$\sigma_{\mathrm{a}} = \sigma_{\max}$。在应力循环中，若仅应力的数值在变化而应力的正负号不发生变化，且 $\sigma_{\min} = 0$，则这种应力循环称为**脉动循环应力**（见图 10-2 与图 10-5(b)），其循环特征 $r = 0$。除对称循环外，所有循环特征 $r \neq -1$ 的循环应力，均属于非对称循环应力。所以，脉动循环应力是一种非对称循环应力。

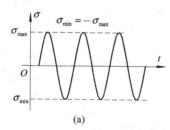
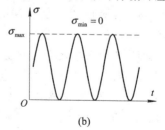

(a)　　　　　　　　　　　　　　(b)

图 10-5

构件在静载荷作用下的应力称为静应力。静应力可看成是循环应力的特例，即 $\sigma_{\max} = \sigma_{\min} = \sigma_{\mathrm{m}} = \sigma$，$\sigma_{\mathrm{a}} = 0$，其循环特征 $r = 1$。对于图 10-4 所示的非对称循环应力，可以看成是在不变的静应力 σ_{m} 上叠加一个数值等于应力幅 σ_{a} 的对称循环应力。本章主要讨论对称循环的强度问题。

需要注意的是，应力循环是指一点的应力随时间而变化的循环，上述最大应力与最小

应力均指一点的应力在应力循环中的数值。它们既不是横截面上由于应力分布不均匀所引起的最大与最小应力，也不是一点应力状态中的最大与最小应力，而且这些应力数值均未计及应力集中因素的影响，是用材料力学基本变形应力公式计算得到的所谓名义应力。

以上关于循环应力的概念，均采用正应力 σ 表示。当构件承受循环切应力时，上述概念仍然适用，只需将正应力 σ 改为切应力 τ 即可。

10.3　$S-N$ 曲线与材料的疲劳极限

1. 疲劳试验

材料在循环应力作用下的强度可由疲劳试验测定。最常用的试验是图 10-6 所示的旋转弯曲疲劳试验。

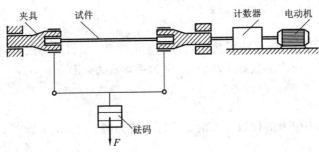

图 10-6

对于某种材料，制作一组标准光滑小试样（直径在 7～10 mm，表面磨光）。试验时，将试样安装在疲劳试验机的夹具内，并由电动机带动而旋转。试样处于纯弯曲受力状态，每旋转一圈，其内每一点处的材料经历一次对称应力循环。试验一直进行到试样断裂为止。

试验中，由计数器记录下试样断裂时所旋转的总圈数或所经历的应力循环次数 N，即试样的疲劳寿命。同时，根据试样的尺寸与砝码的重量，计算出试样横截面上的最大弯曲正应力 $\sigma_{max}=M/W$。对于同组试样分别承受由大到小的不同载荷进行疲劳破坏试验，得到一组关于最大应力 σ_{max} 与相应疲劳寿命 N 的数据。

2. $S-N$ 曲线

材料在一定循环特征下的疲劳强度必须用最大应力 σ_{max} 与疲劳寿命 N 两个量才能表示。以最大应力 σ_{max} 为纵坐标，以疲劳寿命 N（或 $\lg N$）为横坐标，根据上述大量试验数据所绘制的最大应力与疲劳寿命的关系曲线简称为 $S-N$ 曲线。图 10-7 是高速钢与 45 钢的 $S-N$ 曲线。

可以看出，材料承受的应力愈大，疲劳寿命愈短。寿命 $N<10^4$（或 10^5）的疲劳问题称为**低周疲劳**，反之称为**高周疲劳**。

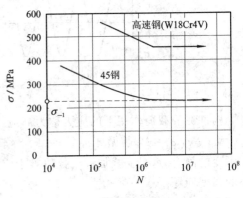

图 10-7

3. 材料的疲劳极限

试验表明，钢材与灰口铸铁均具有与图 $10-7$ 类似的 $S-N$ 曲线。它们的 $S-N$ 曲线均存在水平渐近线，该渐近线的纵坐标所对应的应力，称为**材料的持久极限**。持久极限是材料的试样能够经受"无限"次应力循环而不发生疲劳破坏的最大应力值。持久极限用 σ_r 和 τ_r 表示，下标 r 代表循环特征，图 $10-7$ 中的 σ_{-1} 即代表 45 钢在对称循环应力下的持久极限。

有色金属及其合金在对称循环下的 $S-N$ 曲线没有明显的水平渐近线。图 $10-8$ 是硬铝与镁合金的 $S-N$ 曲线。对于这类材料，很难得到材料试样能够经受"无限"次应力循环而不发生疲劳破坏的最大应力值。工程中根据构件的使用要求，以某一指定的寿命 N_0（例如 $10^7 \sim 10^8$）所对应的应力作为极限应力，并称为**材料的条件疲劳极限**。持久极限与条件疲劳极限统称为**疲劳极限**。

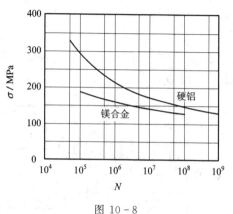

图 $10-8$

试验表明，钢材在拉压、弯曲、扭转对称循环下的疲劳极限与静强度极限之间存在着一定的数量关系：

$$\text{拉压：} \quad \sigma_{-1} \approx (0.33 \sim 0.59)\sigma_b$$
$$\text{弯曲：} \quad \sigma_{-1} \approx (0.4 \sim 0.5)\sigma_b$$
$$\text{扭转：} \quad \tau_{-1} \approx (0.23 \sim 0.29)\sigma_b$$

上述关系可以作为粗略估计材料疲劳极限的参考。显然，在循环应力作用下，材料抵抗破坏的能力显著降低。

材料在其他循环特征下的疲劳极限也要通过疲劳试验来确定。试验表明，疲劳极限与循环特征有着很大的关系。循环特征 r 不同，疲劳极限 σ_r 亦不同，而且以对称循环疲劳极限 σ_{-1} 为最低。例如弯曲时，钢材脉动循环与对称循环疲劳极限的关系为 $\sigma_0 \approx 1.7\sigma_{-1}$。

10.4　影响构件疲劳极限的因素

上述疲劳极限，是利用表面磨光、横截面尺寸无突变以及直径为 $7 \sim 10$ mm 的标准试样在试验室条件下测得的，称为材料的疲劳极限。试验表明，构件的疲劳极限与材料的疲劳极限不同，它不仅与材料有关，而且与构件的外形、截面尺寸以及表面质量等实际因素有关。各种因素对疲劳极限的综合影响比较复杂，本节讨论以上因素各自的影响，并简单综合后确定实际构件的疲劳极限。

1. 构件外形的影响

很多机械零件的形状都是变化的，如零件上有螺纹、键槽、穿孔、轴肩等。在构件截面突然变化处会出现应力集中现象。试验表明，应力集中容易促使疲劳裂纹的形成，对疲劳强度有着显著的影响。

在对称循环应力作用下，应力集中对疲劳极限的影响，用有效应力集中因数 K_σ 或 K_τ 表示，它代表标准试样的疲劳极限与同样尺寸光滑的但存在应力集中试样的疲劳极限的比值。

图 10-9~图 10-11 分别给出了阶梯形圆截面钢轴在弯曲、轴向拉压与扭转对称循环时的有效应力集中因数。上述曲线都是在 $D/d=2$ 且 $d=30\sim50$ mm 的条件下测得的。如果 $D/d<2$，则有效应力集中因数为

$$K_\sigma = 1 + \xi(K_{\sigma 0} - 1) \tag{10-4}$$

$$K_\tau = 1 + \xi(K_{\tau 0} - 1) \tag{10-5}$$

式中，$K_{\sigma 0}$ 与 $K_{\tau 0}$ 是 $D/d=2$ 的有效应力集中因数；ξ 是和比值 D/d 有关的修正系数，可由图 10-12 查得。

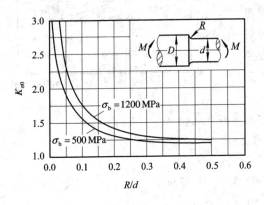

图 10-9

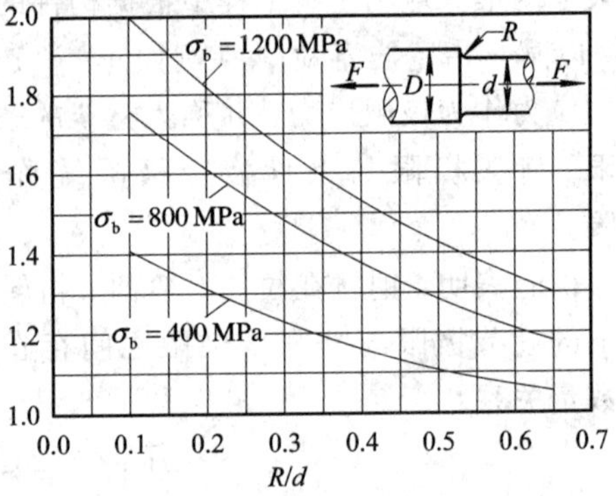

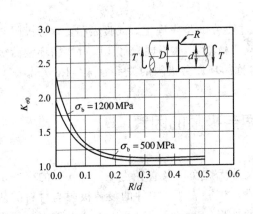

图 10-11

图 10-10

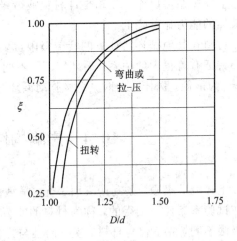

图 10-12

由以上图表可以看出：圆角半径 R 愈小，有效应力集中因数愈大；静强度极限 σ_b 愈高，应力集中对疲劳极限的影响愈显著。

表 10-1 和表 10-2 分别给出了螺纹、键槽和花键以及横孔处的有效应力集中因数。至于其他情况下的有效应力集中因数，可查阅有关手册。

表 10 - 1　螺纹、键槽和花键的有效应力集中系数

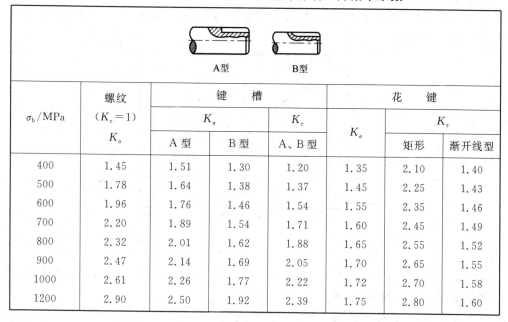

A 型　　　　B 型

σ_b/MPa	螺纹 $(K_\tau=1)$ K_σ	键　槽			花　　键		
		K_σ		K_τ	K_σ	K_τ	
		A 型	B 型	A、B 型		矩形	渐开线型
400	1.45	1.51	1.30	1.20	1.35	2.10	1.40
500	1.78	1.64	1.38	1.37	1.45	2.25	1.43
600	1.96	1.76	1.46	1.54	1.55	2.35	1.46
700	2.20	1.89	1.54	1.71	1.60	2.45	1.49
800	2.32	2.01	1.62	1.88	1.65	2.55	1.52
900	2.47	2.14	1.69	2.05	1.70	2.65	1.55
1000	2.61	2.26	1.77	2.22	1.72	2.70	1.58
1200	2.90	2.50	1.92	2.39	1.75	2.80	1.60

表 10 - 2　横孔处的有效应力集中系数

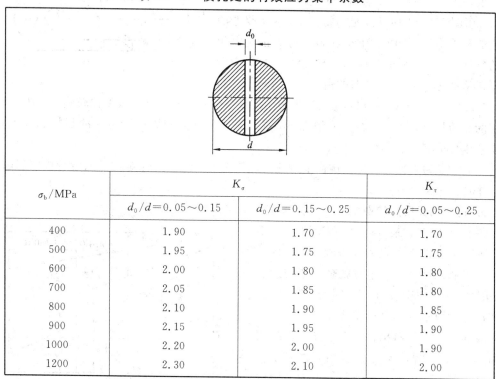

σ_b/MPa	K_σ		K_τ
	$d_0/d=0.05\sim0.15$	$d_0/d=0.15\sim0.25$	$d_0/d=0.05\sim0.25$
400	1.90	1.70	1.70
500	1.95	1.75	1.75
600	2.00	1.80	1.80
700	2.05	1.85	1.80
800	2.10	1.90	1.85
900	2.15	1.95	1.90
1000	2.20	2.00	1.90
1200	2.30	2.10	2.00

2. 构件截面尺寸的影响

构件尺寸对疲劳极限也有着明显的影响，这是疲劳强度与静强度的主要差异之一。弯曲与扭转疲劳试验表明，构件疲劳极限随横截面尺寸的增大而降低。

截面尺寸对疲劳极限的影响，用尺寸因数 ε_σ 或 ε_τ 表示，它代表光滑大尺寸试样的疲劳极限与光滑小尺寸试样的疲劳极限之比值。图 10－13 给出了圆截面钢轴在对称循环弯曲与扭转时的尺寸因数。

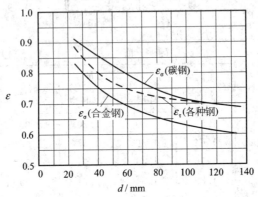

图 10－13

可以看出：试样的直径愈大，疲劳极限降低愈多；材料的静强度愈高，截面尺寸的大小对构件疲劳极限的影响愈显著。

弯曲与扭转时，构件横截面上的应力是非均匀分布的，其疲劳极限随截面尺寸增大而降低的原因，可用图 10－14 加以说明。图中所示为承受弯曲作用的两根直径不同的试样，在最大弯曲正应力相同的条件下，大试样的高应力区比小试样的高应力区厚，因而处于高应力状态的材料（包括晶粒、晶

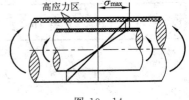

图 10－14

界、夹杂物、缺陷）多。所以，在大试样中，疲劳裂纹形成和扩展的概率比较高。另外，高强度钢的晶粒较小，在尺寸相同的情况下，晶粒愈小，则高应力区所包含的晶粒晶界愈多，愈易产生疲劳裂纹。

轴向加载时，光滑试样横截面上的应力均匀分布，截面尺寸对构件的疲劳极限影响不大，可取尺寸因数 $\varepsilon_\sigma \approx 1$。

3. 构件表面质量的影响

构件工作时，最大应力一般发生在表层，而表层又常常存在着机械加工的刀痕、擦伤等各种缺陷，它们本身就是一些初始裂纹。因此，构件表面的加工质量与表层状况，对构件的疲劳强度也存在显著影响。

表面加工质量对构件疲劳强度的影响用表面质量因数 β 表示，它代表用某种方法加工的试样的疲劳极限与经磨削加工的光滑试样的疲劳极限的比值。表面质量因数与加工方法的关系如图 10－15 所示。

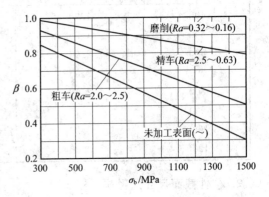

图 10－15

可以看出：表面加工质量愈低，疲劳极

限降低愈多；材料的静强度愈高，加工质量对构件疲劳强度的影响愈显著。

4. 对称循环下构件的疲劳极限

综合考虑应力集中、截面尺寸、表面加工质量等影响构件疲劳极限的因素后，构件在对称循环下的疲劳极限 (σ_{-1}) 与 (τ_{-1}) 分别为

$$(\sigma_{-1}) = \frac{\varepsilon_\sigma \beta}{K_\sigma}\sigma_{-1} \tag{10-6}$$

$$(\tau_{-1}) = \frac{\varepsilon_\tau \beta}{K_\tau}\tau_{-1} \tag{10-7}$$

10.5　构件的疲劳强度计算与提高构件疲劳强度的途径

10.5.1　对称循环应力下构件的疲劳强度条件

如果规定构件承受循环应力的疲劳安全因数为 n_f，则拉压杆与梁在对称循环应力下的许用应力为

$$[\sigma_{-1}] = \frac{(\sigma_{-1})}{n_f} = \frac{\varepsilon_\sigma \beta}{n_f K_\sigma}\sigma_{-1} \tag{10-8}$$

按照应力比较法，拉压杆与梁在对称循环应力下的强度条件为

$$\sigma_{\max} \leqslant [\sigma_{-1}] = \frac{\varepsilon_\sigma \beta}{n_f K_\sigma}\sigma_{-1} \tag{10-9}$$

式中 $\sigma_{\max}$ 代表拉压杆与梁横截面上最大的工作应力。

工程上大都采用安全因数法建立构件的疲劳强度条件，即要求构件的实际安全因数不小于规定的安全因数。由 (10-8)、(10-9) 两式可知，拉压杆与梁在对称循环应力下的工作安全因数为

$$n_\sigma = \frac{(\sigma_{-1})}{\sigma_{\max}} = \frac{\varepsilon_\sigma \beta \sigma_{-1}}{K_\sigma \sigma_{\max}} \tag{10-10}$$

相应的强度条件则为

$$n_\sigma = \frac{\varepsilon_\sigma \beta \sigma_{-1}}{K_\sigma \sigma_{\max}} \geqslant n_f \tag{10-11}$$

同理，轴在对称循环切应力下的疲劳强度条件为

$$\tau_{\max} \leqslant [\tau_{-1}] = \frac{\varepsilon_\tau \beta}{n_f K_\tau}\tau_{-1} \tag{10-12}$$

$$n_\tau = \frac{\varepsilon_\tau \beta \tau_{-1}}{K_\tau \tau_{\max}} \geqslant n_f \tag{10-13}$$

式中，$\tau_{\max}$ 代表横截面上的最大切应力。

10.5.2　非对称循环应力下构件的疲劳强度条件

根据理论分析推导的结果，构件在非对称循环应力下的疲劳强度条件为

$$n_\sigma = \frac{\sigma_{-1}}{\sigma_a \dfrac{K_\sigma}{\varepsilon_\sigma \beta} + \sigma_m \psi_\sigma} \geqslant n_f \tag{10-14}$$

$$n_\tau = \frac{\tau_{-1}}{\tau_a \dfrac{K_\tau}{\varepsilon_\tau \beta} + \tau_m \psi_\tau} \geqslant n_f \qquad (10-15)$$

在以上两式中，σ_{-1}(或 τ_{-1})是对称循环下材料的疲劳极限；σ_m 与 σ_a(或 τ_m 与 τ_a)分别代表构件危险点处的平均应力与应力幅；K_σ、ε_σ(或 K_τ、ε_τ)与 β 分别代表对称循环时构件的有效应力集中因数、尺寸因数与表面质量因数；ψ_σ 与 ψ_τ 称为敏感因数，代表材料对于应力循环非对称性的敏感程度，其值为

$$\psi_\sigma = \frac{2\sigma_{-1} - \sigma_0}{\sigma_0} \qquad (10-16)$$

$$\psi_\tau = \frac{2\tau_{-1} - \tau_0}{\tau_0} \qquad (10-17)$$

式中，σ_0 与 τ_0 代表材料在脉动循环应力下的疲劳极限。ψ_σ 与 ψ_τ 之值也可以从有关手册中查到。对于碳钢，$\psi_\sigma = 0.1 \sim 0.2$；对于合金钢，$\psi_\sigma = 0.2 \sim 0.3$。

10.5.3 弯扭组合交变应力下构件的疲劳强度条件

对于一个弯扭组合变形的构件，如果弯曲与扭转都是交变应力，其疲劳强度条件公式(高夫公式)为

$$n_{\sigma\tau} = \frac{n_\sigma n_\tau}{\sqrt{n_\sigma^2 + n_\tau^2}} \geqslant n_f \qquad (10-18)$$

式中，n_σ 与 n_τ 分别为仅考虑弯曲循环应力与仅考虑扭转循环应力时构件的工作安全因数，它们应分别按式(10-10)、式(10-13)或式(10-14)、式(10-15)计算；$n_{\sigma\tau}$ 代表构件在弯扭组合交变应力下的实际工作安全因数，n_f 是规定安全因数。

例 10-1 图 10-16 所示阶梯形圆截面钢轴，由铬镍合金钢制成，承受对称循环的交变弯矩，其最大值 $M_{max} = 700$ N·m，试校核该轴的疲劳强度。已知轴径 $D = 50$ mm，$d = 40$ mm，圆角半径 $R = 5$ mm，强度极限 $\sigma_b = 1200$ MPa，材料在弯曲对称循环应力下的疲劳极限 $\sigma_{-1} = 480$ MPa，疲劳安全因数 $n_f = 1.6$，轴表面经精车加工。

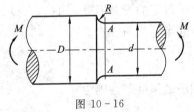

图 10-16

解 (1) 计算工作应力。对于该阶梯形圆截面钢轴，危险截面位于应力集中的轴肩细轴的横截面 A-A 处。在交变弯矩作用下，由材料力学弯曲应力公式计算该截面的名义最大弯曲正应力为

$$\sigma_{max} = \frac{32 M_{max}}{\pi d^3} = \frac{32 \times 700 \times 10^6}{\pi \times 40^3} \approx 111 \text{ MPa}$$

(2) 确定影响因数。首先计算轴肩处的几何特征：

$$\frac{D}{d} = \frac{50}{40} = 1.25, \qquad \frac{R}{d} = \frac{5}{40} = 0.125$$

然后由图 10-9 与由图 10-12 根据 $\dfrac{R}{d} = 0.125$，$\sigma_b = 1200$ MPa 分别对应查得

$$K_{\sigma 0} = 1.7, \quad \xi = 0.87$$

将其代入式(10-4)，计算轴肩处的有效应力集中因数为

$$K_\sigma = 1 + 0.87 \times (1.7 - 1) = 1.61$$

由图 10-13 与图 10-15，查得尺寸因数与表面质量因数分别为

$$\varepsilon_\sigma = 0.755, \quad \beta = 0.84$$

（3）校核疲劳强度。将有关数据代入式(10-11)，计算该轴危险截面 A-A 实际的工作安全因数为

$$n_\sigma = \frac{\varepsilon_\sigma \beta \sigma_{-1}}{K_\sigma \sigma_{max}} = \frac{0.755 \times 0.84 \times 480}{1.61 \times 111} \approx 1.70 \geqslant n_f$$

可见，该阶梯形轴满足疲劳强度要求。

例 10-2　图 10-17 所示阶梯形圆截面钢杆，承受非对称循环的轴向载荷 F 作用，其最大值与最小值分别为 $F_{max} = 100 \text{ kN}$ 与 $F_{min} = 10 \text{ kN}$，试校核该杆的疲劳强度。已知杆径 $D = 50 \text{ mm}$，$d = 40 \text{ mm}$，圆角半径 $R = 5 \text{ mm}$，强度极限 $\sigma_b = 600 \text{ MPa}$，材料在拉压对称循环应力下的疲劳极限 $\sigma_{-1} = 170 \text{ MPa}$，敏感因数 $\psi_\sigma = 0.1$，疲劳安全因数 $n_f = 2$，杆表面经精车加工。

解　（1）计算工作应力。对于该阶梯形圆截面钢杆，危险截面位于应力集中的粗细交界细杆的横截面 A-A 处。在非对称循环轴向载荷作用下，由材料力学轴向拉压正应力公式计算该截面的名义最大与最小正应力为

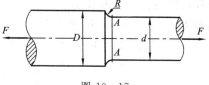

图 10-17

$$\sigma_{max} = \frac{4F_{max}}{\pi d^2} = \frac{4 \times 100 \times 10^3}{\pi \times 40^2} \approx 79.6 \text{ MPa}$$

$$\sigma_{min} = \frac{4F_{min}}{\pi d^2} = \frac{4 \times 10 \times 10^3}{\pi \times 40^2} \approx 7.96 \text{ MPa}$$

显然，该拉压杆所承受的交变应力的循环特征 $r = 0.1$，其平均应力与应力幅分别为

$$\sigma_m = \frac{\sigma_{max} + \sigma_{min}}{2} = \frac{79.6 + 7.96}{2} \approx 43.8 \text{ MPa}$$

$$\sigma_a = \frac{\sigma_{max} - \sigma_{min}}{2} = \frac{79.6 - 7.96}{2} \approx 35.8 \text{ MPa}$$

（2）确定影响因数。首先计算轴肩处的几何特征：

$$\frac{D}{d} = \frac{50}{40} = 1.25, \quad \frac{R}{d} = \frac{5}{40} = 0.125$$

由于图 10-10 中没有静强度 $\sigma_b = 600 \text{ MPa}$ 的钢材的应力集中因数图线，可先根据 $\frac{R}{d} = 0.125$ 查得 $\sigma_b = 400 \text{ MPa}$ 与 $\sigma_b = 800 \text{ MPa}$ 的钢材对应的应力集中因数 $K_{\sigma 0}$ 分别为 1.38 和 1.72。

然后，利用线性插值法，求得 $\sigma_b = 600 \text{ MPa}$ 的钢材的有效应力集中因数为

$$K_{\sigma 0} = 1.38 + \frac{600 - 400}{800 - 400} \times (1.72 - 1.38) = 1.55$$

再由图 10-12 查得 $\frac{D}{d} = 1.25$，对应的修正因数为

$$\xi = 0.85$$

将 $K_{\sigma 0}$ 与 ξ 代入式(10-4)，计算该拉压杆的有效应力集中因数为

$$K_{\sigma} = 1 + 0.85 \times (1.55 - 1) \approx 1.47$$

由图 10-15，查表面质量因数为

$$\beta = 0.94$$

对于轴向受力的拉压杆，尺寸因数为

$$\varepsilon_{\sigma} \approx 1$$

(3)校核疲劳强度。将有关数据代入式(10-14)，计算该拉压杆危险截面 $A-A$ 的工作安全因数为

$$n_{\sigma} = \frac{\sigma_{-1}}{\dfrac{K_{\sigma}}{\varepsilon_{\sigma}\beta}\sigma_{a} + \psi_{\sigma}\sigma_{m}} = \frac{170 \times 10^{6}}{\dfrac{1.47}{1 \times 0.94} \times (3.58 \times 10^{7}) + 0.1 \times (4.38 \times 10^{7})} \approx 2.82 \geqslant n_{f}$$

可见，该阶梯形拉压杆符合疲劳强度要求。

例 10-3 图 10-18 所示阶梯形圆截面钢轴，在危险截面 $A-A$ 上，内力为同相位的对称循环交变弯矩与交变扭矩，其最大值分别为 $M_{max} = 1.5$ kN·m 与 $T_{max} = 2.0$ kN·m，设规定的疲劳安全因数 $n_{f} = 1.5$，试校核轴的疲劳强度。已知轴径 $D = 60$ mm，$d = 50$ mm，圆角半径 $R = 5$ mm，强度极限 $\sigma_{b} = 1100$ MPa，材料在对称循环应力下的弯曲疲劳极限 $\sigma_{-1} = 540$ MPa，扭转疲劳极限 $\tau_{-1} = 310$ MPa，轴表面经磨削加工。

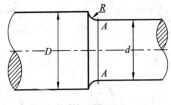

图 10-18

解 (1)计算工作应力。对于该阶梯形圆截面钢轴，在对称循环的交变弯矩与交变扭矩作用下，危险截面 $A-A$ 处的最大弯曲正应力与最大扭转切应力分别为

$$\sigma_{max} = \frac{32M_{max}}{\pi d^{3}} = \frac{32 \times 1.5 \times 10^{6}}{\pi \times 50^{3}} \approx 122 \text{ MPa}$$

$$\tau_{max} = \frac{16T_{max}}{\pi d^{3}} = \frac{16 \times 2.0 \times 10^{6}}{\pi \times 50^{3}} \approx 81.5 \text{ MPa}$$

(2)确定影响因数。根据 $D/d = 1.2$ 与 $R/d = 0.10$，由图 10-9、图 10-11、图 10-12 以及式(10-4)、式(10-5)得轴肩处的有效应力集中因数为

$$K_{\sigma} = 1 + 0.80 \times (1.70 - 1) = 1.56$$
$$K_{\tau} = 1 + 0.74 \times (1.35 - 1) \approx 1.26$$

由图 10-13 与图 10-15，查得尺寸因数与表面质量因数分别为

$$\varepsilon \approx 0.70, \quad \beta = 1.0$$

(3)校核疲劳强度。将有关数据代入式(10-10)与式(10-13)，计算该钢轴分别在仅考虑弯曲与仅考虑扭转时的安全因数为

$$n_{\sigma} = \frac{\varepsilon\beta\sigma_{-1}}{K_{\sigma}\sigma_{max}} = \frac{0.70 \times 1.0 \times 540}{1.56 \times 122} \approx 1.99$$

$$n_{\tau} = \frac{\varepsilon\beta\tau_{-1}}{K_{\tau}\tau_{max}} = \frac{0.70 \times 1.0 \times 310}{1.26 \times 81.5} \approx 2.11$$

将上述结果代入式(10 - 18),计算危险截面 A - A 在弯扭组合循环应力下的工作安全因数为

$$n_{\sigma\tau} = \frac{n_\sigma n_\tau}{\sqrt{n_\sigma^2 + n_\tau^2}} = \frac{1.99 \times 2.11}{\sqrt{1.99^2 + 2.11^2}} \approx 1.45$$

虽然实际工作安全因数 $n_{\sigma\tau}$ 略小于规定的安全因数 $n_{\rm f}$,但是它们的差值仍小于 $n_{\rm f}$ 的 5%,所以轴的疲劳强度满足要求。

10.5.4 提高构件疲劳强度的途径

在不改变构件基本尺寸和材料的前提下,提高构件疲劳强度的主要途径是减缓应力集中的影响,提高表面加工质量与表层强度。

1. 减缓应力集中的影响

构件截面突变处的应力集中是产生裂纹和裂纹扩展的主要因素。所以,对于在交变应力下工作的构件,尤其是用高强度材料制成的构件,设计时应尽量减小应力集中。例如:增大过渡圆角半径;减小相邻杆段横截面粗细差别;采用凹槽结构(见图 10 - 19(a));设置卸荷槽(见图 10 - 19(b));将必要的孔与沟槽配置在构件的低应力区等。这些措施均能显著提高构件的疲劳强度。

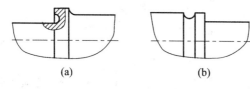

| (a) | (b) |

图 10 - 19

2. 降低表面粗糙度

在构件横截面应力非均匀分布的情形下,最大应力一般发生在构件表层,疲劳裂纹大都从表面开始产生和扩展。所以,对于在交变应力下工作的重要构件,特别是存在应力集中的部位,应当力求提高表面加工质量,降低表面粗糙度。由于表面加工质量对高强度钢材的影响比一般钢材大,因此材料愈好,愈应讲究加工方法,以避免形成表面伤痕。

3. 增加表层强度

通过机械方法和化学方法对构件表面进行强化处理,提高构件表层材料的强度,改善表层的应力状况,将使构件的疲劳强度有明显的提高。表面热处理和化学处理(如表面高频淬火、渗碳、渗氮)以及冷压机械加工(如表面滚压和喷丸处理等),这些方法可改善构件的表层结构,使构件表层产生残余压应力,抑制疲劳裂纹的生成与扩展。

·······● 思 考 题 ●·······

10 - 1 疲劳破坏有何特点?它与静强度破坏有何区别?

10 - 2 简述疲劳破坏的机理与过程。

10 - 3 何谓循环特征?何谓对称循环与脉动循环?何谓非对称循环?

10 - 4 如何由疲劳试验测定材料的疲劳极限?何谓持久疲劳极限?何谓条件疲劳

极限?

10-5 构件的疲劳极限与材料的疲劳极限有何区别?

10-6 影响构件的疲劳极限的主要因素有哪些?如何确定有效应力集中因数、尺寸因数与表面质量因数?

10-7 如何进行对称循环应力作用下构件的疲劳强度计算?

10-8 如何进行非对称循环与弯扭组合循环应力作用下构件的疲劳强度计算?

10-9 简述提高构件疲劳强度的措施。

习　　题

10-1 题 10-1 图所示应力循环,试求平均应力、应力幅与应力比。

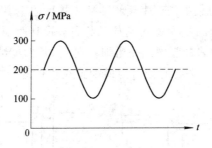

题 10-1 图

10-2 题 10-2 图所示旋转轴,同时承受轴向拉力 F_x 与横向载荷 F_y 作用,试求危险截面边缘任一点处的最大正应力、最小正应力、平均应力、应力幅与应力比。已知轴径 $d=10$ mm,轴长 $l=100$ mm,载荷 $F_x=2$ kN,$F_y=0.5$ kN。

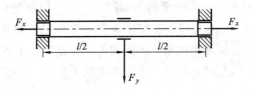

题 10-2 图

10-3 题 10-3 图所示疲劳试样由钢制成,强度极限 $\sigma_b=600$ MPa,试确定夹持部位有效应力集中因数。试样表面经磨削加工。

(1)试验时承受对称循环的轴向载荷作用;

(2)承受对称循环的扭矩作用。

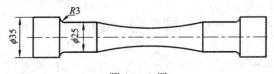

题 10-3 图

10-4 题 10-4 图所示钢轴承受对称循环的弯曲应力作用,经粗车制成。钢轴材料或选择强度极限 $\sigma_b=1200$ MPa 的合金钢,或选择强度极限 $\sigma_b'=700$ MPa 的碳钢。设疲劳安

全因数 $n_f=2$，试计算钢轴的许用应力 $[\sigma_{-1}]$。

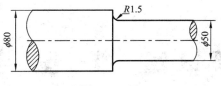

题 10-4 图

10-5　题 10-5 图所示阶梯形圆截面钢杆承受非对称循环的轴向载荷 F 作用，其最大与最小值分别为 $F_{max}=110$ kN 与 $F_{min}=5$ kN，设规定的疲劳安全因数 $n_f=2$，试校核杆的疲劳强度。已知 $D=50$ mm，$d=40$ mm，$\sigma_b=600$ MPa，拉压疲劳极限 $\sigma_{-1}=170$ MPa，$\psi_\sigma=0.05$。杆表面经精车加工。

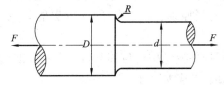

题 10-5 图

10-6　一阶梯形圆截面钢轴，危险截面上内力为同相位的对称循环交变弯矩与交变扭矩，其最大值分别为 $M_{max}=1.0$ kN·m 与 $T_{max}=1.5$ kN·m，试计算该截面的工作安全因数。已知轴径 $D=60$ mm，$d=50$ mm，圆角半径 $R=5$ mm，材料强度极限 $\sigma_b=800$ MPa，材料在对称循环应力下的弯曲疲劳极限 $\sigma_{-1}=350$ MPa，扭转疲劳极限 $\tau_{-1}=200$ MPa，轴表面经精车加工。

10-7　题 10-7 图所示飞机发动机活塞销承受交变外力 F 作用，该力在最大值 $F_{max}=52$ kN 与最小值 $F_{min}=-11.5$ kN 之间变化，试计算活塞销的工作安全因数。活塞销用铬镍合金制成，强度极限 $\sigma_b=960$ MPa，疲劳极限 $\sigma_{-1}=430$ MPa，敏感因数 $\psi_\sigma=0.1$，活塞销表面经磨削加工。

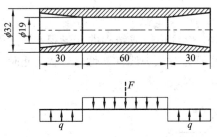

题 10-7 图

10-8　一圆柱形密圈螺旋弹簧，平均半径 $R=20$ mm，弹簧丝直径 $d=5$ mm，弹簧承受轴向交变压力 F 作用，其最大值 $F_{max}=300$ N，最小值 $F_{min}=100$ N，弹簧用合金钢制成，强度极限 $\sigma_b=1200$ MPa，疲劳极限 $\tau_{-1}=300$ MPa，敏感因数 $\psi_\tau=0.1$，试确定弹簧的工作安全因数。表面质量因数 β 可取为 1。

第11章 能 量 法

前面在研究杆件轴向拉压、扭转及强度理论时曾介绍过功能原理与应变能的一些概念。本章将进一步论述能量法的基本原理与分析方法,包括外力功与应变能的一般表达式、克拉比隆定理、变形体虚功原理、单位载荷法;并以能量法为基础,研究动载荷与冲击载荷的问题。

能量法不仅可用于分析构件或结构的位移与应力,还可用于分析与变形有关的其他问题。能量原理是固体力学的一个基本原理。

11.1　外力功与应变能的一般表达式

11.1.1　外力功的计算

在外力作用下,弹性体发生变形,载荷作用点随之产生位移。载荷作用点在载荷作用方向的位移分量,称为该载荷的相应位移。

对于由零缓慢增加到最终值的静载荷 f,若其相应位移为 Δ(见图 11 − 1(a)),则此力的功为

$$W = \int_0^{\Delta} f \cdot \mathrm{d}\delta \tag{11-1}$$

如果材料服从胡克定律,而且构件或结构的变形很小,则构件或结构的位移与载荷成正比(见图 11 − 1(b)),此时研究对象为线性弹性体,显然此时外力的功为

$$W = \frac{1}{2} F\Delta \tag{11-2}$$

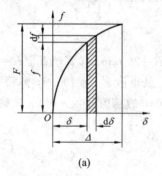
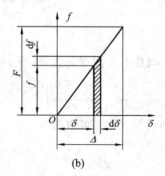

(a)　　　　　　　　　　(b)

图 11 − 1

式(11-2)是计算线性弹性体外力功的基本公式。应该指出，式中的 F 为广义力，即或为集中力，或为集中力偶，或为一对大小相等、方向相反的力或力偶等；式中的 Δ 则为相应的广义位移，与集中力相应的位移为线位移，与集中力偶相应的位移为角位移，与一对大小相等、方向相反的力相应的位移为相对线位移，与一对大小相等、方向相反的集中力偶对应的相应位移为相对角位移。总之，广义力在相应广义位移上做功。

另外可以证明，当线性弹性体上同时作用几个载荷 F_1、F_2、$\cdots$、F_n 时，不论按何种方法加载，广义力在相应广义位移 Δ_1、Δ_2、$\cdots$、Δ_n 上所做之总功恒为

$$W = \sum_{i=1}^{n} \frac{F_i \Delta_i}{2} \tag{11-3}$$

上述关系称为**克拉比隆定理**。

11.1.2 应变能的计算

根据功能原理，存储在构件内的应变能等于外力所做之功，对于线性弹性体

$$V_\varepsilon = W = \sum_{i=1}^{n} \frac{F_i \Delta_i}{2}$$

1. 轴向拉压时的应变能

在前面已经讨论过，当杆件处于轴向拉伸或压缩时，其应变能为

$$V_\varepsilon = W = \frac{F_N^2 l}{2EA}$$

若轴向力 F_N 沿杆件轴线为一变量 $F_N(x)$，则应变能的一般表达式为

$$V_\varepsilon = \int_l \frac{F_N^2(x)}{2EA} \, \mathrm{d}x \tag{11-4}$$

若结构是由 n 根直杆组成的桁架，整个结构内的应变能为

$$V_\varepsilon = \sum_{i=1}^{n} \frac{F_{Ni}^2 l_i}{2E_i A_i} \tag{11-5}$$

式中 F_{Ni}、l_i、E_i 和 A_i 分别为桁架中第 i 根杆的轴力、长度、弹性模量和横截面面积。

2. 圆轴扭转时的应变能

圆轴受扭时(见图 11-2)，扭转角为

$$\varphi = \frac{Tl}{GI_P}$$

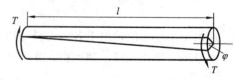

图 11-2

其应变能为

$$V_\varepsilon = \frac{T\varphi}{2} = \frac{T^2 l}{2GI_P} \tag{11-6}$$

若扭矩 T 沿轴线为一变量 $T(x)$，则应变能的一般表达式为

$$V_\varepsilon = \int_l \frac{T^2(x)}{2GI_P} \, \mathrm{d}x \tag{11-7}$$

3. 梁弯曲时的应变能

在一般情况下(见图 11-3(a))，梁的弯矩和剪力均沿轴线变化，因此，梁的应变能应从微段 $\mathrm{d}x$ 入手进行计算(见图 11-3(b))。

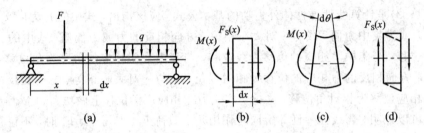

图 11 - 3

在弯矩 $M(x)$ 作用下，微段两端横截面作相对转动（见图 11 - 3(c)），且

$$d\theta = \frac{dx}{\rho} = \frac{M(x)}{EI}dx$$

在剪力 $F_S(x)$ 作用下，微段产生剪切变形（见图 11 - 3(d)）。所以，横力弯曲时，弯矩仅在相应的弯曲变形上做功；剪力仅在相应的剪切变形上做功。但是，对于细长梁，剪力所做的功远小于弯矩所做的功，通常可忽略不计。所以，梁微段 dx 的应变能为

$$dV_\varepsilon = dW = \frac{M(x)d\theta}{2} = \frac{M^2(x)dx}{2EI}$$

而整个梁的变形能则为

$$V_\varepsilon = \int_l \frac{M^2(x)}{2EI}dx \tag{11-8}$$

4. 组合变形杆件的应变能

组合变形时，圆截面杆微段受力的一般形式如图 11 - 4(a)所示。

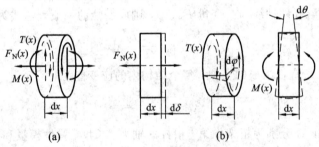

图 11 - 4

由于小变形的情况下各内力分量引起的应变互不耦合，在忽略剪力影响的情况下，由功能原理与克拉比隆定理可得，微段 dx 的应变能为

$$dV_\varepsilon = dW = \frac{F_N(x)d\delta}{2} + \frac{T(x)d\varphi}{2} + \frac{M(x)d\theta}{2}$$

$$= \frac{F_N^2(x)dx}{2EA} + \frac{T^2(x)dx}{2GI_P} + \frac{M^2(x)dx}{2EI}$$

而整个杆或杆系结构的应变能为

$$V_\varepsilon = \int_l \frac{F_N^2(x)}{2EA}dx + \int_l \frac{T^2(x)}{2GI_P}dx + \int_l \frac{M^2(x)}{2EI}dx \tag{11-9}$$

上式只适用于圆截面杆。对于非圆截面等一般杆件，则有

$$V_\varepsilon = \int_l \frac{F_N^2(x)}{2EA}dx + \int_l \frac{T^2(x)}{2GI_t}dx + \int_l \frac{M_y^2(x)}{2EI_y}dx + \int_l \frac{M_z^2(x)}{2EI_z}dx \tag{11-10}$$

由式(11-4)~式(11-9)可以看出,应变能不能利用叠加原理进行计算,而且应变能恒为正值。

例 11-1　图 11-5 所示悬臂梁,在自由端承受集中力 F 与矩为 M_e 的集中力偶作用。试计算外力所做之总功。设梁的抗弯刚度 EI 为常数。

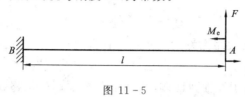

图 11-5

解　对于线性弹性体,根据叠加原理,截面 A 的挠度与转角分别为

$$w_A = w_{AF} + w_{AM_e} = \frac{Fl^3}{3EI} + \frac{M_e l^2}{2EI} \quad (\uparrow)$$

$$\theta_A = \theta_{AF} + \theta_{AM_e} = \frac{Fl^2}{2EI} + \frac{M_e l}{EI} \quad (\circlearrowright)$$

根据式(11-3)可知,载荷 F 与 M_e 所做之总功为

$$W = \frac{Fw_A}{2} + \frac{M_e \theta_A}{2} = \frac{F^2 l^3}{6EI} + \frac{FM_e l^2}{2EI} + \frac{M_e^2 l}{2EI}$$

讨论:若载荷 F 与 M_e 分别单独作用在该悬臂梁时,它们所做功的和为

$$W_F + W_{M_e} = \frac{Fw_{AF}}{2} + \frac{M_e \theta_{AM_e}}{2} = \frac{F^2 l^3}{6EI} + \frac{M_e^2 l}{2EI} \neq W$$

即载荷所做之总功不能利用叠加原理进行计算。因为在一般情况下,各载荷所做之功并非仅与该载荷引起的位移有关,而且与其他载荷在该点处引起的位移也有关。

11.1.3　互等定理

当线性弹性体上作用几个外力时,外力所做之总功或弹性体的应变能与外力的加载次序无关。据此,可以建立两个重要的定理——功的互等定理与位移互等定理。

图 11-6(a)、(b)所示为同一线性弹性体(以简支梁为例)的两种受力变形状态。规定广义位移 Δ_{ij} 表示作用在点 j 的载荷 F_j 引起的点 i 沿 F_i 方向的位移。在第一种受力状态(见图 11-6(a))下,则点 1、点 2 的位移分别为 Δ_{11}、Δ_{21};在第二种受力状态(见图 11-6(b))下,则点 1、点 2 的位移分别为 Δ_{12}、Δ_{22}。

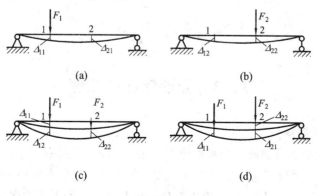

(a)　　　　　　　　　　　　　　(b)

(c)　　　　　　　　　　　　　　(d)

图 11-6

考虑两种加载方式。一是先加 F_1、再加 F_2(见图 11-6(c)),则外力所做总功为

$$W_1 = \frac{1}{2}F_1\Delta_{11} + \frac{1}{2}F_2\Delta_{22} + F_1\Delta_{12} \tag{a}$$

另一种加载方式是先加 F_2、再加 F_1(见图 11-6(d)),则外力所做总功为

$$W_2 = \frac{1}{2}F_2\Delta_{22} + \frac{1}{2}F_1\Delta_{11} + F_2\Delta_{21} \tag{b}$$

而外力所做之总功与加载次序无关,$W_1 = W_2$,因此可得

$$F_1\Delta_{12} = F_2\Delta_{21} \tag{11-11}$$

式(11-11)表明,对于线性弹性体,F_1 在 F_2 所引起的位移 Δ_{12} 上所做之功,等于 F_2 在 F_1 所引起的位移 Δ_{21} 上所做之功。此关系式称为**功的互等定理**。

作为上述定理的一个重要推论,如果 $F_1 = F_2$,则由式(11-11)得

$$\Delta_{12} = \Delta_{21} \tag{11-12}$$

即当 F_1 与 F_2 的数值相等时,F_2 在点 1 沿 F_1 方向引起的位移 Δ_{12},等于 F_1 在点 2 沿 F_2 方向引起的位移 Δ_{21}。此定理称为**位移互等定理**。

另外,还可以进一步证明,功的互等定理不仅存在于两个外力之间,而且存在于两组外力系之间。功的互等定理可以表述为:对于线性弹性体,第一组外力在第二组外力所引起的位移上所做之功,等于第二组外力在第一组外力所引起的位移上所做之功。

功的互等定理与位移互等定理是两个重要定理,在固体力学与结构分析中具有重要作用。

例 11-2 图 11-7(a)所示简支梁 AB,在跨度中点 C 承受集中力 F 作用时,横截面 B 的转角为 $\theta_{BF} = Fl^3/16EI$。试计算在截面 B 作用矩为 M_e 的力偶时(见图 11-7(b)),截面 C 的挠度 Δ_C。设抗弯刚度 EI 为常数。

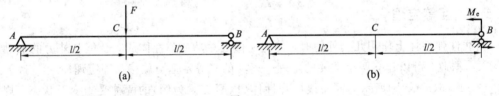

图 11-7

解 根据功的互等定理,有

$$F\Delta_{CM_e} = M_e\theta_{BF}$$

由此解得

$$\Delta_{CM_e} = \frac{M_e\theta_{BF}}{F} = \frac{M_e}{F}\cdot\frac{Fl^3}{16EI} = \frac{M_e l^3}{16EI} \quad (\downarrow)$$

11.2　变形体虚功原理

1. 变形体虚功原理

虚功原理是分析静力学的一个基本原理,适用于任意质点系。对于处于平衡状态的变形体,除了外力在任意虚位移上要做功外,内力在相应的变形虚位移上也要做功,前者称为**外力虚功**,用 W_e 表示;后者称为**内力虚功**,用 W_i 表示。变形体的虚功原理可以表述为:

变形体平衡的充分必要条件是作用于其上的外力和内力在任意虚位移上所做的虚功相等，即

$$W_e = W_i \tag{11-13}$$

此处的虚位移是除作用在杆件上的原力系本身以外，由其他因素引起的满足位移边界条件与变形连续条件的任意无限小位移。它是在原力系作用下的平衡位置上再增加的位移。它可以是真实位移的增量，也可以是与真实位移无关的其他位移，例如由另外的广义力或温度变化、支座移动等引起的位移，甚至可以是完全虚拟的。

虚位移既然可以与作用的力无关，就不受外力与位移关系的限制，也不受材料应力-应变关系的限制，所以虚功原理不仅适用于线性弹性体，而且适用于非线性弹性体与非弹性体。

2. 内力虚功的计算

结构在静平衡状态下，微段 dx 的内力如图 11-8 所示。

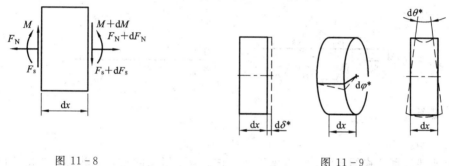

图 11-8　　　　　　　　　　　图 11-9

对于任意的虚位移，微段的虚位移可以分为刚性虚位移和变形虚位移。该微段因其他各微段的变形而引起的虚位移称为**刚性虚位移**，由于该微段本身变形而引起的虚位移则称为**变形虚位移**。如图 11-9 所示，微段的变形虚位移分别用 $d\delta^*$、$d\varphi^*$、$d\theta^*$ 表示。忽略高阶微量，作用在微段上的内力所做之虚功为

$$dW_i = F_N \cdot d\delta^* + T \cdot d\varphi^* + M \cdot d\theta^*$$

作用在结构所有微段上的内力所做之总虚功为

$$W_i = \int_l (F_N \cdot d\delta^* + T \cdot d\varphi^* + M \cdot d\theta^*) \tag{11-14}$$

若 F_i 是作用在结构上的原力系中的广义力，Δ_i^* 是与 F_i 相应的广义虚位移，则外力的虚功为

$$W_e = \sum_{i=1}^{n} F_i \cdot \Delta_i^* \tag{11-15}$$

则变形体虚位移原理可具体表示为

$$\sum_{i=1}^{n} F_i \cdot \Delta_i^* = \int_l (F_N \cdot d\delta^* + T \cdot d\varphi^* + M \cdot d\theta^*) \tag{11-16}$$

11.3　单位载荷法

由变形体虚功原理可以得到计算结构位移的一般方法——单位载荷法。

考虑图 11-10(a)所示任意杆(或杆系结构)，现在拟求其轴线上任意一点 K 沿任意方位 a-a 的位移 Δ。为了求得位移 Δ，可以再取一个同样的结构如图 11-10(b)所示，并且只在 K 点沿方位 a-a 施加一大小等于 1 的广义力，即所谓单位力，该力以及与其平衡的内力 $\overline{F}_N(x)$、$\overline{T}(x)$、$\overline{M}(x)$ 构成单位力系。将结构在所有外力作用下的实位移(见图 11-10(a)中的虚线)作为该单位力系的虚位移，这时，单位力在位移 Δ 上所做的虚功为

$$W_e = 1 \cdot \Delta$$

同时，内力在相应的变形虚位移上所做的虚功为

$$W_i = \int_l \left[\overline{F}(x) \cdot \mathrm{d}\delta + \overline{T}(x) \cdot \mathrm{d}\varphi + \overline{M}(x)\mathrm{d}\theta \right]$$

根据变形体虚功原理：$W_e = W_i$，于是得

$$\Delta = \int_l \left[\overline{F}(x) \cdot \mathrm{d}\delta + \overline{T}(x) \cdot \mathrm{d}\varphi + \overline{M}(x)\mathrm{d}\theta \right] \tag{11-17}$$

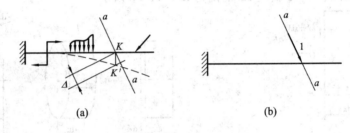

(a)　　　　　　　　　　　(b)

图 11-10

以上所述计算位移的方法，称为**单位载荷法**。需要指出的是，这里所求的位移以及施加的单位力都是广义的。如果按上述公式求得的位移为正，即表示所求位移与所加的单位载荷同向；反之，则表示所求位移与所加的单位载荷反向。单位载荷法不仅适用于线性弹性体，也适用于非线性弹性体与非弹性体。

对于线性弹性体，微段的变形为

$$\mathrm{d}\delta = \frac{F_N(x)\mathrm{d}x}{EA}, \quad \mathrm{d}\varphi = \frac{T(x)\mathrm{d}x}{GI_P}, \quad \mathrm{d}\theta = \frac{M(x)\mathrm{d}x}{EI}$$

于是，公式(11-17)可写为

$$\Delta = \int_l \frac{F_N(x)\overline{F}_N(x)}{EA}\,\mathrm{d}x + \int_l \frac{T(x)\overline{T}(x)}{GI_P}\,\mathrm{d}x + \int_l \frac{M(x)\overline{M}(x)}{EI}\,\mathrm{d}x \tag{11-18}$$

式(11-18)称为莫尔积分或莫尔定理。

对于分别处于平面弯曲的梁与刚架、扭转的圆轴、桁架，莫尔积分可分别简化为

$$\Delta = \int_l \frac{M(x)\overline{M}(x)}{EI}\,\mathrm{d}x \tag{11-19}$$

$$\Delta = \int_l \frac{T(x)\overline{T}(x)}{GI_P}\,\mathrm{d}x \tag{11-20}$$

$$\Delta = \sum_{i=1}^{n} \frac{F_{Ni}\overline{F}_{Ni}l_i}{E_iA_i} \tag{11-21}$$

例 11-3 求图 11-11(a)所示简支梁截面 A 的转角。设抗弯刚度 EI 为常数。

解 为了计算截面 A 转角，在该简支梁的截面 A 处加单位力偶(见图 11-11(b))。

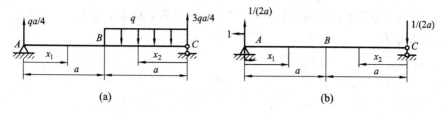

图 11 - 11

（1）求约束力。根据静平衡方程分别求出图 11 - 11(a)、(b)的约束力：

$$F_{Ay} = \frac{qa}{4}, \quad F_{Cy} = \frac{3qa}{4}$$

$$\bar{F}_{Ay} = \frac{1}{2a}, \quad \bar{F}_{Cy} = -\frac{1}{2a}$$

（2）分段列弯矩方程。在建立弯矩方程 $M(x)$ 与 $\bar{M}(x)$ 时，梁段的划分与坐标的选取要完全一致。按此原则，将该梁划分为 AB 与 BC 两段，并选坐标 x_1 与 x_2 如图所示，各梁段的弯矩方程为

AB 段： $M(x_1) = \dfrac{qa}{4}x_1,$ \qquad\qquad $\bar{M}(x_1) = \dfrac{1}{2a}x_1 - 1$ \quad $(0 < x_1 < a)$

BC 段： $M(x_2) = \dfrac{3qa}{4}x_2 - \dfrac{q}{2}x_2^2,$ \quad $\bar{M}(x_2) = -\dfrac{1}{2a}x_2$ \quad $(0 < x_2 < a)$

（3）计算 θ_A。由莫尔积分得

$$\theta_A = \frac{1}{EI}\left[\int_0^a \left(\frac{qa}{4}x_1\right)\left(\frac{1}{2a}x_1 - 1\right)dx_1 + \int_0^a \left(\frac{3qa}{4}x_2 - \frac{q}{2}x_2^2\right)\left(-\frac{1}{2a}x_2\right)dx_2\right]$$

$$= -\frac{7qa^3}{48EI} \quad (\circlearrowright)$$

计算结果为负，说明截面 A 的转角与所加单位力偶的转向相反，即截面 A 沿顺时针方向转动。

例 11 - 4   求图 11 - 12(a)所示刚架截面 A 的水平位移。设抗弯刚度 EI 为常数。

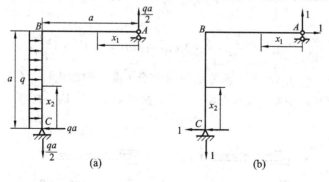

图 11 - 12

解   为了计算截面 A 的水平位移，在该刚架的截面 A 处沿水平方向加单位力（见图 11 - 12(b)）。

（1）求约束力。计算图 11 - 12(a)、(b)两种情形下的约束力：

$$F_{Ay} = \frac{qa}{2}, \quad F_{Cx} = qa, \quad F_{Cy} = \frac{qa}{2}$$

$$\bar{F}_{Ay} = 1, \quad \bar{F}_{Cx} = 1, \quad \bar{F}_{Cy} = 1$$

(2) 分段列弯矩方程。将该梁划分为 AB 与 CB 两段，并选坐标 x_1 与 x_2 如图所示，各梁段的弯矩方程为

AB 段：　$M(x_1)=\dfrac{qa}{2}x_1$,　　　　　　$\overline{M}(x_1)=x_1$　$(0<x_1<a)$

CB 段：　$M(x_2)=qax_2-\dfrac{q}{2}x_2^2$,　$\overline{M}(x_2)=x_2$　$(0<x_2<a)$

(3) 计算 Δ_A。由莫尔积分得

$$\Delta_A=\frac{1}{EI}\left[\int_0^a\frac{qa}{2}x_1\cdot x_1\cdot\mathrm{d}x_1+\int_0^a\left(qax_2-\frac{q}{2}x_2^2\right)\cdot x_2\cdot\mathrm{d}x_2\right]=\frac{3qa^4}{8EI}\quad(\rightarrow)$$

例 11 - 5　图 11-13(a) 为一开有细小缺口的圆环，抗弯刚度 EI 为常数。试计算在均匀压力 q 作用下缺口处的张开位移。

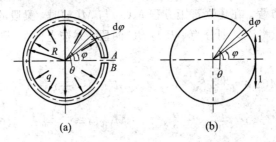

图 11 - 13

解　为了计算圆环缺口处的相对位移，应在该圆环缺口处加一对单位力(见图 11-13(b))。在外力 q 作用下，圆环任一截面的弯矩为

$$M(\theta)=-\int_0^\theta qR\,\sin(\theta-\varphi)R\,\mathrm{d}\varphi=-qR^2(1-\cos\theta)\quad(0<\theta<\pi)$$

在单位力作用下，圆环任一截面的弯矩为

$$\overline{M}(\theta)=-R(1-\cos\theta)\qquad(0<\theta<\pi)$$

由莫尔积分得

$$\Delta_{AB}=\frac{2}{EI}\int_0^\pi qR^2(1-\cos\theta)\cdot R(1-\cos\theta)\cdot R\,\mathrm{d}\theta=\frac{3\pi R^4 q}{EI}\quad(\updownarrow)$$

例 11 - 6　图 11-14(a) 所示四分之一圆弧形小曲率圆截面杆，在杆端 A 承受铅垂方向的载荷 F，试求相应位移。设抗弯刚度 EI 与扭转刚度 GI_P 均为常数。

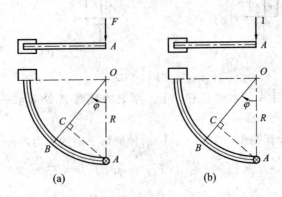

图 11 - 14

解　为了计算截面 A 的铅垂位移,在该曲杆截面 A 处沿铅垂方向加单位力(见图 11 – 14(b))。

在载荷 F 作用下,曲杆任一截面 B 的弯矩与扭矩分别为

$$M(\varphi) = -FR\sin\varphi, \quad T(\varphi) = -FR(1-\cos\varphi) \quad \left(0 < \varphi < \frac{\pi}{2}\right)$$

在单位力作用下,曲杆任一截面 B 的弯矩与扭矩分别为

$$\overline{M}(\varphi) = -R\sin\varphi, \quad \overline{T}(\varphi) = -R(1-\cos\varphi) \quad \left(0 < \varphi < \frac{\pi}{2}\right)$$

由莫尔积分得

$$\Delta_A = \frac{1}{EI}\int_0^{\frac{\pi}{2}} FR\sin\varphi \cdot R\sin\varphi \cdot R\,\mathrm{d}\varphi + \frac{1}{GI_\mathrm{P}}\int_0^{\frac{\pi}{2}} FR(1-\cos\varphi) \cdot R(1-\cos\varphi) \cdot R\,\mathrm{d}\varphi$$

$$= \frac{\pi FR^3}{4EI} + \frac{(3\pi-8)FR^3}{4GI_\mathrm{P}} \quad (\downarrow)$$

例 11 – 7　图 11 – 15(a)所示桁架,在节点 B 承受铅垂集中力 F 作用,试计算节点 B 的铅垂位移。设杆 1 和杆 2 均为等截面直杆,材料服从胡克定律,且拉压刚度 EA 相同。

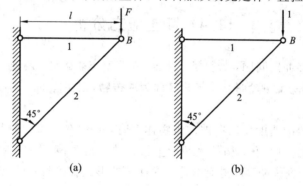

图 11 – 15

解　为了计算节点 B 的铅垂位移,在该桁架的节点 B 处沿铅垂方向加单位力(见图 11 – 15(b))。

(1)轴力分析。在载荷 F 作用下,杆 1、杆 2 的轴力分别为

$$F_{\mathrm{N}1} = F, \quad F_{\mathrm{N}2} = -\sqrt{2}F$$

在单位载荷作用下,杆 1、杆 2 的轴力分别为

$$\overline{F}_{\mathrm{N}1} = 1, \quad \overline{F}_{\mathrm{N}2} = -\sqrt{2}$$

(2)节点位移计算。由线性弹性体桁架的莫尔定理式(11 – 21),得节点 B 的铅垂位移为

$$\Delta_B = \frac{1}{EA}(F_{\mathrm{N}1}\overline{F}_{\mathrm{N}1}l_1 + F_{\mathrm{N}2}\overline{F}_{\mathrm{N}2}l_2)$$

$$= \frac{1}{EA}(F \cdot 1 \cdot l + \sqrt{2}F \cdot \sqrt{2} \cdot \sqrt{2}l) = \frac{(1+2\sqrt{2})Fl}{EA} \quad (\downarrow)$$

例 11 – 8　图 11 – 15(a)所示桁架,如果杆 1 材料的应力应变关系为 $\sigma = c\sqrt{\varepsilon}$;杆 2 材料服从胡克定律,弹性模量为 E;两杆的横截面面积均为 A。试计算节点 B 的铅垂位移。

解　对于非线性弹性材料的结构,应根据式(11 – 17)表示的单位载荷法计算位移。对

于桁架，由式(11-17)得

$$\Delta = \int_l \overline{F}_N(x) \cdot \mathrm{d}\delta = \sum_{i=1}^n \overline{F}_{Ni} \Delta l_i \tag{11-22}$$

例题 11-7 已经得到该桁架各杆的轴力；而各杆的轴向变形分别为

$$\Delta l_1 = \varepsilon_1 l_1 = \frac{\sigma_1^2}{c^2} l_1 = \frac{F_{N1}^2 l}{A^2 c^2} = \frac{F^2 l}{A^2 c^2}$$

$$\Delta l_2 = \frac{F_{N2} l_2}{EA} = -\frac{\sqrt{2} F \cdot \sqrt{2} l}{EA} = -\frac{2Fl}{EA}$$

将杆 1、杆 2 的轴力 $\overline{F}_{Ni}$ 与轴向变形 Δl_i 代入式(11-22)，即得节点 B 的铅垂位移为

$$\Delta_B = \overline{F}_{N1} \cdot \Delta l_1 + \overline{F}_{N2} \cdot \Delta l_2 = \frac{F^2 l}{A^2 c^2} + \frac{2\sqrt{2} Fl}{Ea} \quad (\downarrow)$$

用单位载荷法计算线性弹性体位移时，对于等截面直杆，莫尔积分可以采用图形相乘的方法进行计算。用图乘法计算积分的内容，请参阅刘鸿文、单辉祖教授编写的教材《材料力学》。

11.4　冲击应力分析

工程中存在许多冲击问题，如打桩、冲压、锻压、车船碰撞、高速飞轮突然刹车、升降机构钢缆突然卡住等。锻锤、冲头、飞轮等称为**冲击物**，工件、桩、车船、传动轴、钢缆等称为**被冲击物**。

当冲击物以一定的速度作用在被冲击物体上时，它们在极短的时间内(例如千分之几秒)运动状态发生了急剧变化，构件之间产生很大的冲击载荷，构件内将产生很大的冲击应力与冲击变形。研究表明，冲击变形是以弹性波的形式在弹性体内传播的。在有些情况下，在冲击载荷作用的局部范围内还会产生塑性变形。所以，冲击问题是一个非常复杂的问题，这里只介绍工程中常用的简化计算方法——能量法，计算被冲击物内产生的最大应力与变形。

冲击问题简化计算的力学模型建立在如下基本假设之上：

(1) 忽略冲击物的变形，即认为冲击物是刚体；而且忽略冲击物的回弹，即冲击物与被冲击物接触后保持接触，直至被冲击物上冲击点的位移达到最大值。

(2) 忽略被冲击物的惯性，即认为冲击引起的变形瞬即传遍整个构件，冲击应力像静应力一样，瞬即遍布整个构件。

(3) 忽略冲击过程中的其他能量损失，冲击物的机械能全部转变为被冲击物的弹性应变能，即系统的机械能守恒。

(4) 被冲击物材料在冲击时仍保持线弹性，且仍按静载荷的许用应力建立强度条件。

上述假设简化了冲击问题的分析计算，所得结果虽然精度不高，但偏于安全，可以确定冲击时最大应力和变形的量级。

11.4.1　铅垂冲击应力分析

铅垂冲击是指冲击物与被冲击物即将接触的瞬间，冲击物的速度是铅垂向下的。

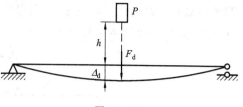

如图 11-16 所示,一重量为 P 的冲击物自高度 h 处自由下落,冲击某线性弹性体。由于弹性构件的阻碍,冲击物的速度在极短的时间内迅速减小为零;与此同时,弹性体受到的冲击载荷及相应位移也达到最大值,并分别用 F_d 与 Δ_d 表示;此后系统开始振动。根据机械能守恒定律以及基本假设可知,在冲击过程中,冲击物减少的机械能全部转化为被冲击弹性构件存储的应变能。即

图 11-16

$$E = V_{\varepsilon d} \tag{a}$$

冲击物减少的机械能为

$$E = P(h + \Delta_d) \tag{b}$$

被冲击弹性体增加的应变能为

$$V_{\varepsilon d} = \frac{1}{2} F_d \Delta_d \tag{c}$$

将式(b)、(c)代入式(a),得

$$Ph + P\Delta_d = \frac{1}{2} F_d \Delta_d \tag{d}$$

在线弹性范围内,定义**冲击动荷因数** K_d 为

$$K_d = \frac{F_d}{P} = \frac{\Delta_d}{\Delta_{st}} = \frac{\sigma_d}{\sigma_{st}} \tag{11-23}$$

式(11-23)中,Δ_{st} 与 σ_{st} 是假设冲击物的重力 P 以静载荷的方式作用在被冲击物时产生的静变形与静应力;Δ_d 与 σ_d 是冲击载荷 F_d 产生的相应截面的最大冲击变形与冲击应力。将式(11-23)代入式(d),整理后得

$$\Delta_d^2 - 2\Delta_{st}\Delta_d - 2\Delta_{st}h = 0$$

由上式解得具有实际意义的最大冲击变形为

$$\Delta_d = \Delta_{st}\left(1 + \sqrt{1 + \frac{2h}{\Delta_{st}}}\right)$$

由此得到自由落体冲击的动荷因数为

$$K_d = 1 + \sqrt{1 + \frac{2h}{\Delta_{st}}} \tag{11-24}$$

由式(11-23)可知,只要求出动荷因数 K_d,用 K_d 分别乘以静载荷、静变形、静应力,即可得到冲击时相应的动载荷、动变形、动应力。

构件受冲击时的强度条件可写为

$$\sigma_{d,\,max} = K_d \sigma_{st,\,max} \leqslant [\sigma] \tag{11-25}$$

式中 $[\sigma]$ 为静载荷时的许用应力。以上讨论对其他形式的冲击问题同样也适用,只是动荷因数不同而已。

作为自由落体冲击的特例,如果 $h=0$,即将重物突然施加在线性弹性体上,其动荷因数 $K_d=2$。所以在突加载荷作用下,构件产生的变形和应力是静载荷的两倍。

例 11-9 图 11-17 所示正方形截面梁,中点 C 处受自由落体冲击。已知 $P=500$ N,$h=20$ mm,梁的跨度 $l=1.0$ m,横截面边长 $b=50$ mm,弹性模量 $E=200$ GPa。试在下列

两种情况下计算截面 C 的挠度 Δ_d 与梁中的最大弯曲正应力 $\sigma_{d,\,max}$：(1)梁两端用铰支座支持；(2)梁两端用弹簧常数为 $k=100\ \mathrm{N/mm}$ 的弹簧支座支持。

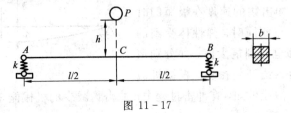

图 11-17

解 (1)梁两端用铰支座支持时，在静载荷 P 作用下截面 C 的挠度与梁中最大的正应力分别为

$$\Delta_{st} = \frac{Pl^3}{48EI} = \frac{Pl^3}{4Eb^4} = \frac{500 \times 1000}{4 \times 200 \times 10^3 \times 50^4} = 0.1\ \mathrm{mm}$$

$$\sigma_{st,\,max} = \frac{M_{max}}{W_z} = \frac{6pl}{4b^3} = \frac{6 \times 500 \times 1000}{4 \times 50^3} = 6\ \mathrm{MPa}$$

动荷因数为

$$K_d = 1 + \sqrt{1 + \frac{2h}{\Delta_{st}}} = 1 + \sqrt{1 + \frac{2 \times 20}{0.1}} \approx 21$$

截面 C 的挠度与梁中最大的冲击应力分别为

$$\Delta_d = K_d \Delta_{st} = 21 \times 0.1 = 2.1\ \mathrm{mm}$$

$$\sigma_{d,max} = K_d \sigma_{st,max} = 21 \times 6 = 126\ \mathrm{MPa}$$

(2)梁两端用弹簧常数为 $k=100\ \mathrm{N/mm}$ 的弹簧支座支持时，在静载荷 P 作用下截面 C 的挠度与梁中最大的正应力分别为

$$\Delta'_{st} = \frac{P}{2k} + \frac{Pl^3}{48EI} = \frac{500}{2 \times 100} + 0.1 = 2.6\ \mathrm{mm}$$

$$\sigma_{st,\,max} = \frac{M_{max}}{W_z} = \frac{6pl}{4b^3} = \frac{6 \times 500 \times 1000}{4 \times 50^3} = 6\ \mathrm{MPa}$$

动荷因数为

$$K'_d = 1 + \sqrt{1 + \frac{2h}{\Delta'_{st}}} = 1 + \sqrt{1 + \frac{2 \times 20}{2.6}} \approx 5.05$$

截面 C 的挠度与梁中最大的冲击应力分别为

$$\Delta'_d = K'_d \Delta'_{st} = 5.05 \times 2.6 \approx 13\ \mathrm{mm}$$

$$\sigma'_{d,max} = K'_d \Delta'_{st,max} = 5.05 \times 6 \approx 30.3\ \mathrm{MPa}$$

讨论：当这根梁由刚性的铰支座改为弹簧支座以后，最大冲击应力显著降低。所以，为了降低冲击应力，应该尽量降低承受冲击构件的刚度或增加其柔度，如在汽车、火车车厢与轮轴处加压缩弹簧，飞机起落架上安装油液空气减震器等。

11.4.2 水平冲击应力分析

如图 11-18 所示，重量为 P 的冲击物，沿水平方向以速度 v 冲击某线性弹性体。根据机械能守恒定律以及有关假定可知，在冲击过程中，冲击物减少的动能全部转化为被冲击弹性构件增加的应变能，即

$$E_k = V_{\varepsilon d}$$

即

$$\frac{1}{2}\frac{P}{g}v^2 = \frac{1}{2}F_d\Delta_d = \frac{1}{2}K_dP \cdot K_d\Delta_{st}$$

$$= \frac{1}{2}K_d^2\Delta_{st}P$$

求解上式，可得水平冲击的动荷因数为

$$K_d = \frac{v}{\sqrt{g\Delta_{st}}} \qquad (11-26)$$

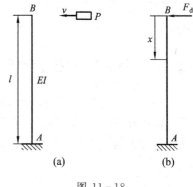

图 11-18

若图 11-18 所示悬臂梁长为 l，抗弯刚度为 EI，抗弯截面系数为 W，则受冲击截面 B 沿冲击方向的静挠度与梁中最大的静应力分别为

$$\Delta_{st} = \frac{Pl^3}{3EI}, \qquad \sigma_{st,max} = \frac{Pl}{W}$$

则梁端 B 的冲击挠度与梁中最大的冲击应力分别为

$$\Delta_d = K_d\Delta_{st} = \frac{v}{\sqrt{g\Delta_{st}}}\Delta_{st} = v\sqrt{\frac{Pl^3}{3gEI}}$$

$$\sigma_{d,max} = K_d\sigma_{st,max} = \frac{v}{\sqrt{g\Delta_{st}}}\sigma_{st,max} = \frac{v}{W}\sqrt{\frac{3PEI}{gl}}$$

11.4.3　吊索冲击应力分析

如图 11-19 所示，吊索的末端 C 悬挂一重量为 P 的物体，吊索绕在鼓轮上，当鼓轮转动时，重物以速度 v 匀速下降。如果突然刹车或鼓轮突然被卡住，试分析吊索中的冲击应力。

设刹车前、后吊索中的轴向变形分别为 Δ_{st} 与 Δ_d，根据机械能守恒定律，重物减少的机械能等于吊索增加的弹性应变能，于是有

$$\frac{1}{2}\frac{P}{g}v^2 + P(\Delta_d - \Delta_{st}) = \frac{1}{2}\frac{P}{\Delta_{st}}(\Delta_d^2 - \Delta_{st}^2)$$

由此解得

$$\Delta_d = \Delta_{st}\left(1 + \frac{v}{\sqrt{g\Delta_{st}}}\right)$$

由上式得到吊索冲击的动荷因数为

$$K_d = 1 + \frac{v}{\sqrt{g\Delta_{st}}} \qquad (11-27)$$

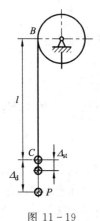

图 11-19

若刹车时吊索的长度为 l，横截面面积为 A，弹性模量为 E，则刹车前吊索的静变形与静应力分别为

$$\Delta_{st} = \frac{Pl}{EA}, \qquad \sigma_{st} = \frac{P}{A}$$

刹车后吊索中的最大冲击应力为

$$\sigma_\mathrm{d} = K_\mathrm{d}\sigma_\mathrm{st} = \left(1 + \frac{v}{\sqrt{g\Delta_\mathrm{st}}}\right)\sigma_\mathrm{st} = \left(1 + \sqrt{\frac{EA}{gPl}}\,v\right)\frac{P}{A}$$

11.4.4 扭转冲击应力分析

图 11-20 所示的飞轮,如果在 A 端突然刹车,即突然停止转动,而 B 端的飞轮由于惯性作用将继续转动,这样 AB 轴就受到冲击,发生扭转变形。将飞轮视为冲击物,AB 轴视为被冲击物,这类问题称为扭转冲击。

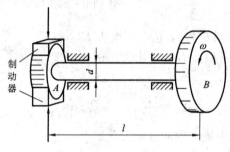

图 11-20

在扭转冲击过程中,飞轮损失的动能为

$$E_\mathrm{k} = \frac{1}{2}J\omega^2$$

设飞轮转速为零时,轴内最大冲击扭矩与扭转角分别为 T_d 与 φ_d,则飞轮轴增加的扭转应变能为

$$V_\mathrm{ed} = \frac{1}{2}T_\mathrm{d}\varphi_\mathrm{d} = \frac{T_\mathrm{d}^2 l}{2GI_\mathrm{P}}$$

根据机械能守恒定律

$$\frac{1}{2}J\omega^2 = \frac{T_\mathrm{d}^2 l}{2GI_\mathrm{P}}$$

由此求得轴内的最大扭矩为

$$T_\mathrm{d} = \omega\sqrt{\frac{GI_\mathrm{P}J}{l}}$$

轴内产生的最大扭转切应力为

$$\tau_{\mathrm{d,max}} = \frac{T_\mathrm{d}}{W_\mathrm{P}} = \omega\sqrt{\frac{GI_\mathrm{P}J}{lW_\mathrm{P}^2}} = \frac{4\omega}{d}\sqrt{\frac{GJ}{2\pi l}} \tag{11-28}$$

以上讨论了几种基本的冲击问题。若冲击物冲击到一个静不定结构上,首先应该按静载荷方式求解静不定问题;若被冲击结构中有受压杆件,则应考虑其在冲击情况下的稳定性问题等。这些综合性问题都需要具体问题具体分析,在各种不同情况下寻找动荷因数 K_d。求出动荷因数 K_d 后,只要在静载荷下会解决各种问题,冲击情况下的一切问题就迎刃而解了。

总之,冲击会造成构件破坏,影响仪器仪表的正常工作,甚至造成人身伤害,故通常要设法避免或减轻冲击。但另一方面,锻压、冲压、打桩、爆炸加工和拆除、采矿等正是利用冲击时产生的巨大载荷使被冲击物产生永久变形或破坏,以达到工程目的。

·········· 思 考 题 ··········

11-1　何谓线性弹性体？何谓相应位移？广义力与相应位移之间有何关系？

11-2　如何计算线性弹性体的外力功？如何计算线性弹性杆的应变能？

11-3　功的互等定理与位移互等定理是如何建立的？应用条件是什么？

11-4　变形体虚功原理是如何建立的？应用条件是什么？虚位移应满足什么条件？

11-5　单位载荷法是如何建立的？如何确定位移的方向？如何利用单位载荷法计算梁、轴、桁架与刚架的位移？单位载荷法是否只适用于线性弹性体？

11-6　动载荷与静载荷的区别是什么？说明动载荷作用下，构件强度计算的一般方法。

11-7　分析冲击问题的假设是什么？如何计算冲击变形、冲击载荷与冲击应力？如何提高构件的抗冲击性能？

·········· 习 题 ··········

11-1　试计算题 11-1 图所示各梁的变形能以及与载荷相应的位移。设抗弯刚度 EI 为常数。

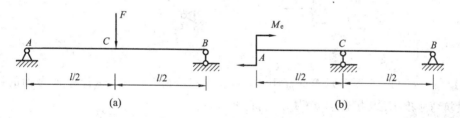

题 11-1 图

11-2　试利用单位载荷法计算题 11-2 图所示各梁横截面 A 的挠度和转角。设抗弯刚度 EI 为常数。

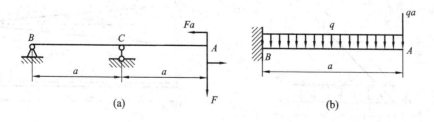

题 11-2 图

11-3　题 11-3 图所示桁架，各杆的拉压刚度 EA 均相同，在节点 B 处受垂直集中力 F 作用，试用单位载荷法计算节点 B 的水平位移。

11-4　题 11-4 图所示刚架，抗弯刚度 EI 为常数，在截面 C 处承受水平集中力 F 作用，试用单位载荷法计算该截面的转角。

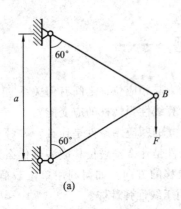 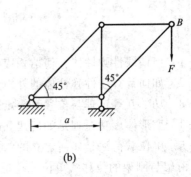

(a) 　　　　　　　 (b)

题 11-3 图

11-5　题 11-5 图所示结构,在截面 C 处受垂直集中力 F 作用,试计算横截面 C 的垂直位移与转角。梁 BC 各截面的抗弯刚度 EI 为常数,杆 GD 各截面的拉压刚度均为 EA。

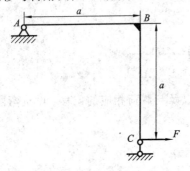 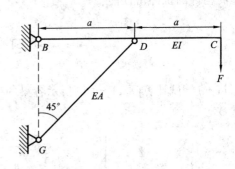

题 11-4 图 　　　　　　　 题 11-5 图

11-6　题 11-6 图所示等截面刚架,承受均布载荷 q 作用,试计算 A 截面的铅垂位移。设抗弯刚度 EI 与扭转刚度 GI_p 均为已知常数。

11-7　题 11-7 图所示变截面梁,自由端承受集中载荷 $F=1$ kN 作用,试计算截面 A 的挠度。材料的弹性模量 $E=200$ GPa。

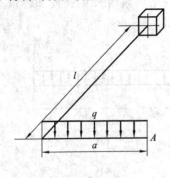 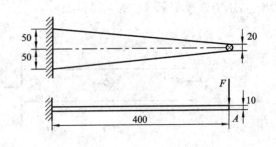

题 11-6 图 　　　　　　　 题 11-7 图

11-8　题 11-8 图所示圆弧形小曲率杆,承受载荷 F 作用。试计算载荷 F 相应的位移。设抗弯刚度 EI 为常数。

11-9　题 11-9 图所示结构,在铰链 A 处承受载荷 F 作用。试计算该截面两侧横截面的相对转角。设抗弯刚度 EI 为常数。

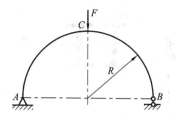

题 11-8 图

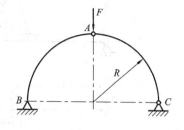

题 11-9 图

11-10　如题 11-10 图所示，质量 $m=2000$ kg 的重物悬挂于钢丝绳上，钢丝绳由 500 根直径 $d=0.5$ mm 的钢丝所组成。卷筒以角加速度 $\alpha=10$ rad/s^2 按逆时针方向转动，卷筒直径 $D=500$ mm。当绳长 $l=5$ m 时，求绳中最大正应力及其伸长量。

11-11　如题 11-11 图所示，汽轮机转速 $n=3000$ r/min，叶轮半径 $R=600$ mm，叶片长 $l=250$ mm，叶片密度 $\rho=7.826\times10^3$ kg/m^3，弹性模量 $E=206$ GPa。将叶片简化为等截面均质直杆，求叶片最大拉应力和总伸长量。

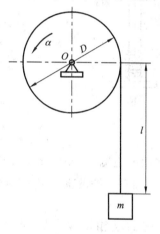

题 11-10 图

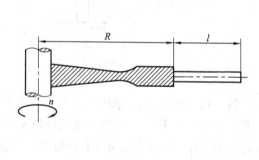

题 11-11 图

11-12　飞轮的转动惯量 $J=9.8$ kg·m^2，转速 $n=300$ r/min。飞轮轴直径 $d=100$ mm。在轴的另一端施加不变的制动力偶矩刹车，飞轮在 1 s 内停止转动，求制动时轴内的最大切应力。

11-13　如题 11-13 图所示，绞车 C 安装在两根 No20a 工字钢上，绞车将质量 $m_1=5000$ kg 的重物匀加速吊起。已知在开始 3 s 内重物升高的距离为 $h=10$ m，绞车的质量 $m_2=500$ kg，材料的许用应力 $[\sigma]=120$ MPa，试校核梁的强度。

11-14　题 11-14 图所示圆截面钢杆，直径 $d=20$ mm，杆长 $l=2$ m，冲击物的重量 $P=500$ N，沿杆轴自高 $H=100$ mm 处自由落下，材料的弹性模量 $E=210$ GPa，试在下列两种情况下计算杆内横截面上的最大正应力。杆和突缘的质量以及突缘与冲击物的变形均忽略不计。

（1）冲击物直接落在杆的突缘上。

（2）突缘上放有弹簧，其弹簧常数 $k=200$ N/mm。

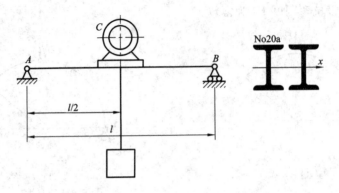

题 11-13 图

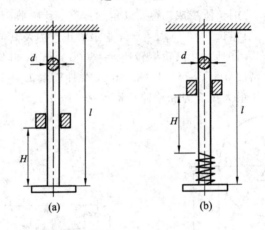

题 11-14 图

11-15 题 11-15 图所示正方形截面钢杆，横截面的边宽 $a=50$ mm，杆长 $l=1$ m，材料的弹性模量 $E=200$ GPa，比例极限 $\sigma_p=200$ MPa。若冲击物的重量 $F=1$ kN，试计算允许冲击高度。杆的质量与冲击物的变形均忽略不计。

11-16 题 11-16 图所示等截面刚架，重物自高度 H 自由下落，试计算截面 A 的最大垂直位移和刚架内的最大正应力。已知 $F=300$ N，$H=50$ mm，$E=200$ GPa。刚架的质量与冲击物的变形忽略不计。

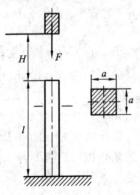

题 11-15 图

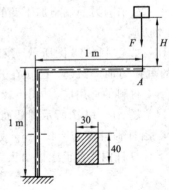

题 11-16 图

11-17 如题 11-17 图所示，重量为 P 的物体，以水平速度 v 冲击杆 AB 的端部截面 B，试求该截面的最大水平位移和杆内的最大正应力，杆的横截面面积为 A，材料的弹性模量为 E，杆的质量与冲击物的变形忽略不计。

题 11-17 图

第 12 章　静不定问题分析

12.1　引　言

　　静不定结构和相应的静定结构相比，具有强度高、刚度大的显著优点，因此工程实际中的结构大多数是静不定结构。前面曾经介绍过简单静不定问题的概念与分析方法，本章以能量法为基础，进一步分析求解静不定问题的原理与方法。

　　根据静不定结构约束的特点，静不定结构大致可以分为三类：仅在结构外部存在多余约束的结构称为**外力静不定结构**；仅在结构内部存在多余约束的结构称为**内力静不定结构**；不仅在结构外部而且在结构内部也存在多余约束的结构称为**混合型静不定结构**。

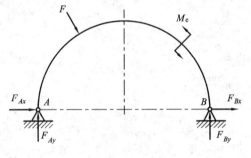

图 12-1

　　例如，图 12-1 所示平面曲杆，支座 A、B 处共有四个约束反力；而平面任意力系只有三个独立的平衡方程；而且，当支座约束力确定以后，利用截面法可以求出任一截面的内力，所以，该曲杆具有一个多余的外部约束，属于一次外力静不定结构。

　　如图 12-2(a)所示的平面刚架，支座处的三个约束力可以由平面任意力系三个独立的平衡方程求出；但是，用截面法将刚架截开以后(见图 12-2(b))，截面上还存在三个内力分量(F_N、F_S、M)，以整体为研究对象，未知力的总数是六个，显然该结构属于三次内力静不定结构。确定内力静不定次数的方法是：用截面法将结构切开一个或几个截面(即去掉内部多余约束)，使它变成几何不变的静定结构，那么切开截面上的内力分量的总数(即原结构内部多余约束数目)就是静不定次数。

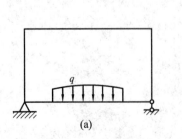

(a)

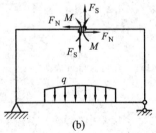

(b)

图 12-2

对于图 12-3(a)所示的平面刚架，如果从铰链处切开，则该截面上有两个内力分量(F_N、F_S)，相当于去掉了两个多余约束，所以该平面刚架是二次内力静不定结构。可见，轴线为单闭合曲线的平面刚架(包括平面曲杆)并且仅在轴线平面内承受外力时，为三次内力静不定结构。

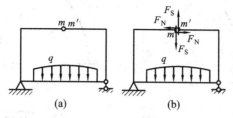

(a)　　　　　(b)

图 12-3

图 12-4 所示平面刚架属于混合型静不定结构。确定混合型静不定次数的方法是：首先判定其外力静不定次数，再判定其内力静不定次数，二者之和即为此结构的静不定次数。显然，该结构具有一个多余的外部约束、三个多余的内部约束，即为四次静不定结构。

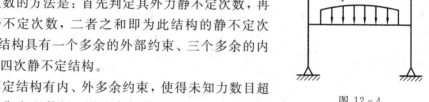

图 12-4

由于静不定结构有内、外多余约束，使得未知力数目超过了独立的平衡方程数目，因此求解静不定结构时必须综合考虑静力平衡、变形协调和力与变形之间的物理关系三方面条件，这就是求解静不定问题的基本方法。分析求解静不定问题的具体方法很多，最基本的有两种：力法与位移法。力法是以多余未知力为基本未知量，将变形或位移表示为未知力的函数，然后按变形或位移协调条件建立补充方程，从而解出多余未知力。位移法是以结构的某些位移为基本未知量进行分析求解的。本书主要介绍用力法求解静不定问题，用位移法求解静不定问题的方法请参阅其他材料力学教材。

12.2　用力法分析求解静不定问题

用力法分析求解静不定问题的原则与具体步骤是：首先，解除多余约束，得到原静不定结构的基本静定系统，简称基本系统或静定基；在基本系统上，用相应的多余约束力代替多余约束的作用，并加上原有载荷，得到原静不定结构的相当系统。然后，利用相当系统在多余约束处所应满足的变形协调条件，建立用载荷和多余约束力表示的补充方程，求解并确定多余约束力。最后，通过相当系统分析计算原静不定结构的外力、内力、应力与变形，解决有关强度、刚度与稳定性的问题。下面结合外力、内力静不定问题的分析计算，分别说明上述原则的应用。

12.2.1　外力静不定结构分析

图 12-5(a)所示等截面小曲率圆杆，承受载荷 F 作用，试分析其约束力与内力。

显然，该结构属于一次外力静不定。确定该结构基本系统的方法比较多：可以选取 B 端的可动铰支座作为多余约束；也可以选取 A 端阻止该截面转动的约束作为多余约束，将固定端改变为固定铰支座；还可以选取曲杆某个截面内部的相互约束作为多余约束，如解

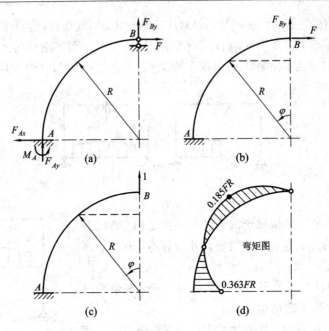

图 12 - 5

除相互转动的约束、将曲杆截开后加上铰链。基本系统的选取虽然有多种形式，所得结果应该是相同的，但是计算过程却有繁简之分，所以基本系统的选择是非常重要的。对于该曲杆，将 B 端的可动铰支座作为多余约束予以解除，并以多余约束力 F_{By} 代替其作用，所得图 12 - 5(b)所示的相当系统是最佳选择。

原结构在 B 处是可动铰支座，上下不能移动，应有 $w_B = 0$，所以相当系统截面 B 的铅垂位移也应为零，故相应的变形协调条件为

$$w_B = 0 \tag{a}$$

对于曲杆，用单位载荷法计算点 B 的铅垂位移。在基本系统上施加相应的单位力，如图 12 - 5(c)所示。在载荷 F 与多余约束力 F_{By} 作用下，基本系统的弯矩方程为

$$M(\varphi) = FR(1 - \cos\varphi) - F_{By}R\,\sin\varphi \qquad \left(0 < \varphi < \frac{\pi}{2}\right)$$

在单位载荷作用下，基本系统的弯矩方程为

$$\overline{M}(\varphi) = -R\,\sin\varphi \qquad \left(0 < \varphi < \frac{\pi}{2}\right)$$

根据莫尔定理，相当系统截面 B 的铅垂位移为

$$w_B = \frac{1}{EI}\int_0^{\frac{\pi}{2}} (-R\,\sin\varphi)\left[FR(1 - \cos\varphi) - F_{By}R\,\sin\varphi\right]R\,\mathrm{d}\varphi = \frac{(\pi F_{By} - 2F)R^3}{EI} \tag{b}$$

将式(b)代入式(a)，得补充方程

$$\frac{(\pi F_{By} - 2F)R^3}{EI} = 0 \tag{c}$$

解得

$$F_{By} = \frac{2F}{\pi} \tag{d}$$

在相当系统上解出 A 端约束力分别为

$$F_{Ax} = F \quad (\leftarrow), \quad F_{Ay} = \frac{2F}{\pi} \quad (\downarrow), \quad M_A = \left(1 - \frac{2}{\pi}\right)FR \quad (\circlearrowleft)$$

在相当系统上分析曲杆的弯矩方程为

$$M(\varphi) = FR\left(1 - \cos\varphi - \frac{2}{\pi}\sin\varphi\right) \tag{e}$$

由上式求出

$$M_{\min} = -0.185FR, \quad M_{\max} = M_A = 0.363FR$$

如果该曲杆没有 B 处的活动铰链支座，则在水平载荷 F 作用下，固定端 A 处的弯矩为

$$M_A' = M_{\max}' = FR$$

显然，原静不定曲杆的强度远高于相应的静定曲杆。

例 12 - 1　求图 12 - 6(a)所示刚架的约束反力与弯矩的最大值。

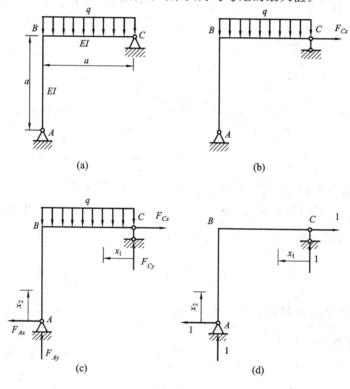

图 12 - 6

解　(1)确定相当系统。这是一次外力静不定问题。选支座 C 处的水平约束作为多余约束予以解除，并以未知约束力 F_{Cx} 代替其作用，所选相当系统如图 12 - 6(b)所示。

(2)建立用载荷和未知约束力表示的补充方程并求解。原刚架在 C 处为固定铰支座，不能移动，所以相当系统在活动铰支座 C 处的水平位移也应为零，故变形协调条件是

$$\Delta_{Cx} = 0 \tag{a}$$

用单位载荷法计算 Δ_{Cx}，建立补充方程。

在载荷与多余约束力 F_{Cx} 共同作用下，刚架的约束力可以由平衡方程求得，它们分别为

$$F_{Ax} = F_{Cx}, \quad F_{Ay} = qa - F_{Cy}, \quad F_{Cy} = F_{Cx} + \frac{1}{2}qa \tag{b}$$

刚架 CB 段与 AB 段的弯矩方程分别为

$$M(x_1) = F_{Cy}x_1 - \frac{1}{2}qx_1^2 = F_{Cx}x_1 + \frac{1}{2}qax_1 - \frac{1}{2}qx_1^2 \tag{c}$$

$$M(x_2) = F_{Ax}x_2 = F_{Cx}x_2 \tag{d}$$

在图 12-6(d)所示单位载荷 $\overline{F}_{Cx}=1$ 作用下,由平衡方程求得刚架的约束力分别为

$$\overline{F}_{Ax} = 1, \quad \overline{F}_{Ay} = 1, \quad \overline{F}_{Cy} = 1$$

在单位载荷作用下,刚架 CB 段与 AB 段的弯矩方程分别为

$$\overline{M}(x_1) = x_1, \quad \overline{M}(x_2) = x_2 \tag{e}$$

根据莫尔定理,有

$$\Delta_{Cx} = \frac{1}{EI}\left[\int_0^a \overline{M}(x_1)M(x_1)\,dx_1 + \int_0^a \overline{M}(x_2)M(x_2)\,dx_2\right]$$

$$= \frac{1}{EI}\left[\int_0^a x_1 \cdot \left(F_{Cx}x_1 + \frac{1}{2}qax_1 - \frac{1}{2}qx_1^2\right)dx_1 + \int_0^a x_2 \cdot F_{Cx}x_2\,dx_2\right]$$

$$= \frac{(16F_{Cx} + qa)a^3}{24EI} \tag{f}$$

将式(f)代入式(a),得补充方程

$$\frac{(16F_{Cx} + qa)a^3}{24EI} = 0 \tag{g}$$

由此解得

$$F_{Cx} = -\frac{qa}{16} \quad (\leftarrow) \tag{h}$$

负号表示 F_{Cx} 的实际方向与假设方向相反。

(3) 通过相当系统计算刚架的约束力与内力。多余未知约束力 F_{Cx} 求出后,刚架的约束力可以通过相当系统求出。将 $F_{Cx} = -\dfrac{qa}{16}$ 代入式(b),得

$$F_{Ax} = -\frac{1}{16}qa \quad (\rightarrow), \quad F_{Ay} = \frac{9}{16}qa \quad (\uparrow), \quad F_{Cy} = \frac{7}{16}qa \quad (\uparrow) \tag{i}$$

刚架的内力也可以通过相当系统求出。例如,将 $F_{Ax} = -\dfrac{1}{16}qa$ 代入式(d),令 $x_2 = a$,求得截面 B 的弯矩为

$$M_B = F_{Ax}a = -\frac{1}{16}qa^2 \tag{j}$$

该静不定刚架 B 截面弯矩值最大,即 $M_{max} = \dfrac{1}{16}qa^2$。

如果该刚架的支座 C(或支座 A)是活动铰支座,则在同样载荷作用下,可以计算出这种静定刚架的最大弯矩值 $M'_{max} = \dfrac{1}{8}qa^2$。显然,该静定刚架的强度是同样静不定刚架的 2 倍。

12.2.2　内力静不定结构分析

分析内力静不定结构的方法,与分析外力静不定结构的方法基本相同。不同的是,由于内力静不定结构的多余约束存在于结构内部,多余约束力为构件切开处相连两截面间成对的内力,变形协调条件表现为该相连两截面间的某些相对位移为零。现在以图 12-7(a)所示结构为例,说明分析内力静不定结构的方法。该结构由横梁 AB 与杆1、杆2、杆3组

成，横梁中点截面 C 承受载荷 F 作用，试计算截面 C 的挠度。设横梁各截面的抗弯刚度均为 EI，各杆各截面的拉压刚度均为 EA，且 $I = Aa^2/10$。

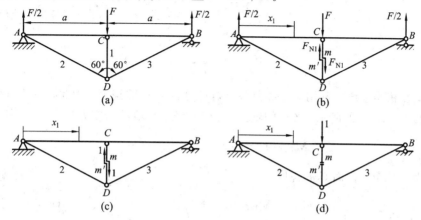

图 12 - 7

以结构整体为研究对象，利用平衡方程，求得支座 A、B 处的约束力分别为

$$F_A = F_B = \frac{F}{2}$$

所以，结构外力是静定的。但是，若用截面法将结构截开，所取分离体（例如取节点 D 作为分离体）未知内力的数目都比独立的平衡方程数目多一个，故属于一次内力静不定问题。

设以杆 1 为多余约束，假想地将其截开，得到原结构的基本系统。由于杆 1 截开截面处只有轴力 F_{N1}，由此也可以判定原结构属于一次内力静不定。原结构的相当系统如图 12 - 7(b) 所示。变形协调条件为截面 m 与 m' 沿杆轴方向的相对位移为零，即

$$\Delta_{m/m'} = 0 \qquad\qquad\text{(a)}$$

用单位载荷法计算 $\Delta_{m/m'}$。在载荷 F 与多余约束力 F_{N1} 作用下，基本系统中杆的轴力为

$$F_{N2} = F_{N3} = -F_{N1}$$

梁 AC 段的弯矩方程为

$$M(x_1) = \left(\frac{F}{2} - F_{N2}\cos 60°\right)x_1 = \frac{F + F_{N1}}{2}x_1 \qquad (0 < x_1 < a)$$

在基本系统上施加相应的单位力，如图 12 - 7(c) 所示。在单位载荷作用下，基本系统中杆的轴力为

$$\overline{F}_{N1} = -\overline{F}_{N2} = -F_{N3} = 1$$

梁 AC 段的弯矩方程为

$$\overline{M}(x_1) = \frac{x_1}{2} \qquad (0 < x_1 < a)$$

根据莫尔定理，相当系统截面 m 与 m' 沿杆轴方向的相对位移为

$$
\begin{aligned}
\Delta_{m/m'} &= \frac{2}{EI}\int_0^a \overline{M}(x_1)M(x_1)\,\mathrm{d}x_1 + \sum_{i=1}^{3}\frac{\overline{F}_{Ni}F_{Ni}l_i}{E_iA_i}\\
&= \frac{2}{EI}\int_0^a \frac{x_1}{2}\frac{(F + F_{N1})x_1}{2}\,\mathrm{d}x_1 + \frac{1\cdot F_{N1}}{EA}\cdot\frac{a}{\sqrt{3}} + 2\frac{(-1)\cdot(-F_{N1})}{EA}\cdot\frac{2a}{\sqrt{3}}\\
&= \frac{(F + F_{N1})a^3}{6EI} + \frac{5F_{N1}a}{\sqrt{3}\,EA}
\end{aligned}
\qquad\text{(b)}
$$

将式(b)代入式(a)，得补充方程

$$\frac{(F+F_{N1})a^3}{6EI} + \frac{5F_{N1}a}{\sqrt{3}EA} = 0$$

解得

$$F_{N1} = -\frac{F}{1+\sqrt{3}} \tag{c}$$

最后，在相当系统上利用单位载荷法分析计算截面 C 的挠度。为此，在基本系统上加单位力，如图 12-7(d)所示。各杆的轴力均为零；梁 AC 段的弯矩方程为

$$\overline{M}'(x_1) = \frac{x_1}{2} \qquad (0 < x_1 < a)$$

根据莫尔积分，截面 C 的挠度为

$$\Delta_C = \frac{2}{EI}\int_0^a \overline{M}'(x_1)M(x_1)\mathrm{d}x_1 = \frac{2}{EI}\int_0^a \frac{x_1}{2} \cdot \frac{(F+F_{N1})}{2}\mathrm{d}x_1$$

将式(c)代入上式，得

$$\Delta_C = \frac{Fa^3}{(6+2\sqrt{3})EI} \approx 0.1057\frac{Fa^3}{EI} \quad (\downarrow) \tag{d}$$

如果没有杆1、杆2、杆3，简支梁 AB 在载荷 F 作用下，截面 C 的挠度为

$$\Delta_C' = \frac{F(2a)^3}{48EI} \approx 0.1667\frac{Fa^3}{EI} \quad (\downarrow) \tag{e}$$

显然，原静不定结构的刚度远好于相应的静定结构。

12.3　对称与反对称静不定问题分析

在工程实际中，有很多静不定结构是对称的。利用这一特点，可以使静不定问题的计算得到很大简化。平面结构对称条件是：结构具有对称的形状、尺寸与约束条件，而且处在对称位置的构件具有相同的截面尺寸与弹性模量。例如图 12-8(a)所示刚架即为**对称结构**。

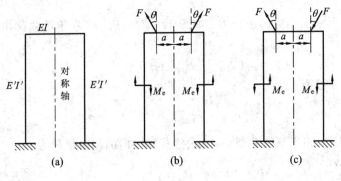

图 12-8

作用在对称结构上的载荷各种各样，其中可能有对称载荷与反对称载荷。如果作用在对称位置的载荷不仅数值相等，而且方位与指向(或转向)均对称，则称为**对称载荷**；如果作用在对称位置的载荷数值相等、方位对称，但指向(或转向)反对称，则称为**反对称载荷**。

图 12-8(b)所示载荷为对称载荷，图 12-8(c)所示载荷为反对称载荷。对于这种对称性问题，有下面的重要结论：对称结构在对称载荷作用下，其内力和变形必然也对称于对称轴；对称结构在反对称载荷作用下，其内力和变形必然反对称于对称轴。

利用对称结构的上述特性，在分析静不定问题时，可以减少多余未知力的数目，减少静不定次数。例如，图 12-9(a)所示刚架为三次静不定结构，如果将刚架沿对称轴处横截面 C 截开后作为基本系统，一般存在三个多余未知内力分量，即轴力 F_N、剪力 F_S 与弯矩 M。然而，如果结构承受对称载荷(见图 12-9(b))，则截面 C 处的反对称内力 F_S 必然为零，仅剩下轴力 F_N 与弯矩 M 两个多余未知力；如果结构承受反对称载荷(见图 12-9(c))，则截面 C 处的对称内力 F_N 与 M 必然为零，仅剩下剪力 F_S 一个多余未知力。显然，利用对称性可以简化静不定结构的计算，下面分三种情况来讨论。

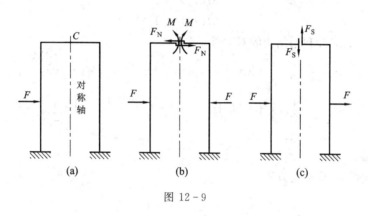

图 12-9

12.3.1　结构对称、载荷对称的静不定结构分析

图 12-10(a)所示正方形刚架，在横截面 A、A' 处承受一对大小相等、方向相反的水平载荷 F 作用，试求刚架内的最大弯矩。设抗弯刚度 EI 为常数。

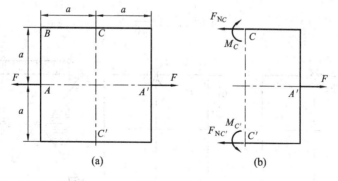

图 12-10

该封闭刚架为三次内力静不定结构。但是该刚架与载荷均对称于水平对称轴 AA'，又对称于铅垂对称轴 CC'，属于双对称结构。所以，在铅垂对称轴 CC' 处的横截面上，将只有轴力与弯矩，而且，截面 C 与 C' 的内力完全相同(见图 12-10(b))。由平衡方程得

$$M_C = M_{C'} \qquad F_{NC} = F_{NC'} = \frac{F}{2} \tag{a}$$

这样，只剩弯矩 M_C 一个多余未知力，原来三次静不定问题就等效于一次静不定问题。

如果选取相当系统如图 12-11(a)所示，变形协调条件为切开处左、右截面间的相对转角 $\theta_{L|R}$ 为零，即

$$\theta_{L|R} = 0 \qquad\qquad (b)$$

用单位载荷法计算 $\theta_{L|R}$。在载荷 F 与多余约束力 M_C 共同作用下，相当系统 ABC 部分的弯矩方程为

$$M(x_1) = M_C$$

$$M(x_2) = M_C - F_{NC}x_2 = M_C - \frac{F}{2}x_2$$

在图 12-11(b)所示单位载荷作用下，相当系统 ABC 部分的弯矩方程为

$$\overline{M}(x_1) = 1$$

$$\overline{M}(x_2) = 1$$

根据莫尔定理，并利用结构的对称性，有

$$\theta_{L|R} = \frac{4}{EI}\left[\int_0^a \overline{M}(x_1)M(x_1)\,dx_1 + \int_0^a \overline{M}(x_2)M(x_2)\,dx_2\right]$$

$$= \frac{4}{EI}\left[\int_0^a 1 \cdot M_C\,dx_1 + \int_0^a 1 \cdot \left(M_C - \frac{Fx_2}{2}\right)dx_2\right]$$

$$= \frac{8M_C - Fa}{EI} \cdot a \qquad\qquad (c)$$

将式(c)代入式(b)，得补充方程

$$\frac{8M_C - Fa}{EI} = 0 \qquad\qquad (d)$$

由此解得

$$M_C = \frac{Fa}{8} \qquad\qquad (e)$$

多余未知约束力求出后，画刚架的弯矩图如图 12-11(c)所示。可见

$$|M|_{\max} = \frac{3Fa}{8} \qquad\qquad (f)$$

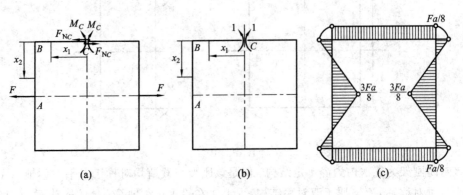

图 12-11

例 12-2 如图 12-12(a)所示两端固定梁 AB，截面弯曲刚度为 EI，作梁的弯矩图。

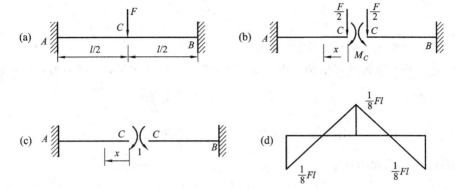

图 12 - 12

解　(1) 确定相当系统。两端固定梁 AB 共有 6 个约束力，而有效平衡方程仅 3 个，故为三次外力静不定问题。但是，在小变形的条件下，梁的横截面形心沿轴线方向的位移极小，因而两端水平约束力也极小，一般均可忽略不计，于是，剩下 4 个约束力、两个有效平衡方程，属于二次静不定问题。又由于结构对称，载荷对称，因此在对称截面上只有对称内力而没有反对称内力。在不计轴向伸长变形时，对称截面 C 上将只有弯矩 M_C 一个内力，故可以简化为一次静不定问题。

将梁从对称截面 C 截开，载荷 F 分解为作用在截面 C 两侧均为 $\dfrac{F}{2}$ 的两个分力，以弯矩 M_C 作为多余约束力，选取相当系统如图 12 - 12(b) 所示。

(2) 建立用载荷和多余未知内力表示的补充方程并求解。梁 AB 在 C 处左右两侧相对角位移为零，故变形协调条件是

$$\theta_{C,\,\text{L}\mid\text{R}} = 0 \tag{a}$$

用单位载荷法计算 $\theta_{C,\,\text{L}\mid\text{R}}$，建立补充方程。

如图 12 - 12(b) 所示，在载荷 $\dfrac{F}{2}$ 与多余力 M_C 共同作用下，梁 CA 段的弯矩方程为

$$M(x) = -\left(M_C + \frac{F}{2}x\right) \tag{b}$$

在图 12 - 12(c) 所示单位载荷 $\overline{M}_C = 1$ 作用下，梁 CA 段的弯矩方程为

$$\overline{M}(x) = -1 \tag{c}$$

根据莫尔定理，并利用问题的对称性，有

$$
\begin{aligned}
\theta_{C,\,\text{L}\mid\text{R}} &= \frac{2}{EI}\int_0^{\frac{l}{2}} M(x)\overline{M}(x)\,\mathrm{d}x \\
&= \frac{2}{EI}\int_0^{\frac{l}{2}}\left(M_C + \frac{1}{2}Fx\right)\cdot 1 \cdot \mathrm{d}x \\
&= \frac{8M_C + Fl}{8EI}\cdot l
\end{aligned}
\tag{d}
$$

将式 (d) 代入式 (a)，得补充方程

$$\frac{8M_C + Fl}{8EI} = 0 \tag{e}$$

由此解得

$$M_C = -\frac{Fl}{8} \tag{f}$$

负号表示 M_C 的实际方向与假设方向相反。

（3）通过相当系统计算结构的内力。多余未知力 M_C 求出后，梁的内力可以通过相当系统求出。将 $M_C = -\dfrac{Fl}{8}$ 代入式(b)，梁 CA 段的弯矩方程为

$$M(x) = -\left(M_C + \frac{1}{2}Fx\right) = \frac{1}{8}Fl - \frac{1}{2}Fx \tag{g}$$

梁固定端 A 截面的弯矩为

$$M_A = M\left(\frac{l}{2}\right) = -\frac{1}{8}Fl \tag{h}$$

根据式(g)作出梁的弯矩图，如图 12-12(d)所示，弯矩的最大值 $M_{\max} = \dfrac{1}{8}Fl$。

12.3.2　结构对称、载荷反对称的静不定结构分析

图 12-13(a)所示刚架，在对称轴的横截面 C 处，作用有矩为 M_e 的集中力偶，试计算截面 C 的转角。设抗弯刚度 EI 为常数。

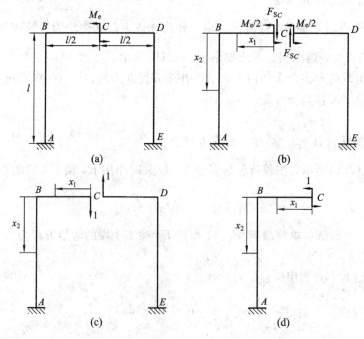

图 12-13

该刚架为三次外力静不定结构。刚架对称于铅垂对称轴，将作用在对称轴横截面 C 处的外力偶分解为作用在截面 C 两侧的两个分力偶，其矩均为 $M_e/2$，即构成反对称载荷。所以，在对称截面 C 处，将只存在剪力 F_{SC} 这样一个多余未知力，原来三次静不定问题就等效于一次静不定问题。

如果选取相当系统如图 12-13(b)所示，变形协调条件为切开处左、右截面沿剪力 F_{SC} 方向的相对位移 $\Delta_{L|R}$ 为零，即

$$\Delta_{\mathrm{L|R}} = 0 \tag{a}$$

用单位载荷法计算 $\Delta_{\mathrm{L|R}}$。在载荷与多余约束力 F_{SC} 共同作用下，相当系统 CBA 部分的弯矩方程为

$$M(x_1) = \frac{M_{\mathrm{e}}}{2} - F_{\mathrm{SC}} x_1 \qquad \left(0 < x_1 < \frac{l}{2} \right)$$

$$M(x_2) = \frac{M_{\mathrm{e}}}{2} - \frac{F_{\mathrm{SC}} l}{2} \qquad \left(0 < x_1 < \frac{l}{2} \right)$$

在图 12-13(c)所示单位载荷作用下，相当系统 ABC 部分的弯矩方程为

$$\overline{M}(x_1) = - x_1$$

$$\overline{M}(x_2) = - \frac{l}{2}$$

根据莫尔定理，并利用结构的对称性，有

$$\Delta_{\mathrm{L|R}} = \frac{2}{EI} \left[\int_0^{\frac{l}{2}} \overline{M}(x_1) M(x_1) \mathrm{d}x_1 + \int_0^l \overline{M}(x_2) M(x_2) \mathrm{d}x_2 \right]$$

$$= \frac{2}{EI} \left[\int_0^{\frac{l}{2}} (-x_1) \cdot \left(\frac{M_{\mathrm{e}}}{2} - F_{\mathrm{SC}} x_1 \right) \mathrm{d}x_1 + \int_0^l \left(-\frac{l}{2} \right) \cdot \left(\frac{M_{\mathrm{e}}}{2} - \frac{F_{\mathrm{SC}} l}{2} \right) \mathrm{d}x_2 \right]$$

$$= \frac{(-15 M_{\mathrm{e}} + 14 F_{\mathrm{SC}} l) l^2}{24 EI} \tag{b}$$

将式(b)代入式(a)，得补充方程

$$\frac{(-15 M_{\mathrm{e}} + 14 F_{\mathrm{SC}} l) l^2}{24 EI} = 0 \tag{c}$$

由此解得

$$F_{\mathrm{SC}} = \frac{15 M_{\mathrm{e}}}{14 l} \tag{d}$$

多余未知约束力求出后，刚架截面 C 的转角可通过相当系统的左边或右边部分计算。若选左边 ABC 部分，在载荷 $M_{\mathrm{e}}/2$ 与多余约束力 F_{SC} 共同作用下，相当系统 ABC 部分的弯矩方程为

$$M(x_1) = \frac{M_{\mathrm{e}}}{2} - F_{\mathrm{SC}} x_1 = \frac{M_{\mathrm{e}}}{2} - \frac{15 M_{\mathrm{e}} x_1}{14 l}$$

$$M(x_2) = \frac{M_{\mathrm{e}}}{2} - \frac{F_{\mathrm{SC}} l}{2} = - \frac{M_{\mathrm{e}}}{28}$$

在图 12-13(d)所示单位载荷作用下，相当系统 ABC 部分的弯矩方程为

$$\overline{M}'(x_1) = 1$$

$$\overline{M}'(x_2) = 1$$

根据莫尔定理，有

$$\theta_C = \frac{1}{EI} \left[\int_0^{\frac{l}{2}} \overline{M}'(x_1) M(x_1) \mathrm{d}x_1 + \int_0^l \overline{M}'(x_2) M(x_2) \mathrm{d}x_2 \right]$$

$$= \frac{1}{EI} \left[\int_0^{\frac{l}{2}} 1 \cdot \left(\frac{M_{\mathrm{e}}}{2} - \frac{15 M_{\mathrm{e}}}{14 l} x_1 \right) \mathrm{d}x_1 + \int_0^l 1 \cdot \left(- \frac{M_{\mathrm{e}}}{28} \right) \mathrm{d}x_2 \right]$$

$$= \frac{9 M_{\mathrm{e}} l}{112 EI} \qquad (\circlearrowleft)$$

当对称结构承受一般载荷（既不对称，也不反对称）时，可以进行一些变换，使其成为对称载荷或反对称载荷。例如图 12-14(a)所示的情况，可以将其分解为对称（见图 12-14(b)）与反对称（见图 12-14(c)）两组载荷。然后对这两种载荷的情况，分别利用对称和反对称进行简化计算，将二者的结果叠加起来即可。

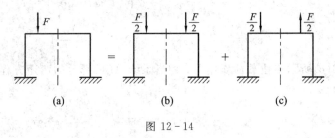

图 12-14

12.3.3　平面静不定刚架空间受力分析

图 12-15(a)所示为一轴线位于同一水平面内的刚架。在一般情况下，对于一般空间力系问题，刚架任一截面上有六个内力分量（见图 12-15(b)）。作用面位于刚架轴线所在 xz 平面内的分量 F_N、F_{Sz} 与 M_y 称为面内内力分量；作用面位于刚架轴线所在平面外的分量 T、F_{Sy} 与 M_z 称为面外内力分量。当外载荷均垂直于刚架的轴线平面（见图 12-15(a)）且结构变形很小时，刚架横截面的形心在轴线平面内的位移可以忽略不计，因此，面内的三个内力分量以及面内的约束力一般可以忽略不计，这时，仅需考虑剩下的面外三个内力分量（见图 12-15(c)），结构静不定次数明显降低。

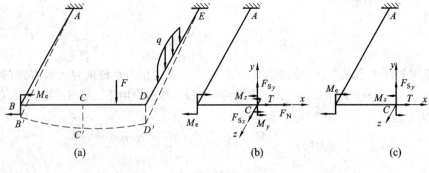

图 12-15

例如，图 12-16(a)所示的平面刚架左右对称，并在对称截面 B 与 D 处同时承受矩为 M_e 的对称外力偶作用，试画出刚架的内力图。设刚架由等截面圆杆组成，抗弯刚度 EI 与扭转刚度 GI_P 均为常数。

该刚架为六次外力静不定结构。然而，该刚架承受的外载荷均垂直于刚架的轴线平面，如前所述，刚架任一截面上仅存面外内力分量（见图 12-16(b)）。又根据对称性，在对称轴横截面 C 上，非对称内力 T 与 F_{Sy} 为零，于是，仅剩 M_C 这样一个多余未知力（见图 12-16(c)），原来六次静不定问题等效于一次静不定问题。

如果选取相当系统如图 12-16(c)所示，则变形协调条件为切开处左、右截面绕坐标轴 z 的相对转角 $(\theta_z)_{C/C'}$ 为零，即

$$(\theta_z)_{C/C'} = 0 \qquad\qquad\qquad (a)$$

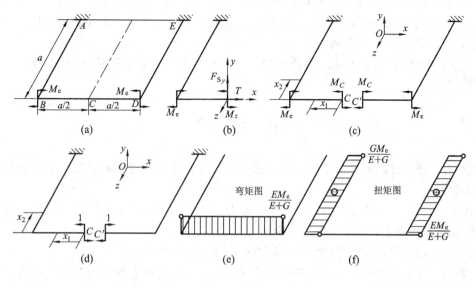

图 12 - 16

用单位载荷法计算 $(\theta_z)_{C/C'}$。在载荷与多余约束力 M_C 共同作用下，相当系统 ABC 部分 CB 段与 BA 段的内力方程分别为

$$M(x_1) = M_C \qquad \left(0 < x_1 < \frac{a}{2}\right)$$

$$T(x_2) = M_C - M_e \qquad (0 < x_2 < a)$$

在图 12 - 16(d)所示单位载荷作用下，相当系统 ABC 部分 CB 段与 BA 段的内力方程分别为

$$\overline{M}(x_1) = 1$$

$$\overline{T}(x_2) = 1$$

根据莫尔定理，并利用结构的对称性，有

$$(\theta_z)_{C/C'} = \frac{2}{EI} \int_0^{\frac{a}{2}} \overline{M}(x_1) M(x_1) \mathrm{d}x_1 + \frac{2}{GI_\mathrm{P}} \int_0^a \overline{T}(x_2) T(x_2) \mathrm{d}x_2$$

$$= \frac{2}{EI} \int_0^{\frac{a}{2}} 1 \cdot M_C \mathrm{d}x_1 + \frac{2}{GI_\mathrm{P}} \int_0^a 1 \cdot (M_C - M_e) \mathrm{d}x_2$$

$$= \frac{M_C a}{EI} + \frac{2(M_C - M_e)a}{GI_\mathrm{P}} \tag{b}$$

将式(b)代入式(a)，得补充方程

$$\frac{M_C a}{EI} + \frac{2(M_C - M_e)a}{GI_\mathrm{P}} = 0 \tag{c}$$

由此解得

$$M_C = \frac{E}{E+G} M_e \tag{d}$$

多余未知约束力求出后，画出刚架的弯矩图与扭矩图，分别如图 12 - 16(e)、(f)所示。显然，对称结构在对称载荷作用下，内力是对称的；但是，内力图对于对称内力（例如弯矩

M)是对称的,而对于反对称内力(例如扭矩 T)是反对称的。反之,对称结构在反对称载荷作用下,内力是反对称的;但是,内力图对于对称内力(例如弯矩 M)是反对称的,而对于反对称内力(例如扭矩 T)是对称的。

另外,利用对称性分析求解多跨度静不定问题的方法,请参阅其他《材料力学》与《结构力学》内容。

·········· 思 考 题 ··········

12-1 外力静不定与内力静不定问题有何特点?如何判定平面刚架与平面曲杆的静不定次数?

12-2 如何用力法分析静不定问题?外力静不定与内力静不定问题的求解方法有何不同?如何分析静不定问题的应力与变形?

12-3 对称结构的特点是什么?何谓对称载荷与反对称载荷?

12-4 在对称载荷与反对称载荷作用下,对称结构的内力与变形各有何特点?如何利用对称与反对称条件简化分析计算?

·········· 习 题 ··········

12-1 判定题 12-1 图所示各结构的静不定度。

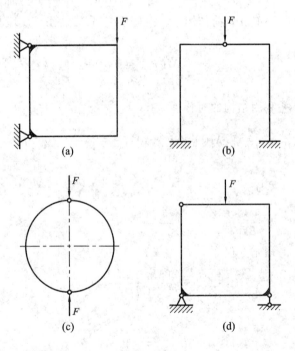

题 12-1 图

12-2 题 12-2 图所示各刚架,抗弯刚度 EI 均为常数。试求约束力,并画弯矩图。

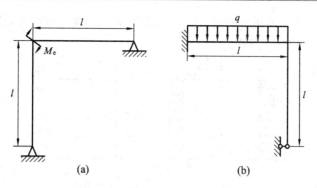

题 12-2 图

12-3　题 12-3 图所示圆弧形小曲率杆，抗弯刚度 EI 均为常数。试求约束力，并求截面 A 的水平位移。

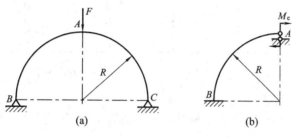

题 12-3 图

12-4　题 12-4 图所示桁架，各杆各截面的拉压刚度均为 EA。试求杆 BC 的轴力。

12-5　题 12-5 图所示小曲率圆环，承受载荷 F 作用。试求截面 A 与截面 C 的弯矩以及截面 A 与 B 的相对线位移。设抗弯刚度 EI 均为常数。

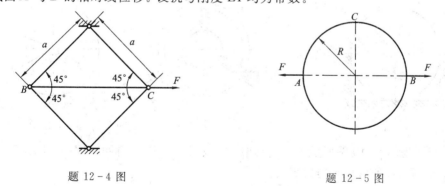

题 12-4 图　　　　　　　　　　　　　　题 12-5 图

12-6　题 12-6 图所示各刚架，抗弯刚度 EI 均为常数。试画弯矩图。

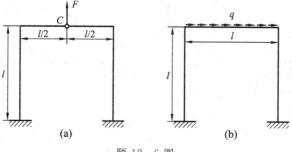

题 12-6 图

12-7　题 12-7 图所示各刚架，抗弯刚度 EI 均为常数。试画弯矩图，并求截面 A 与 B 沿 AB 连线方向的相对线位移。

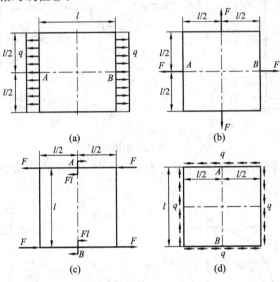

题 12-7 图

12-8　题 12-8 图所示小曲率圆环，承受载荷 F 作用。试计算约束力。设抗弯刚度 EI 为常数。

12-9　车床夹具受力及尺寸如题 12-9 图所示，抗弯刚度 EI 为常数。试求夹具截面 A 上的弯矩。

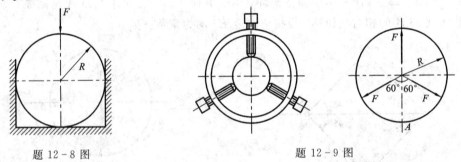

题 12-8 图　　　　　　　　题 12-9 图

12-10　题 12-10 图所示等截面刚架，横截面为圆形，材料的弹性模量为 E，泊松比 $\mu=0.3$。试画刚架的弯矩图与扭矩图。

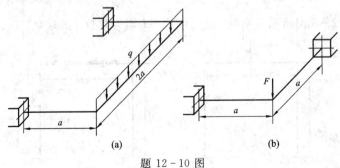

题 12-10 图

附录 A　平面图形的常用几何性质

材料力学研究的构件，其横截面是具有一定几何形状的平面图形，而构件的应力及变形，与其横截面的形状及尺寸有关。例如，拉压杆的应力及变形与其横截面面积有关，圆轴扭转的应力及变形与其横截面的极惯性矩及抗扭截面模量有关，梁的弯曲正应力则与梁横截面形心的位置以及惯性矩有关。这些与横截面形状及尺寸有关的几何量，统称为平面图形的几何性质。附录 A 研究平面图形几何性质的定义、相关定理及计算方法。

A.1　平面图形的静矩与形心

1. 平面图形的静矩

任意平面图形如图 A-1 所示，其面积为 A。Oyz 为平面图形所在平面内的任意直角坐标系，围绕任一定点 $K(z, y)$，取微面积 dA，则微面积与其坐标的乘积在整个图形上的积分，分别称为截面对坐标轴 z 与 y 的静矩，即

$$S_z = \int_A y\, dA, \quad S_y = \int_A z\, dA \quad\quad (A-1)$$

由式（A-1）可看出，静矩不仅与图形面积有关，而且与坐标轴的位置有关，静矩可能为正，可能为负，也可能为零。静矩的量纲为长度的三次方。

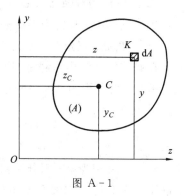

图 A-1

2. 平面图形的形心

由静力学中重心的计算公式可知，均质等厚薄板的重心在 Oyz 坐标系中的坐标为

$$y_C = \frac{\int_A y\, dA}{A}, \quad z_C = \frac{\int_A z\, dA}{A} \quad\quad (A-2)$$

均质等厚薄板的形心与重心重合，由式（A-2）确定出的点 C 亦为该薄板中面的形心。将式（A-1）代入式（A-2）得

$$y_C = \frac{S_z}{A}, \quad z_C = \frac{S_y}{A} \quad\quad (A-3a)$$

或

$$S_y = z_C \cdot A, \quad S_z = y_C \cdot A \quad\quad (A-3b)$$

式（A-3a）表明，平面图形形心坐标 y_C、z_C 分别等于该图形对坐标轴 z、y 的静矩 S_z、S_y

除以该图形的面积 A。式（A-3b）表明，平面图形对坐标轴 y、z 的静矩 S_y、S_z 分别等于该图形面积 A 与其形心坐标 z_C、y_C 的乘积。

由此可见，当坐标轴通过平面图形形心，即当 $y_C=0$，$z_C=0$ 时，平面图形对该轴的静矩等于零，即图形对通过形心坐标轴的静矩为零；反之，如果图形对某轴的静矩为零，则该轴必通过图形的形心。例如，图 A-2 所示平面图形，它们都具有铅垂对称轴 y，y 轴左、右两边面积对 y 的静矩数值相等而正负号相反，故整个面积对 y 轴的静矩为零，图形形心必在 y 轴上。所以，当图形有对称轴时，形心必在此对称轴上。如果图形有两个对称轴 y 和 z，如图 A-2(a)、(b)、(c)所示，则形心必在此两对称轴的交点上。通过图形形心的坐标轴称为形心轴。

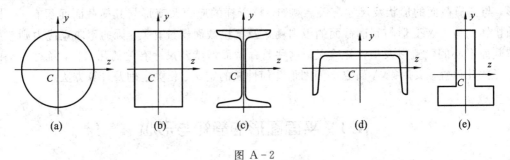

图 A-2

3. 组合图形的静矩与形心

在工程结构中，常碰到一些复杂平面图形的截面。此类复杂图形可视为由若干简单图形（如矩形、圆形、三角形、型钢等）组合而成，即所谓组合图形（见图 A-3）。

现在研究组合图形的静矩与形心位置。图 A-4 所示组合图形，该图形由 n 部分组成，设组成部分 i 的面积为 A_i，其形心坐标为 (y_i, z_i)，则根据分块积分原理，组合图形对坐标轴 z、y 的静矩分别为

$$S_z = \sum_{i=1}^{n} A_i y_i = \sum_{i=1}^{n} S_{zi}, \quad S_y = \sum_{i=1}^{n} A_i z_i = \sum_{i=1}^{n} S_{yi} \tag{A-4}$$

式中，S_{zi}、S_{yi} 分别为第 i 部分面积对坐标轴 z、y 的静矩。式（A-4）表明，组合图形对某一轴的静矩，等于其组成部分对同一轴静矩之和。利用上式可简便求出组合图形对轴的静矩。

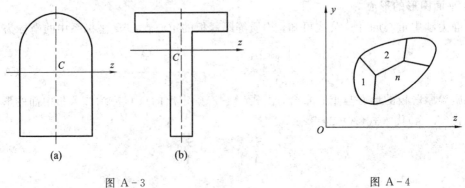

图 A-3   图 A-4

将式（A-4）代入式（A-3a），即得组合图形的形心坐标为

$$y_C = \frac{\sum\limits_{i=1}^{n} A_i y_i}{\sum\limits_{i=1}^{n} A_i}, \quad z_C = \frac{\sum\limits_{i=1}^{n} A_i z_i}{\sum\limits_{i=1}^{n} A_i} \tag{A-5}$$

由式(A-5)，可确定组合图形的形心。

例 A-1 求半径为 R 的半圆形图形对其直径轴 z 的静矩及其形心坐标轴位置 y_C（见图 A-5）。

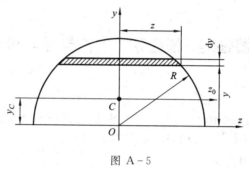

图 A-5

解 在纵坐标 y 处，图形半宽度为

$$z = \sqrt{R^2 - y^2}$$

取微面积如图 A-5 所示，高为 $\mathrm{d}y$，宽为 $2z$，底边与 z 轴平行、距 z 轴为 y 的窄长条，其微面积为

$$\mathrm{d}A = 2\sqrt{R^2 - y^2} \cdot \mathrm{d}y$$

将上式代入式(A-1)，得半圆形图形对 z 轴的静矩为

$$S_z = \int_A y \, \mathrm{d}A = \int_0^R 2y \cdot \sqrt{R^2 - y^2} \, \mathrm{d}y = \frac{2}{3}R^3$$

将上式代入式(A-3a)，得半圆形图形形心 C 的纵坐标为

$$y_C = \frac{S_z}{A} = \frac{2}{3}R^3 \cdot \frac{2}{\pi R^2} = \frac{4R}{3\pi}$$

例 A-2 试确定图 A-6 所示 T 形截面形心 C 的位置。

解 选坐标系 Ozy 如图 A-6 所示。由于 y 轴为截面对称轴，故有图形形心横坐标为

$$z_C = 0$$

为计算图形形心纵坐标 y_C，将图形划分为 I 及 II 两个矩形。矩形 I 的面积和形心的纵坐标分别为

$$A_1 = 16 \times 240 = 3840 \ \text{mm}^2$$

$$y_1 = 180 - \frac{1}{2} \times 16 = 172 \ \text{mm}$$

矩形 II 的面积和形心的纵坐标分别为

$$A_2 = 32 \times (180 - 16) = 5248 \ \text{mm}^2$$

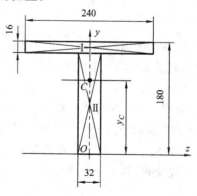

图 A-6

$$y_2 = \frac{1}{2} \times (180 - 16) = 82 \text{ mm}$$

组合图形对参考坐标 z 的静矩为

$$S_z = S_{z1} + S_{z2} = A_1 y_1 + A_2 y_2 = 3840 \times 172 + 5248 \times 82 = 1\ 090\ 816 \text{ mm}^3$$

由式(A-5)得此组合图形形心 C 的纵坐标为

$$y_C = \frac{S_z}{A_1 + A_2} = \frac{1\ 090\ 816}{3840 + 5248} \approx 120 \text{ mm}$$

A.2 惯性矩、惯性积、惯性半径与极惯性矩

1. 定义

对于图 A-7 所示的平面图形,其面积为 A,围绕任一点 $K(y, z)$,取微面积 $\mathrm{d}A$,$\mathrm{d}A$ 分别与 z、y 平方的乘积,对整个截面面积 A 积分可记为

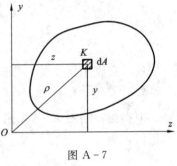

图 A-7

$$I_y = \int_A z^2 \mathrm{d}A, \quad I_z = \int_A y^2 \mathrm{d}A \qquad (A-6)$$

式中 I_y、I_z 分别称为平面图形对 y、z 轴的惯性矩。因为 z^2 与 y^2 总是正值,所以 I_y、I_z 恒为正值。惯性矩的量纲为长度的四次方。

当平面图形由 n 个简单的平面图形组成时,按照惯性矩的定义,该平面图形对某轴的惯性矩应等于各简单平面图形对该轴的惯性矩之和,即

$$I_y = \sum_{i=1}^n I_{yi}, \quad I_z = \sum_{i=1}^n I_{zi} \qquad (A-7)$$

式中 I_{yi}、I_{zi} 分别为第 i 个简单图形对 y、z 的惯性矩。

微面积 $\mathrm{d}A$ 与 y、z 的乘积 $yz\mathrm{d}A$ 称为微面积对这两个坐标轴的惯性积,对整个平面图形进行积分,得

$$I_{yz} = \int_A yz\ \mathrm{d}A \qquad (A-8)$$

式中 I_{yz} 称为平面图形对 y、z 的惯性积。由于坐标乘积 yz 可正可负可为零,因而惯性积的数值可能为正,也可能为负或等于零。惯性积的量纲亦为长度的四次方。

如果坐标轴 y、z 中有一个是平面图形的对称轴,如图 A-8 中的 y 轴,这时截面对 y、z 的惯性积为零。下面用图 A-8 为例加以说明。如果截面在对称轴 y 的一侧有微面积 $\mathrm{d}A$,则在另一侧的对称位置必有相应的微面积 $\mathrm{d}A$,二者的 y 坐标完全相同,z 坐标等值异号,故 $yz\ \mathrm{d}A$ 之和为零。因此积分 $I_{yz} = \int_A yz\ \mathrm{d}A = 0$,即整个截面对这一对坐标轴的惯性积等于零。

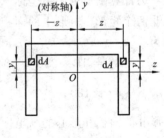

图 A-8

在工程计算中,有时为了应用方便,将截面的惯性矩表示成截面面积 A 与某一长度 i

的平方的乘积，即

$$I_y = Ai_y^2, \quad I_z = Ai_z^2 \tag{A-9}$$

改写为

$$i_y = \sqrt{\frac{I_y}{A}}, \quad i_z = \sqrt{\frac{I_z}{A}} \tag{A-10}$$

式中 i_y、i_z 分别称为截面对 y、z 轴的惯性半径，惯性半径的量纲是长度的一次方。

当采用极坐标 ρ 表示点到坐标原点的距离时，则积分为

$$I_P = \int_A \rho^2 dA \tag{A-11}$$

式中 I_P 称为该平面图形对坐标原点 O 的极惯性矩，式（A-11）中，ρ 为微面积 dA 的极坐标（见图 A-7）。极惯性矩的量纲亦为长度的四次方。

2. 惯性矩与极惯性矩的关系

如图 A-7 所示，微面积 dA 的极坐标 ρ 与直角坐标 y、z 有如下关系：

$$\rho^2 = y^2 + z^2$$

将上式代入式（A-6），得

$$I_P = \int_A \rho^2 dA = \int_A (y^2 + z^2) dA = I_y + I_z \tag{A-12}$$

式（A-12）表明，图形对其所在平面任一点的极惯性矩 I_P，恒等于该图形对过此点的任一对直角坐标轴 y、z 的惯性矩 I_y、I_z 之和。

3. 常见简单图形的惯性矩与极惯性矩

常见简单图形有矩形与圆形，利用式（A-6），可计算其惯性矩，利用式（A-11）可计算圆截面的极惯性矩。

1）矩形的惯性矩

图 A-9 所示矩形，高度为 h，宽度为 b，y 轴和 z 轴为矩形的形心轴，且 z 轴平行于截面底边。取宽为 b、高为 dy 且平行于 z 轴的窄长条微面积，其中

$$dA = b\, dy$$

于是，由式（A-6）得矩形对 z 轴的惯性矩为

$$I_z = \int_A y^2 dA = \int_{-h/2}^{h/2} by^2 dy = \frac{1}{12}bh^3 \tag{A-13}$$

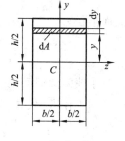

图 A-9

同理，可得矩形对 y 轴的惯性矩为

$$I_y = \frac{1}{12}hb^3 \tag{A-14}$$

对形心轴 z 的惯性半径为

$$i_z = \sqrt{\frac{I_z}{A}} = \sqrt{\frac{bh^3/12}{bh}} = \frac{h}{2\sqrt{3}} \tag{A-15}$$

2）圆形的惯性矩和极惯性矩

首先计算实心圆形对圆心 C 的极惯性矩。如图 A-10 所示，对于直径为 d 的圆形图形，在距圆心为 ρ 处取一宽度为 $d\rho$ 的薄圆环为微面积，其面积为

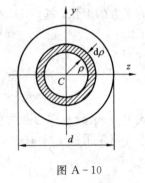

$$dA = 2\pi\rho \, d\rho$$

由式（A-11）可知，圆形的极惯性矩为

$$I_P = \int_A \rho^2 \, dA = \int_0^{d/2} \rho^2 \cdot 2\pi\rho \, d\rho = \frac{\pi}{32} d^4 \tag{A-16}$$

再计算惯性矩。取过直径的 y 轴和 z 轴如图 A-10 所示，即 y 轴和 z 轴均为圆形的形心轴，而圆形对任意过直径的坐标轴都是对称的，圆形对任一形心轴的惯性矩均相同，即

$$I_y = I_z$$

图 A-10

于是，由式（A-12）、式（A-15），得圆形对 y 轴和 z 轴的惯性矩为

$$I_y = I_z = \frac{1}{2} I_P = \frac{\pi}{64} d^4 \tag{A-17}$$

对其形心轴的惯性半径为

$$i_y = i_z = \sqrt{\frac{\pi d^4/64}{\pi d^2/4}} = \frac{d}{4} \tag{A-18}$$

工程中还常常遇到空心圆截面。对于内径为 d、外径为 D 的空心圆（见图 A-11），按上述方法计算，其极惯性矩则为

$$I_P = \int_A \rho^2 \, dA = \int_{\frac{d}{2}}^{\frac{D}{2}} \rho^2 \cdot 2\pi\rho \, d\rho = \frac{\pi}{32} D^4 (1-\alpha^4) \tag{A-19}$$

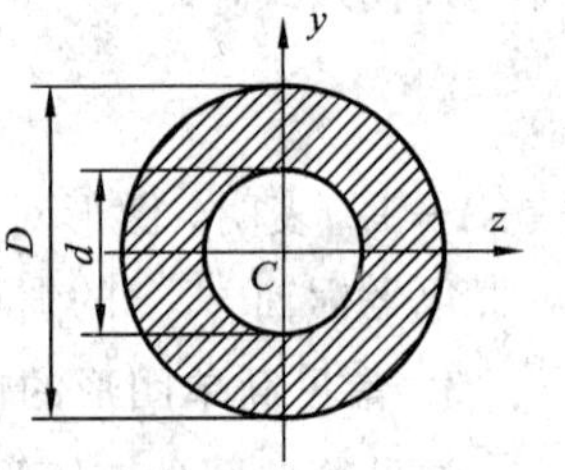

式中，$\alpha = d/D$ 代表内、外径的比值。

图 A-11

空心圆对 y 轴和 z 轴的惯性矩为

$$I_y = I_z = \frac{\pi}{64} D^4 (1-\alpha^4) \tag{A-20}$$

其惯性半径为

$$i_y = i_z = \sqrt{\frac{I_z}{A}} = \frac{D}{4}\sqrt{1+\alpha^2} \tag{A-21}$$

对于薄壁圆截面（见图 A-12），由于内、外径的差值很小，可用平均半径 R_0 代替 ρ，因此，薄壁圆截面的极惯性矩为

$$I_P = \int_A \rho^2 \, dA \approx R_0^2 \int_A dA = 2\pi R_0^3 \delta \tag{A-22}$$

式中，δ 为壁厚。式（4-22）也可由式（A-17）略去高阶微量后得到。

薄壁圆截面对 y 轴和 z 轴的惯性矩为

$$I_y = I_z = \pi R_0^3 \delta \tag{A-23}$$

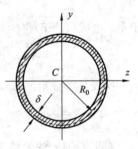

图 A-12

其惯性半径为

$$i_y = i_z = \sqrt{\frac{I_z}{A}} = \frac{R_0}{\sqrt{2}} \tag{A-24}$$

常见简单平面图形的几何性质见表 A-1。

表 A-1　简单平面图形的几何性质

截面形状和 形心轴位置	面积 A	惯　性　矩		惯　性　半　径	
		I_z	I_y	i_z	i_y
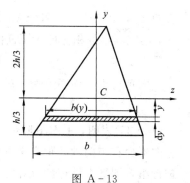	bh	$\dfrac{bh^3}{12}$	$\dfrac{hb^3}{12}$	$\dfrac{h}{2\sqrt{3}}$	$\dfrac{b}{2\sqrt{3}}$
	$\dfrac{bh}{2}$	$\dfrac{bh^3}{36}$		$\dfrac{h}{3\sqrt{2}}$	
	$\dfrac{\pi d^2}{4}$	$\dfrac{\pi d^4}{64}$	$\dfrac{\pi d^4}{64}$	$\dfrac{d}{4}$	$\dfrac{d}{4}$
	$\dfrac{\pi D^2}{4}(1-\alpha^2)$	$\dfrac{\pi D^4}{64}(1-\alpha^4)$	$\dfrac{\pi D^4}{64}(1-\alpha^4)$	$\dfrac{D}{4}\sqrt{1+\alpha^2}$	$\dfrac{D}{4}\sqrt{1+\alpha^2}$
	$2\pi r_0\delta$	$\pi r_0^3\delta$	$\pi r_0^3\delta$	$\dfrac{r_0}{\sqrt{2}}$	$\dfrac{r_0}{\sqrt{2}}$

注：圆截面的极惯性矩为 $I_P = \dfrac{\pi d^4}{32}$。

例 A-3　试计算图 A-13 所示三角形对 z 轴的惯性矩 I_z，其中 z 轴为平行于底边的形心轴。

解　图 A-13 所示三角形高为 h，底为 b，在纵坐标 y 处，取宽为 $b(y)$、高为 dy 且平行于 z 轴的窄长条为微面积，则微面积大小为

$$dA = b(y)dy$$

由图中几何关系可看出

图 A-13

$$\frac{b(y)}{b} = \frac{\left(\frac{2}{3}h - y\right)}{h}$$

由此得

$$b(y) = \frac{b}{h}\left(\frac{2}{3}h - y\right)$$

于是得三角形对形心轴 z 的惯性矩为

$$I_z = \int_A y^2 \mathrm{d}A = \int_{-\frac{h}{3}}^{\frac{2h}{3}} y^2 \cdot \frac{b}{h}\left(\frac{2}{3}h - y\right)\mathrm{d}y$$

解得

$$I_z = \frac{1}{36}b\,h^3$$

A.3　　惯性矩的平行轴公式

与组合图形静矩的计算相似，对组合图形惯性矩的计算，也可以利用简单图形的结果。但其前提是需要知道当坐标轴平移时，对惯性矩的影响。由惯性矩的定义可知，同一图形对于不同的坐标轴的惯性矩一般不相同。本节研究图形对任一轴和与其平行的形心轴的两个惯性矩之间的关系。

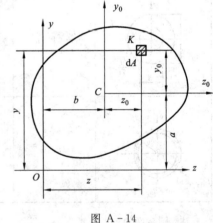

图 A-14

如图 A-14 所示，设 z_0 为一形心轴，z 轴与 z_0 轴平行，相距为 a。围绕平面图形上的任一点 K 取一微面积 $\mathrm{d}A$，K 点在 Oyz 与 Cy_0z_0 坐标系中的纵坐标分别为 y 与 y_0，由图 A-14 知

$$y = y_0 + a$$

根据式（A-6）可知，图形对 z 轴的惯性矩为

$$I_z = \int_A y^2 \mathrm{d}A = \int_A (y_0 + a)^2 \mathrm{d}A$$

可得

$$I_z = \int_A y_0^2 \mathrm{d}A + 2a \int_A y_0 \mathrm{d}A + a^2 \int_A \mathrm{d}A$$

在上式中，右端第一项表示图形对形心轴 z_0 的惯性矩 I_{z0}，第二项中的积分表示图形对形心轴 z_0 的静矩，而任何图形对其形心轴的静矩为零，第三项中的积分即为平面图形的面积。于是，得出结论：

$$I_z = I_{z0} + a^2 A \tag{A-25a}$$

同理可得平面图形对 y 轴、y_0 轴（见图 A-14）的惯性矩之间的关系为

$$I_y = I_{y0} + b^2 A \tag{A-25b}$$

式（A-25）表明，平面图形对某轴的惯性矩，等于对与该轴平行的形心轴的惯性矩，再加上图形面积与两轴间距离平方的乘积。此结论称为惯性矩的平行轴定理。利用此定理，可进行组合图形惯性矩的计算。

例 A-4   试计算图 A-15 所示平面图形（与例 A-2 中的图 A-6 相同）对水平形心轴 z 的惯性矩 I_z。

解   由例 A-2 知，水平形心轴 z 到底边的距离为 120 mm。将图形分解为矩形 1 与矩形 2。设矩形 1 的水平形心轴为 z_1，则由式（A-25a）知，矩形 1 对 z 轴的惯性矩为

$$I_z^{(1)} = I_{z1}^{(1)} + A_1 a_1^2$$
$$= \frac{1}{12} \times 240 \times 16^3 + 240 \times 16 \times (60 - 8)^2$$
$$\approx 401.4 \times 10^4 \text{ mm}^4$$

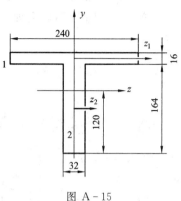

图 A-15

设矩形 2 的水平形心轴为 z_2，同理可知矩形 2 对 z 轴的惯性矩为

$$I_z^{(2)} = I_{z2}^{(2)} + A_2 a_2^2$$
$$= \frac{1}{12} \times 32 \times 164^3 + 32 \times 164 \times \left(120 - \frac{1}{2} \times 164\right)^2$$
$$\approx 1934.1 \times 10^4 \text{ mm}^4$$

而整个平面图形对 z 轴的惯性矩为

$$I_z = I_z^{(1)} + I_z^{(2)} = 401.4 \times 10^4 + 1934.1 \times 10^4 = 2335.5 \times 10^4 \text{ mm}^4$$

例 A-5   图 A-5 所示半圆形图形，半径为 R，形心 C 到半圆底边的距离 $y_C = \dfrac{4R}{3\pi}$，z_0 轴为平行于底边 z 轴的形心轴，试计算该图形对 z_0 轴的惯性矩。

解   如图 A-5 所示，由式（A-17）可知，半圆图形对底边轴 z（即直径轴）的惯性矩为

$$I_z = \frac{1}{2} \cdot \frac{\pi}{64} d^4 = \frac{\pi}{128}(2R)^4 = \frac{\pi}{8} R^4$$

由平行轴定理可知

$$I_z = I_{z0} + A y_C^2$$

所以，半圆图形对形心轴 z_0 的惯性矩为

$$I_{z0} = I_z - A y_C^2 = \frac{\pi}{8} R^4 - \frac{1}{2} \pi R^2 \cdot \left(\frac{4R}{3\pi}\right)^2$$
$$= \left(\frac{\pi}{8} - \frac{8}{9\pi}\right) R^4 \approx 0.1098 R^4$$

··•·•·•·•· **思　考　题** ·•·•·•·•··

A-1   何谓静矩？其量纲是什么？

A-2   在何种条件下静矩为零？

A-3   何谓形心轴？如何确定简单图形的形心位置？

A-4   某平面图形具有一对称轴，则该图形对此轴的静矩为何值？图形形心位置与此轴有何关系？

A-5　极惯性矩与惯性矩在定义、量纲及数值上有何异同点?

A-6　何谓惯性半径? 其量纲是什么?

A-7　何谓平行轴定理? 组合图形的惯性矩如何计算?

习　　题

A-1　试确定题 A-1 图所示图形形心 C 的坐标 z_C。

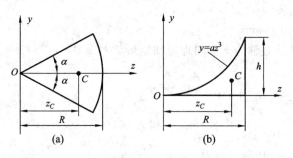

题 A-1 图

A-2　从型钢表(见附录 B)中查出题 A-2 图所示型钢的形心坐标 $(y_C、z_C)$、截面面积与形心轴的 $I_z、I_y$。

A-3　如题 A-3 图所示:

(1) 求两 No28a 槽钢组合截面的惯性矩 I_y 与 I_z。其中 $a=180$ mm。

(2) 欲使 $I_y=I_z$,a 值应为多少?

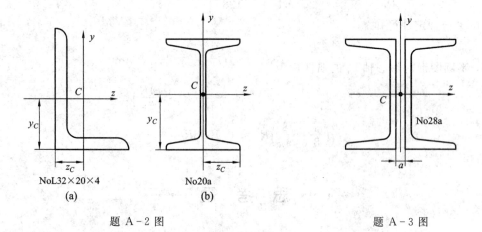

题 A-2 图　　　　　　　　　　　　　　题 A-3 图

A-4　试计算题 A-4 图所示图形对水平形心轴 z 的惯性矩。

A-5　题 A-5 图所示一矩形,宽度 $b=2h/3$,h 为高度,从左、右两边切去半圆形 $d=h/2$,计算该图形对水平形心轴的惯性矩。

A-6　题 A-6 图所示一空心圆截面,直径为 d,在其中心有一正方形的孔,边长为 a,试计算该图形对水平形心轴 z 的惯性矩。

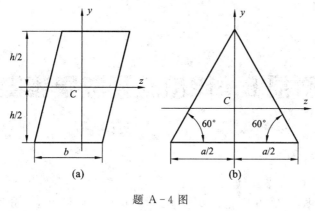

题 A-4 图

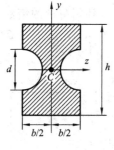

题 A-5 图

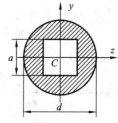

题 A-6 图

A-7　试计算题 A-7 图所示图形对水平形心轴 z 的惯性矩。

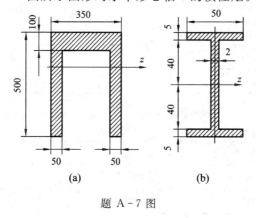

题 A-7 图

附录 B 单位制及数值精度

在国际单位制中,基本单位是长度单位、时间单位和质量单位,分别为米(m)、秒(s)和千克(kg)。国际单位制的倍数单位和分数单位见表 B-1。利用单位的倍数单位和分数单位可以避免写太大或太小的数。例如,一般可以写 713.4 km,而不写 713 400 m;写 3.71 mm,而不写 0.003 71 m。

表 B-1 国际单位的词头

倍增常数	名 称	符 号
10^{12}	太[拉]	T
10^{9}	吉[咖]	G
10^{6}	兆	M
10^{3}	千	k
10^{2}	百	h
10^{1}	十	da
10^{-1}	分	d
10^{-2}	厘	c
10^{-3}	毫	m
10^{-6}	微	μ
10^{-9}	纳[诺]	n
10^{-12}	皮[可]	p
10^{-15}	飞[母托]	f
10^{-18}	阿[托]	a

力的单位牛顿(N)是导出单位,$1\ N = (1\ kg)(1\ m/s^2) = 1\ kg \cdot m/s^2$。其他用于度量力矩、力的功等导出国际单位见表 B-2。需要强调一个重要规则:当导出单位是一个基本单位除另一个基本单位时,词头可以用在分子中,不能用在分母中。例如弹簧在 500 N 的载荷下伸长 10 mm,则弹簧刚度系数 k 可以表示为

$$k = \frac{500\ N}{10\ mm} = \frac{500\ N}{0.010\ m} = 50\ 000\ N/m \quad \text{或者} \quad k = 50\ kN/m$$

但绝对不能写成 $k = 50\ N/mm$。

表 B‑2　力学使用的主要国际单位

量	单位名称	单位符号	用其他国际单位表示的关系式
密度	千克每立方米		kg/m^3
能量	焦耳	J	$N \cdot m$
功	焦耳	J	$N \cdot m$
频率	赫兹	Hz	s^{-1}
冲量	牛顿秒		$kg \cdot m/s$
力矩	牛顿米		$N \cdot m$
功率	瓦	W	J/s
压强	帕斯卡	Pa	N/m^2
应力	帕斯卡	Pa	N/m^2
流体体积	升	L	$10^{-3} m^3$

解题的数值精度取决于两条：已知数据的精度，计算精度。解的精度不会超过这两条中精度较低的。例如，已知等截面直杆受到 1000 N 的轴向拉力，拉力误差为 ±2.5 N，数据的相对测量精度为

$$\frac{2.5\,N}{1000\,N} = 0.25\%$$

如果计算得到横截面上的正应力 $\sigma = 23.54$ kPa，则无法保证精度的数据，因为该问题中计算误差至少是 0.25%。无论计算多么准确，答案的误差大小约为 $0.25\%\sigma \approx 0.06$ kPa，正确的答案应该是 $\sigma = (23.54 \pm 0.06)$ kPa。

工程实际问题中数据精度一般不超过 0.2%，因此工程问题的答案精度也不超过 0.2%。实践中的规则是用 4 个数字记录以"1"开始的数据，其他情况都用 3 个数字。除非特殊说明，本书总假定给定的数据有这样的精度。例如，73 N 的力认为是 73.0 N，12 N 的力认为是 12.00 N。大家普遍使用的计算器提高了计算速度和精度，但是不能因为容易得到就记录那些比正确的精度更多的数字。一定要记住：精度超过 0.2% 在实际工程问题中是很少见的，也是毫无意义的。

附录 C　型钢规格表

表 C-1　热轧等边角钢（GB/T 706—2008）

b—边宽度；
d—边厚度；
r—内圆弧半径；
r_1—边端内圆弧半径；

I—惯性矩；
i—惯性半径；
W—截面系数；
z_0—重心距离

角钢号数	尺寸/mm b	尺寸/mm d	尺寸/mm r	截面面积 /cm²	理论重量 /kg·m⁻¹	外表面积 /m²·m⁻¹	$x-x$ I_x/cm⁴	$x-x$ i_x/cm	$x-x$ W_x/cm³	x_0-x_0 I_{x0}/cm⁴	x_0-x_0 i_{x0}/cm	x_0-x_0 W_{x0}/cm³	y_0-y_0 I_{y0}/cm⁴	y_0-y_0 i_{y0}/cm	y_0-y_0 W_{y0}/cm³	x_1-x_1 I_{x1}/cm⁴	z_0/cm
2	20	3	3.5	1.132	0.889	0.078	0.40	0.59	0.29	0.63	0.75	0.45	0.17	0.39	0.20	0.81	0.60
		4		1.459	1.145	0.077	0.50	0.58	0.36	0.78	0.73	0.55	0.22	0.38	0.24	1.09	0.64
2.5	25	3	3.5	1.432	1.124	0.098	0.82	0.76	0.46	1.29	0.95	0.73	0.34	0.49	0.33	1.57	0.73
		4		1.859	1.459	0.097	1.03	0.74	0.59	1.62	0.93	0.92	0.43	0.48	0.40	2.11	0.76

续表一

角钢号数	尺寸/mm b	尺寸/mm d	尺寸/mm r	截面面积/cm²	理论重量/kg·m⁻¹	外表面积/m²·m⁻¹	x-x I_x/cm⁴	x-x i_x/cm	x-x W_x/cm³	x0-x0 I_x0/cm⁴	x0-x0 i_x0/cm	x0-x0 W_x0/cm³	y0-y0 I_y0/cm⁴	y0-y0 i_y0/cm	y0-y0 W_y0/cm³	x1-x1 I_x1/cm⁴	z0/cm
3.0	30	3	4.5	1.749	1.373	0.117	1.46	0.91	0.68	2.31	1.15	1.09	0.61	0.59	0.51	2.71	0.85
		4		2.276	1.786	0.117	1.84	0.90	0.87	2.92	1.13	1.37	0.77	0.58	0.62	3.63	0.89
3.6	36	3		2.109	1.656	0.141	2.58	1.11	0.99	4.09	1.39	1.61	1.07	0.71	0.76	4.68	1.00
		4		2.756	2.163	0.141	3.29	1.09	1.28	5.22	1.38	2.05	1.37	0.70	0.93	6.25	1.04
		5		3.382	2.654	0.141	3.95	1.08	1.56	6.24	1.36	2.45	1.65	0.70	1.09	7.84	1.07
4.0	40	3	5	2.359	1.852	0.157	3.59	1.23	1.23	5.69	1.55	2.01	1.49	0.79	0.96	6.41	1.09
		4		3.086	2.422	0.157	4.60	1.22	1.60	7.29	1.54	2.58	1.91	0.79	1.19	8.53	1.13
		5		3.791	2.976	0.156	5.53	1.21	1.96	8.76	1.52	3.10	2.30	0.78	1.39	10.74	1.17
4.5	45	3	5	2.659	2.088	0.177	5.17	1.40	1.58	8.20	1.76	2.58	2.14	0.89	1.24	9.12	1.22
		4		3.486	2.736	0.177	6.65	1.38	2.05	10.56	1.74	3.32	2.75	0.89	1.54	12.18	1.26
		5		4.292	3.369	0.176	8.04	1.37	2.51	12.74	1.72	4.00	3.33	0.88	1.81	15.25	1.30
		6		5.076	3.985	0.176	9.33	1.36	2.95	14.76	1.70	4.64	3.89	0.88	2.06	18.36	1.33
5	50	3	5.5	2.971	2.332	0.197	7.18	1.55	1.96	11.37	1.96	3.22	2.98	1.00	1.57	12.50	1.34
		4		3.897	3.059	0.197	9.26	1.54	2.56	14.70	1.94	4.16	3.82	0.99	1.96	16.69	1.38
		5		4.803	3.770	0.196	11.21	1.53	3.13	17.79	1.92	5.03	4.64	0.98	2.31	20.90	1.42
		6		5.688	4.465	0.196	13.05	1.52	3.68	20.68	1.91	5.85	5.42	0.98	2.63	25.14	1.46
5.6	56	3	6	3.343	2.624	0.221	10.19	1.75	2.48	16.14	2.20	4.08	4.24	1.13	2.02	17.56	1.48
		4		4.390	3.446	0.220	13.18	1.73	3.24	20.92	2.18	5.28	5.46	1.11	2.52	23.43	1.53
		5		5.415	4.251	0.220	16.02	1.72	3.97	25.42	2.17	6.42	6.61	1.10	2.98	29.33	1.57
		6		8.367	6.568	0.219	23.63	1.68	6.03	37.37	2.11	9.44	9.89	1.09	4.16	47.24	1.68

续表二

角钢号数	尺寸/mm b	尺寸/mm d	尺寸/mm r	截面面积/cm²	理论重量/kg·m⁻¹	外表面积/m²·m⁻¹	$x-x$ I_x/cm⁴	$x-x$ i_x/cm	$x-x$ W_x/cm³	x_0-x_0 I_{x0}/cm⁴	x_0-x_0 i_{x0}/cm	x_0-x_0 W_{x0}/cm³	y_0-y_0 I_{y0}/cm⁴	y_0-y_0 i_{y0}/cm	y_0-y_0 W_{y0}/cm³	x_1-x_1 I_{x1}/cm⁴	z_0/cm
6.3	63	4	7	4.978	3.907	0.248	19.03	1.96	4.13	30.17	2.46	6.78	7.89	1.26	3.29	33.35	1.70
		5		6.143	4.822	0.248	23.17	1.94	5.08	36.77	2.45	8.25	9.57	1.25	3.90	41.73	1.74
		6		7.288	5.721	0.247	27.12	1.93	6.00	43.03	2.43	9.66	11.20	1.24	4.46	50.14	1.78
		8		9.515	7.469	0.247	34.46	1.90	7.75	54.56	2.40	12.25	14.33	1.23	5.47	67.11	1.85
		10		11.657	9.151	0.246	41.09	1.88	9.39	64.85	2.36	14.56	17.33	1.22	6.36	84.31	1.93
7	70	4	8	5.570	4.372	0.275	26.39	2.18	5.14	41.80	2.74	8.44	10.99	1.40	4.17	45.74	1.86
		5		6.875	5.367	0.275	32.21	2.16	6.32	51.08	2.73	10.32	13.34	1.39	4.95	57.21	1.91
		6		8.160	6.406	0.275	37.77	2.15	7.48	59.93	2.71	12.11	15.61	1.38	5.67	68.73	1.95
		7		9.424	7.398	0.275	43.09	2.14	8.59	68.35	2.69	13.81	17.82	1.38	6.34	80.29	1.99
		8		10.667	8.373	0.274	48.17	2.12	9.68	76.37	2.68	15.43	19.98	1.37	6.98	91.92	2.03
7.5	75	5	9	7.412	5.818	0.295	39.97	2.33	7.32	63.30	2.92	11.94	16.63	1.50	5.77	70.56	2.04
		6		8.797	6.905	0.294	46.95	2.31	8.64	74.38	2.90	14.02	19.51	1.49	6.67	84.55	2.07
		7		10.160	7.976	0.294	53.57	2.30	9.93	84.96	2.89	16.02	22.18	1.48	7.44	98.71	2.11
		8		11.503	9.030	0.294	59.96	2.28	11.20	95.07	2.88	17.93	24.86	1.47	8.19	112.97	2.15
		10		14.126	11.089	0.293	71.98	2.26	13.64	113.92	2.84	21.48	30.05	1.46	9.56	141.71	2.22
8	89	5	9	7.912	6.211	0.315	48.79	2.48	8.34	77.33	3.13	13.67	20.25	1.60	6.66	85.36	2.15
		6		9.397	7.376	0.314	57.35	2.47	9.87	90.98	3.11	16.08	28.72	1.59	7.65	102.50	2.19
		7		10.860	8.525	0.314	65.58	2.46	11.37	104.07	3.10	18.40	27.09	1.58	8.58	119.70	2.23
		8		12.303	9.658	0.314	73.49	2.44	12.83	116.60	3.08	20.61	30.39	1.57	9.46	136.97	2.27
		10		15.126	11.874	0.313	88.43	2.42	15.64	140.09	3.04	24.76	36.77	1.56	11.08	171.74	2.35

续表三

角钢号数	b/mm	d/mm	r	截面面积/cm²	理论重量/kg·m⁻¹	外表面积/m²·m⁻¹	I_x/cm⁴	i_x/cm	W_x/cm³	I_{x0}/cm⁴	i_{x0}/cm	W_{x0}/cm³	I_{y0}/cm⁴	i_{y0}/cm	W_{y0}/cm³	I_{x1}/cm⁴	z_0/cm
							\ x—x			\ x₀—x₀			\ y₀—y₀			x₁—x₁	
9	90	6	10	10.637	8.350	0.354	82.77	2.79	12.61	131.26	3.51	20.63	34.28	1.80	9.95	145.87	2.44
		7		12.301	9.656	0.354	94.83	2.78	14.54	150.47	3.50	23.64	39.18	1.78	11.19	170.30	2.48
		8		13.944	10.946	0.353	106.47	2.76	16.42	168.97	3.48	26.55	43.97	1.78	12.35	194.80	2.52
		10		17.167	13.476	0.353	128.58	2.74	20.07	203.90	3.45	32.04	53.26	1.76	14.52	244.07	2.59
		12		20.306	15.940	0.352	149.22	2.71	23.57	236.21	3.41	37.12	62.22	1.75	16.40	293.76	2.67
10	100	6	12	11.932	9.366	0.393	114.95	3.10	15.68	181.98	3.90	25.74	47.92	2.00	12.69	200.07	2.67
		7		13.796	10.830	0.393	131.86	3.09	18.10	208.97	3.89	29.55	54.74	1.99	14.26	233.54	2.71
		8		15.638	12.276	0.393	148.24	3.08	20.47	235.07	3.88	33.24	61.41	1.98	15.75	267.09	2.76
		10		19.261	15.120	0.392	179.51	3.05	25.06	284.68	3.84	40.26	74.35	1.96	18.54	334.48	2.84
		12		22.800	17.898	0.391	208.90	3.03	29.48	330.95	3.81	46.80	86.84	1.95	21.08	402.34	2.91
		14		26.256	20.611	0.391	236.53	3.00	33.73	374.06	3.77	52.90	99.00	1.94	23.44	470.75	2.99
		16		29.627	23.257	0.390	262.53	2.98	37.82	414.16	3.74	58.57	110.89	1.94	25.63	539.80	3.06
11	110	7	12	15.196	11.928	0.433	177.16	3.41	22.05	280.94	4.30	36.12	73.38	2.20	17.51	310.64	2.96
		8		17.238	13.532	0.433	199.46	3.40	24.95	316.49	4.28	40.69	82.42	2.19	19.39	355.20	3.01
		10		21.261	16.690	0.432	242.19	3.38	30.60	384.39	4.25	49.42	99.98	2.17	22.91	444.65	3.09
		12		25.200	19.782	0.431	282.55	3.35	36.05	448.17	4.22	57.62	116.93	2.15	26.15	534.60	3.16
		14		29.056	22.809	0.431	320.71	3.32	41.31	508.01	4.18	65.31	133.40	2.14	29.14	625.16	3.24

参 考 数 值

续表四

角钢号数	尺寸/mm			截面面积/cm²	理论重量/kg·m⁻¹	外表面积/m²·m⁻¹	参考数值											
	b	d	r				I_x/cm⁴	i_x/cm	W_x/cm³	I_{x0}/cm⁴	i_{x0}/cm	W_{x0}/cm³	I_{y0}/cm⁴	i_{y0}/cm	W_{y0}/cm³	I_{x1}/cm⁴	z_0/cm
							$x-x$			x_0-x_0			y_0-y_0			x_1-x_1	
12.5	125	8	14	19.750	15.504	0.492	297.03	3.88	32.52	470.89	4.88	53.28	123.16	2.50	25.86	521.01	3.37
		10		24.373	19.133	0.491	361.67	3.85	39.97	573.89	4.85	64.93	149.46	2.48	30.62	651.93	3.45
		12		28.912	22.696	0.491	423.16	3.83	41.17	671.44	4.82	75.96	174.88	2.46	35.03	783.42	3.53
		14		33.367	26.193	0.490	481.65	3.80	54.16	763.73	4.78	86.41	199.57	2.45	39.13	915.61	3.61
14	140	10	14	27.373	21.488	0.551	514.65	4.34	50.58	817.27	5.46	82.56	212.04	2.78	39.20	915.11	3.82
		12		32.512	25.522	0.551	603.68	4.31	59.80	958.79	5.43	96.85	248.57	2.76	45.02	1099.28	3.90
		14		37.567	29.490	0.550	688.81	4.28	68.75	1093.56	5.40	110.47	284.06	2.75	50.45	1284.22	3.98
		16		42.539	33.393	0.549	770.24	4.26	77.46	1221.81	5.36	123.42	318.67	2.74	55.55	1470.07	4.06
16	160	10	16	31.502	24.729	0.630	779.53	4.98	66.70	1237.30	6.27	109.36	321.76	3.20	52.76	1365.33	4.31
		12		37.441	29.391	0.630	916.58	4.95	78.98	1455.68	6.24	128.67	377.49	3.18	60.74	1639.57	4.39
		14		43.296	33.987	0.629	1048.36	4.92	90.95	1665.02	6.20	147.17	431.70	3.16	68.24	1914.68	4.47
		16		49.067	38.518	0.629	1175.08	4.89	102.63	1865.57	6.17	164.89	484.59	3.14	75.31	2190.82	4.55
18	180	12	16	42.241	33.159	0.710	1321.35	5.59	100.82	2100.10	7.05	165.00	542.61	3.58	78.41	2332.80	4.89
		14		48.896	38.383	0.709	1514.48	5.56	116.25	2407.42	7.02	189.14	621.53	3.56	88.38	2723.48	4.97
		16		55.467	43.542	0.709	1700.99	5.54	131.13	2703.37	6.98	212.40	698.60	3.55	97.83	3115.29	5.05
		18		61.955	48.634	0.708	1875.12	5.50	145.64	2988.24	6.94	234.78	762.01	3.51	105.14	3502.43	5.13
20	200	14	18	54.642	42.894	0.788	2103.55	6.20	144.70	3343.26	7.82	236.40	863.83	3.98	111.82	3734.10	5.46
		16		62.013	48.680	0.788	2366.15	6.18	163.65	3760.89	7.79	265.93	971.41	3.96	123.96	4270.39	5.54
		18		69.301	54.401	0.787	2620.64	6.15	182.22	4164.54	7.75	294.48	1076.74	3.94	135.52	4808.13	5.62
		20		76.505	60.056	0.787	2867.30	6.12	200.42	4554.55	7.72	322.06	1180.04	3.93	146.55	5347.51	5.69
		24		90.661	71.168	0.785	3338.25	6.07	236.17	5294.97	7.64	374.41	1381.53	3.90	166.65	6457.16	5.87

注：截面图中的 $r_1 = 1/3d$ 及表中 r 值的数据用于孔型设计，不作交货条件。

表 C-2　热轧不等边角钢（GB/T 9788—1988）

B—长边宽度；　　　　b—短边宽度；
d—边厚度；　　　　　r—内圆弧半径；
r_1—边端内圆弧半径；I—惯性矩；
i—惯性半径；　　　　W—截面系数；
x_0—重心距离；　　　y_0—重心距离

角钢号数	尺寸/mm B	b	d	r	截面面积 /cm²	理论重量 /kg·m⁻¹	外表面积 /m²·m⁻¹	$x-x$ I_x/cm⁴	i_x/cm	W_x/cm³	$y-y$ I_y/cm⁴	i_y/cm	W_y/cm³	x_1-x_1 I_{x1}/cm⁴	y_0/cm	y_1-y_1 I_{y1}/cm⁴	x_0/cm	$u-u$ I_u/cm⁴	i_u/cm	W_u/cm³	$\tan\alpha$
2.5/1.6	25	16	3	3.5	1.162	0.912	0.080	0.70	0.78	0.43	0.22	0.44	0.19	1.56	0.86	0.43	0.42	0.14	0.34	0.16	0.392
			4		1.499	1.176	0.079	0.88	0.77	0.55	0.27	0.43	0.24	2.09	0.90	0.59	0.46	0.17	0.34	0.20	0.381
3.2/2	32	20	3	3.5	1.492	1.171	0.102	1.53	1.01	0.72	0.46	0.55	0.30	3.27	1.08	0.82	0.49	0.28	0.43	0.25	0.382
			4		1.939	1.522	0.101	1.93	1.00	0.93	0.57	0.54	0.39	4.37	1.12	1.12	0.53	0.35	0.42	0.32	0.374
4/2.5	40	25	3	4	1.890	1.484	0.127	3.08	1.28	1.15	0.93	0.70	0.49	5.39	1.32	1.59	0.59	0.56	0.54	0.40	0.385
			4		2.467	1.936	0.127	3.93	1.26	1.49	1.18	0.69	0.63	8.53	1.37	2.14	0.63	0.71	0.54	0.52	0.381
4.5/2.8	45	28	3	5	2.149	1.687	0.143	4.45	1.44	1.47	1.34	0.79	0.62	9.10	1.47	2.23	0.64	0.80	0.61	0.51	0.383
			4		2.806	2.203	0.143	5.69	1.42	1.91	1.70	0.78	0.80	12.13	1.51	3.00	0.68	1.02	0.60	0.66	0.380
5/3.2	50	32	3	5.5	2.431	1.908	0.161	6.24	1.60	1.84	2.02	0.91	0.82	12.49	1.60	3.31	0.73	1.20	0.70	0.68	0.404
			4		3.177	2.494	0.160	8.02	1.59	2.39	2.58	0.90	1.06	16.65	1.65	4.45	0.77	1.53	0.69	0.87	0.402
5.6/3.6	56	36	3	6	2.743	2.153	0.181	8.88	1.80	2.32	2.92	1.03	1.05	17.54	1.78	4.70	0.80	1.73	0.79	0.87	0.408
			4		3.590	2.813	0.180	11.45	1.79	3.03	3.76	1.02	1.37	23.39	1.82	6.33	0.85	2.23	0.79	1.13	0.408
			5		4.415	3.466	0.180	13.86	1.77	3.71	4.49	1.01	1.65	29.25	1.87	7.94	0.88	2.67	0.78	1.36	0.404

参　考　数　值

续表一

角钢号数	尺寸/mm B	b	d	r	截面面积 /cm²	理论重量 /kg·m⁻¹	外表面积 /m²·m⁻¹	$x-x$ I_x/cm⁴	i_x/cm	W_x/cm³	$y-y$ I_y/cm⁴	i_y/cm	W_y/cm³	x_1-x_1 I_{x1}/cm⁴	y_0/cm	y_1-y_1 I_{y1}/cm⁴	x_0/cm	$u-u$ I_u/cm⁴	i_u/cm	W_u/cm³	$\tan\alpha$
6.3/4	63	40	4	7	4.058	3.185	0.202	16.49	2.02	3.87	5.23	1.14	1.70	33.30	2.04	8.63	0.92	3.12	0.88	1.40	0.398
			5		4.993	3.920	0.202	20.02	2.00	4.74	6.31	1.12	2.71	41.63	2.08	10.86	0.95	3.76	0.87	1.71	0.396
			6		5.908	4.638	0.201	23.36	1.96	5.59	7.29	1.11	2.43	49.98	2.12	13.12	0.99	4.34	0.86	1.99	0.393
			7		6.802	5.339	0.201	26.53	1.98	6.40	8.24	1.10	2.78	58.07	2.15	15.47	1.03	4.97	0.86	2.29	0.389
7/4.5	70	45	4	7.5	4.547	3.570	0.226	23.17	2.26	4.86	7.55	1.29	2.17	45.92	2.24	12.26	1.02	4.40	0.98	1.77	0.410
			5		5.609	4.403	0.225	27.95	2.23	5.92	9.13	1.28	2.65	57.10	2.28	15.39	1.06	5.40	0.98	2.19	0.407
			6		6.647	5.218	0.225	32.54	2.21	6.95	10.62	1.26	3.12	68.35	2.32	18.58	1.09	6.35	0.98	2.59	0.404
			7		7.657	6.011	0.225	37.22	2.20	8.03	12.01	1.25	3.57	79.99	2.36	21.84	1.13	7.16	0.97	2.94	0.402
7.5/5	75	50	5	8	6.125	4.808	0.245	34.86	2.39	6.83	12.61	1.44	3.30	70.00	2.40	21.04	1.17	7.41	1.10	2.74	0.435
			6		7.260	5.699	0.245	41.12	2.38	8.12	14.70	1.42	3.88	84.30	2.44	25.37	1.21	8.54	1.08	3.19	0.435
			8		9.467	7.431	0.244	52.39	2.35	10.52	18.53	1.40	4.99	112.50	2.52	34.23	1.29	10.87	1.07	4.10	0.429
			10		11.590	9.098	0.244	62.71	2.33	12.79	21.96	1.38	6.04	140.80	2.60	43.43	1.36	13.10	1.06	4.99	0.423
8/5	80	50	5	8	6.375	5.005	0.255	41.96	2.56	7.78	12.82	1.42	3.32	85.21	2.60	21.06	1.14	7.66	1.10	2.74	0.383
			6		7.560	5.935	0.255	49.49	2.56	9.25	14.95	1.41	3.91	102.53	2.65	25.41	1.18	8.85	1.08	3.20	0.387
			7		8.724	6.848	0.255	56.16	2.54	10.58	16.96	1.39	4.48	119.33	2.69	29.82	1.21	10.18	1.08	3.70	0.384
			8		9.867	7.745	0.254	62.83	2.52	11.92	18.85	1.38	5.03	136.41	2.73	34.32	1.25	11.38	1.07	4.16	0.381
9/5.6	90	56	5	9	7.212	5.661	0.287	60.45	2.90	9.92	18.32	1.59	4.21	121.32	2.91	29.53	1.25	10.98	1.23	3.49	0.385
			6		8.557	6.717	0.286	71.03	2.88	11.74	21.42	1.58	4.96	145.59	2.95	35.58	1.29	12.90	1.23	4.13	0.384
			7		9.880	7.756	0.286	81.01	2.86	13.49	24.36	1.57	5.70	169.60	3.00	41.71	1.33	14.67	1.22	4.72	0.382
			8		11.183	8.779	0.286	91.03	2.85	15.27	27.15	1.56	6.41	194.17	3.04	47.93	1.36	16.34	1.21	5.29	0.380

续表二

角钢号数	B	b	d	r	截面面积 /cm²	理论重量 /kg·m⁻¹	外表面积 /m²·m⁻¹	I_x/cm⁴	i_x/cm	W_x/cm³	I_y/cm⁴	i_y/cm	W_y/cm³	I_{x1}/cm⁴	y_0/cm	I_{y1}/cm⁴	x_0/cm	I_u/cm⁴	i_u/cm	W_u/cm³	tanα
								| x—x			| y—y			| x₁—x₁		| y₁—y₁		| u—u			
10/6.3	100	63	6	10	9.617	7.550	0.320	99.06	3.21	14.64	30.94	1.79	6.35	199.71	3.24	50.50	1.43	18.42	1.38	5.25	0.394
			7		11.111	8.722	0.320	113.45	3.20	16.88	35.26	1.78	7.29	233.00	3.28	59.14	1.47	21.00	1.38	6.02	0.394
			8		12.584	9.878	0.319	127.37	3.18	19.08	30.39	1.77	8.21	266.32	3.32	67.88	1.50	23.50	1.37	6.78	0.391
			10		15.467	12.142	0.319	153.81	3.15	28.32	47.12	1.74	9.98	333.06	3.40	85.73	1.58	28.33	1.35	8.24	0.387
10/8	100	80	6	10	10.637	8.350	0.354	107.04	3.17	15.19	61.24	2.40	10.16	199.83	2.95	102.68	1.97	31.65	1.72	8.37	0.627
			7		12.301	9.656	0.354	122.73	3.16	17.52	70.08	2.39	11.71	233.20	3.00	119.98	2.01	36.17	1.72	9.60	0.626
			8		13.944	10.946	0.353	137.92	3.14	19.81	78.58	2.37	13.21	266.61	3.04	137.37	2.05	40.58	1.71	10.80	0.625
			10		17.167	13.476	0.353	166.87	3.12	24.24	94.65	2.35	16.12	333.63	3.12	172.48	2.13	49.10	1.69	13.12	0.622
11/7	110	70	6	10	10.637	8.350	0.354	133.37	3.54	17.85	42.92	2.01	7.90	265.78	3.53	69.08	1.57	25.36	1.54	6.53	0.403
			7		12.301	9.656	0.354	153.00	3.53	20.60	49.01	2.00	9.09	310.07	3.57	80.82	1.61	28.95	1.53	7.50	0.402
			8		13.944	10.946	0.353	172.04	3.51	23.30	54.87	1.98	10.25	354.39	3.62	92.70	1.65	32.45	1.53	8.45	0.401
			10		17.167	13.476	0.353	208.39	3.48	28.54	65.88	1.96	12.48	443.13	3.70	116.83	1.72	39.20	1.51	10.29	0.397
12.5/8	125	80	7	11	14.096	11.066	0.403	227.98	4.02	26.86	74.42	2.30	12.01	454.99	4.01	120.32	1.80	43.81	1.76	9.92	0.408
			8		15.989	12.551	0.403	256.77	4.01	30.41	83.49	2.28	13.56	519.99	4.06	137.85	1.84	49.15	1.75	11.18	0.407
			10		19.712	15.474	0.402	312.04	3.98	37.33	100.67	2.26	16.56	650.09	4.14	173.40	1.92	59.45	1.74	13.64	0.404
			12		23.351	18.330	0.402	364.41	3.95	44.01	116.67	2.24	19.43	780.39	4.22	209.67	2.00	69.35	1.72	16.01	0.400

续表三

角钢号数	尺寸/mm B	b	d	r	截面面积/cm²	理论重量/kg·m⁻¹	外表面积/m²·m⁻¹	I_x/cm⁴	i_x/cm	W_x/cm³	I_y/cm⁴	i_y/cm	W_y/cm³	I_{x1}/cm⁴	y_0/cm	I_{y1}/cm⁴	x_0/cm	I_u/cm⁴	i_u/cm	W_u/cm³	$\tan\alpha$
14/9	140	90	8	12	18.038	14.160	0.453	365.64	4.50	38.48	120.69	2.59	17.34	730.53	4.50	195.79	2.04	70.83	1.98	14.31	0.411
			10		22.261	17.475	0.452	445.50	4.47	47.31	140.03	2.56	21.22	913.20	4.58	245.92	2.12	85.82	1.96	17.48	0.409
			12		26.400	20.724	0.451	521.59	4.44	55.87	169.79	2.54	24.95	1096.09	4.66	296.89	2.19	100.21	1.95	20.54	0.406
			14		30.456	23.908	0.451	594.10	4.42	64.18	192.10	2.51	28.54	1279.26	4.74	348.82	2.27	114.13	1.94	23.52	0.403
16/10	160	100	10	13	25.315	19.872	0.512	668.69	5.14	62.13	205.03	2.85	26.56	1362.89	5.24	336.59	2.28	121.74	2.19	21.92	0.390
			12		30.054	23.592	0.511	784.91	5.11	73.49	239.06	2.82	31.28	1635.56	5.32	405.94	2.36	142.33	2.17	25.79	0.388
			14		34.709	27.247	0.510	896.30	5.08	84.56	271.20	2.80	35.83	1908.50	5.40	476.42	2.43	162.23	2.16	29.56	0.385
			16		39.281	30.835	0.510	1003.04	5.05	95.33	301.60	2.77	40.24	2181.79	5.48	548.2	2.51	182.57	2.16	33.44	0.382
18/11	180	110	10	14	28.373	22.273	0.571	956.25	5.80	78.96	278.11	3.13	32.49	1940.40	5.89	447.22	2.44	166.50	2.42	26.88	0.376
			12		33.712	26.464	0.571	1124.72	5.78	93.53	325.03	3.10	38.32	2328.38	5.98	538.94	2.52	194.87	2.40	31.66	0.374
			14		38.967	30.589	0.570	1286.91	5.75	107.76	369.55	3.08	43.97	2716.60	6.06	631.95	2.59	222.30	2.39	36.32	0.372
			16		44.139	34.649	0.569	1443.06	5.72	121.64	411.85	3.06	49.44	3105.15	6.14	726.46	2.67	248.94	2.38	40.87	0.369
20/12.5	200	125	12	14	37.912	29.761	0.641	1570.90	6.44	116.73	483.16	3.57	49.99	3193.85	6.54	787.74	2.83	285.79	2.74	41.23	0.392
			14		43.867	34.436	0.640	1800.97	6.41	134.65	550.83	3.54	57.44	3726.17	6.62	922.47	2.91	326.58	2.73	47.34	0.390
			16		49.739	39.045	0.639	2023.35	6.38	152.18	615.44	3.52	64.69	4258.86	6.70	1058.86	2.99	366.21	2.71	53.32	0.388
			18		55.526	43.588	0.639	2238.30	6.35	169.33	677.19	3.49	71.74	4792.00	6.78	1197.13	3.06	404.83	2.70	59.18	0.385

注：1. 括号内型号不推荐使用。
2. 截面图中的 $r_1 = 1/3d$ 及表中 r 的数据用于孔型设计，不作交货条件。

表 C-3　热轧槽钢(GB/T 707—1988)

h—高度;
b—腿宽度;
d—腿厚度;
t—平均腿厚度;
r—内圆弧半径;
r_1—腿端圆弧半径;
I—惯性矩;
W—截面系数;
i—惯性半径;
z_0—y-y轴与y_1-y_1轴间距;

型号	尺寸/mm						截面面积 /cm²	理论重量 /kg·m⁻¹	参考数值							
	h	b	d	t	r	r_1			x-x			y-y			y_1-y_1	z_0/cm
									W_x/cm^3	I_x/cm^4	i_x/cm	W_y/cm^3	I_y/cm^4	i_y/cm	I_{y1}/cm^4	
5	50	37	4.5	7	7.0	3.5	6.928	5.438	10.4	26.0	1.94	3.55	8.30	1.10	20.9	1.35
6.3	63	40	4.8	7.5	7.5	3.8	8.451	6.634	16.1	50.8	2.45	4.50	11.9	1.19	28.4	1.36
8	80	43	5.0	8	8.0	4.0	10.248	8.045	25.3	101	3.15	5.79	16.6	1.27	37.4	1.43
10	100	48	5.3	8.5	8.5	4.2	12.748	10.007	39.7	198	3.95	7.8	25.6	1.41	54.9	1.52
12.6	126	53	5.5	9	9.0	4.5	15.692	12.318	62.1	391	4.95	10.2	38.0	1.57	77.1	1.59
14ᵃ	140	58	6.0	9.5	9.5	4.8	18.516	14.535	80.5	564	5.52	13.0	53.2	1.70	107	1.71
14ᵇ	140	60	8.0	9.5	9.5	4.8	21.316	16.733	87.1	609	5.35	14.1	61.1	1.60	121	1.67
16a	160	63	6.5	10	10.0	5.0	21.962	17.240	108	866	6.28	16.3	73.3	1.83	144	1.80
16	160	65	8.5	10	10.0	5.0	25.162	19.752	117	935	6.10	17.6	83.4	1.82	161	1.75
18a	180	68	7.0	10.5	10.5	5.2	25.699	20.174	141	1270	7.04	20.0	98.6	1.96	190	1.88
18	180	70	9.0	10.5	10.5	5.2	29.299	23.000	152	1370	6.84	21.5	111	1.95	210	1.84

续表

型号	尺 寸 / mm						截面面积 /cm²	理论重量 /kg·m⁻¹	参 考 数 值							
									$x-x$			$y-y$			y_1-y_1	
	h	b	d	t	r	r_1			W_x/cm^3	I_x/cm^4	i_x/cm	W_y/cm^3	I_y/cm^4	i_y/cm	I_{y1}/cm^4	z_0/cm
20a	200	73	7.0	11	11.0	5.5	28.837	22.637	178	1780	7.86	24.2	128	2.11	244	2.01
20	200	75	9.0	11	11.0	5.5	32.837	25.777	191	1910	7.64	25.9	144	2.09	268	1.95
22a	220	77	7.0	11.5	11.5	5.8	31.846	24.999	218	2390	8.67	28.2	158	2.23	298	2.10
22	220	79	9.0	11.5	11.5	5.8	36.246	28.453	234	2570	8.42	30.1	176	2.21	326	2.03
a	250	78	7.0	12	12.0	6.0	34.917	27.410	270	3370	9.82	30.6	176	2.24	322	2.07
25b	250	80	9.0	12	12.0	6.0	39.917	31.335	282	3530	9.41	32.7	196	2.22	353	1.98
c	250	82	11.0	12	12.0	6.0	44.917	35.260	295	3690	9.07	35.9	218	2.21	384	1.92
a	280	82	7.5	12.5	12.5	6.2	40.034	31.427	340	4760	10.9	35.7	218	2.33	388	2.10
28b	280	84	9.5	12.5	12.5	6.2	45.634	35.823	366	5130	10.6	37.9	242	2.30	423	2.02
c	280	86	11.5	12.5	12.5	6.2	51.234	40.219	393	5500	10.4	40.3	268	2.29	463	1.95
a	320	88	8.0	14	14.0	7.0	48.513	38.083	475	7600	12.5	46.5	305	2.50	552	2.24
32b	320	90	10.0	14	14.0	7.0	54.913	43.107	509	8140	12.2	49.2	336	2.47	593	2.16
c	320	92	12.0	14	14.0	7.0	61.313	48.131	543	8690	11.9	52.6	374	2.47	643	2.09
a	360	96	9.0	16	16.0	8.0	60.910	47.814	660	11 900	14.0	63.5	455	2.73	818	2.44
36b	360	98	11.0	16	16.0	8.0	68.110	53.466	703	12 700	13.6	66.9	497	2.70	880	2.37
b	360	100	13.0	16	16.0	8.0	75.310	59.118	746	13 400	13.4	70.0	536	2.67	948	3.34
a	400	100	10.5	18	18.0	9.0	75.068	58.928	879	17 600	15.3	78.8	592	2.81	1070	2.49
40b	400	102	12.5	18	18.0	9.0	83.068	65.208	932	18 600	15.0	82.5	640	2.78	1140	2.44
c	400	104	14.5	18	18.0	9.0	91.068	71.488	986	19 700	14.7	86.2	688	2.75	1220	2.42

注：截面图和表中标注的圆弧半径 r、r_1 的数据用于孔型设计，不作交货条件。

表C-4 热轧工字钢（GB 706—1988）

h—高度；
b—腿宽度；
d—腰厚度；
t—平均腿厚度；
r—内圆弧半径；
r_1—腿端圆弧半径；
I—惯性矩；
W—截面系数；
i—惯性半径；
S—半截面的静力矩

| 型号 | 尺寸/mm | | | | | | 截面面积/cm² | 理论重量/kg·m⁻¹ | 参考数值 | | | | | | |
| | h | b | d | t | r | r_1 | | | $x-x$ | | | | $y-y$ | | |
									I_x/cm⁴	W_x/cm³	i_x/cm	$I_x:S_x$	I_y/cm⁴	W_y/cm³	i_y/cm
10	100	68	4.5	7.6	6.5	3.3	14.345	11.261	245	49.0	4.14	8.59	33.0	9.72	1.52
12.6	126	74	5.0	8.4	7.0	3.5	18.118	14.223	488	77.5	5.20	10.8	46.9	12.7	1.61
14	140	80	5.5	9.1	7.5	3.8	21.516	16.890	712	102	5.76	12.0	64.4	16.1	1.73
16	160	88	6.0	9.9	8.0	4.0	26.131	20.513	1130	141	6.58	13.8	93.1	21.2	1.89
18	180	94	6.5	10.7	8.5	4.3	30.756	24.143	1660	185	7.36	15.4	122	26.0	2.00
20a	200	100	7.0	11.4	9.0	4.5	35.578	27.929	2370	237	8.15	17.2	158	31.5	2.12
20b	200	102	9.0	11.4	9.0	4.5	39.578	31.069	2500	250	7.96	16.9	169	33.1	2.06
22a	220	110	7.5	12.3	9.5	4.8	42.128	33.070	3400	309	8.99	18.9	225	40.9	2.31
22b	220	112	9.5	12.3	9.5	4.8	46.528	36.524	3570	325	8.78	18.7	239	42.7	2.27
25a	250	116	8.0	13.0	10.0	5.0	48.541	38.105	5020	402	10.2	21.6	280	48.3	2.40
25b	250	118	10.0	13.0	10.0	5.0	53.541	42.030	5280	423	9.94	21.3	300	52.4	2.40
28a	280	122	8.5	13.7	10.5	5.3	55.404	43.402	7110	508	11.3	24.6	345	56.6	2.50
28b	280	124	10.5	13.7	10.5	5.3	61.004	47.888	7480	534	11.1	24.2	379	61.2	2.49

续表

型号	尺寸/mm						截面面积 /cm²	理论重量 /kg·m⁻¹	参考数值						
									x—x				y—y		
	h	b	d	t	r	r_1			I_x/cm⁴	W_x/cm³	i_x/cm	$I_x : S_x$	I_y/cm⁴	W_y/cm³	i_y/cm
32a	320	130	9.5	15.0	11.5	5.8	67.156	52.717	11 100	602	12.8	27.5	460	70.8	2.62
32b	320	132	11.5	15.0	11.5	5.8	73.556	57.741	11 600	726	12.6	27.1	502	76.0	2.61
32c	320	134	13.5	15.0	11.5	5.8	79.956	62.765	12 200	760	12.3	26.8	544	81.2	2.61
36a	360	136	10.0	15.8	12.0	6.0	76.480	60.037	15 800	875	14.4	30.7	552	81.2	2.69
36b	360	138	12.0	15.8	12.0	6.0	83.680	65.689	16 500	919	14.1	30.3	582	84.3	2.64
36c	360	140	14.0	15.8	12.0	6.0	90.880	71.341	17 300	962	13.8	29.9	612	87.4	2.60
40a	400	142	10.5	16.5	12.5	6.3	86.112	67.598	21 700	1090	15.9	34.1	660	93.2	2.77
40b	400	144	12.5	16.5	12.5	6.3	94.112	73.878	22 800	1140	15.6	33.6	692	96.2	2.71
40c	400	146	14.5	16.5	12.5	6.3	102.112	80.158	23 900	1190	15.2	33.2	727	99.6	2.65
45a	450	150	11.5	18.0	13.5	6.8	102.446	80.420	32 200	1430	17.7	38.6	855	114	2.89
45b	450	152	13.5	18.0	13.5	6.8	111.446	87.485	33 800	1500	17.4	38.0	894	118	2.84
45c	450	154	15.5	18.0	13.5	6.8	120.446	94.550	35 300	1570	17.1	37.6	938	122	2.79
50a	500	158	12.0	20.0	14.0	7.0	119.304	93.654	46 500	1860	19.7	42.8	1120	142	3.07
50b	500	160	14.0	20.0	14.0	7.0	129.304	101.504	48 600	1940	19.4	42.4	1170	146	3.01
50c	500	162	16.0	20.0	14.0	7.0	139.304	109.354	50 600	2080	19.0	41.8	1220	151	2.96
56a	560	166	12.5	21.0	14.5	7.3	135.435	106.316	65 600	2340	22.0	47.7	1370	165	3.18
56b	560	168	14.5	21.0	14.5	7.3	146.635	115.108	68 500	2450	21.6	47.2	1490	174	3.16
56c	560	170	16.5	21.0	14.5	7.3	157.835	123.900	71 400	2550	21.3	46.7	1560	183	3.16
63a	630	176	13.0	22.0	15.0	7.5	154.658	121.407	93 900	2980	24.5	54.2	1700	193	3.31
63b	630	178	15.0	22.0	15.0	7.5	167.258	131.298	98 100	3160	24.2	53.5	1810	204	3.29
63c	630	180	17.0	22.0	15.0	7.5	179.858	141.189	102 000	3300	23.8	52.9	1920	214	3.27

注：截面图和表中标注的圆弧半径 r、r_1 的数据用于孔型设计，不作交货条件。

习 题 答 案

第 1 章

1-1 AB 杆属于弯曲变形，$m-m$ 截面上的内力为：$F_S = 1\,\text{kN}$，$M = 1\,\text{kN} \cdot \text{m}$；$BC$ 杆属于拉伸变形，$n-n$ 截面上的内力为：$F_N = 2\,\text{kN}$

 BC 杆属于拉伸变形，$m-m$ 截面上的内力为：$F_N = \dfrac{x}{l\,\sin\alpha}F$；$AB$ 杆属于压弯组合变形，$n-n$ 截面上的内力为：$F_{N2} = \dfrac{x\,\cot\alpha}{l}F$，$F_{S2} = \left(1 - \dfrac{x}{l}\right)F$，$M_2 = \dfrac{x(l-x)}{l}F$

1-2 $F_N = -F$，$F_S = \dfrac{1}{2}F$，$M = \dfrac{1}{8}Fl$；$m-m$ 截面：$F_S = qa$；$n-n$ 截面：$F_S = qa$

1-3 $\varepsilon_m = 5 \times 10^{-4}$

1-4 $\varepsilon_m = 1 \times 10^{-3}$

1-5 $\varepsilon_m = 2.5 \times 10^{-4}$，$\gamma = -2.5 \times 10^{-4}\,\text{rad}$

1-6 $\varepsilon_{ABm} = 1.0 \times 10^{-3}$，$\varepsilon_{CDm} = 2.0 \times 10^{-3}$，$\gamma_A = 1.0 \times 10^{-3}\,\text{rad}$

第 2 章

2-1 轴力图略；(a) $F_{Nmax} = F$；(b) $F_{Nmax} = F$；(c) $F_{Nmax} = 3\,\text{kN}$；(d) $F_{Nmax} = 1\,\text{kN}$

2-2 $d_2 = 49.0\,\text{mm}$

2-3 $\sigma_\alpha = 41.3\,\text{MPa}$，$\tau_\alpha = -49.2\,\text{MPa}$，$\sigma_{max} = 100\,\text{MPa}$，$\tau_{max} = 50\,\text{MPa}$

2-4 $\theta = 26.6°$

2-5 (1) $E = 70\,\text{GPa}$，$\sigma_p = 230\,\text{MPa}$，$\sigma_{0.2} = 325\,\text{MPa}$；

 (2) $\varepsilon = 0.0068$，$\varepsilon_p = 0.0025$，$\varepsilon_e = 0.0043$

2-6 (1) 强度高：1；(2) 刚度大：2；(3) 塑性好：3

2-7 $\sigma_{max} = 64\,\text{MPa}$

2-8 (1) $\sigma_1 = 82.9\,\text{MPa}$，$\sigma_2 = 131.8\,\text{MPa}$；(2) $[F] = 97.1\,\text{kN}$

2-9 $\sigma = 69.5\,\text{MPa}$

2 - 10 $\quad [F] = \dfrac{\sqrt{2}[\sigma]A}{2}$

2 - 11 $\quad$ (1) $\sigma = 75.9$ MPa, $n = 3.95$;(2) 16 个

2 - 12 $\quad E = 70$ GPa, $\mu = 0.33$

2 - 13 $\quad \Delta l = 0.0382$ mm

2 - 14 $\quad F = 18.65$ kN, $\sigma_{max} = 514$ MPa(超出量未超过许用应力 5%,满足强度条件)

2 - 15 $\quad$ (1) $F_{Cx} = 200$ kN, $F_B = 0$;(2) $F_{Cx} = 152.5$ kN, $F_{Bx} = 47.5$ kN

2 - 16 $\quad$ (a) $\Delta_x = 0$, $\Delta_y = \dfrac{2(1+\sqrt{2})Fl}{EA}$ ($\downarrow$);(b) $\Delta_x = \dfrac{Fl}{EA}$ ($\rightarrow$), $\Delta_y = \dfrac{Fl}{EA}$ ($\downarrow$)

2 - 17 $\quad$ 钢筋 60 kN,混凝土 240 kN

2 - 18 $\quad$ (a) $\sigma = 131$ MPa;(b) $\sigma = 78.8$ MPa

2 - 19 $\quad \sigma_s = 647$ MPa; $\sigma_C = -22$ MPa

2 - 20 $\quad d \geqslant 13.8$ mm

2 - 21 $\quad d = 15$ mm, $n = 5$ (个)

2 - 22 $\quad [M_e] = 145$ N $\cdot$ m

第 3 章

3 - 1 $\quad$ 略

3 - 2 $\quad \tau_A = 32.6$ MPa, $\tau_{max} = 40.7$ MPa

3 - 3 $\quad \tau_A = 63.7$ MPa, $\tau_{max} = 84.9$ MPa

3 - 4 $\quad \tau = 189.5$ MPa, $\gamma = 2.53 \times 10^{-3}$ rad

3 - 5 $\quad \tau_{max} = 31.5$ MPa

3 - 6 $\quad \tau_{max} = 55$ MPa

3 - 7 $\quad T = 157$ N $\cdot$ m, $P = 1.64$ kW

3 - 8 $\quad d \geqslant 39.3$ mm, $d_1 \leqslant 24.7$ mm, $d_2 \geqslant 41.2$ mm

$\quad\quad\quad d = 39.5$ mm, $d_1 = 24.5$ mm, $d_2 = 41.5$ mm

3 - 9 $\quad d \geqslant 68$ mm

3 - 10 $\quad P = 197$ kW

3 - 11 $\quad n = 8$ (个)

3 - 12 $\quad d_1 = 82.5$ mm, $d_2 = 62$ mm

3 - 13 $\quad$ 略

3 - 14 $\quad M_A = \dfrac{M}{\left(\dfrac{d_2}{d_1}\right)^4 \cdot \dfrac{l_1}{l_2} + 1}$, $\quad M_B = \dfrac{M}{\left(\dfrac{d_1}{d_2}\right)^4 \cdot \dfrac{l_2}{l_1} + 1}$

3 - 15 　$\dfrac{\tau_{\max 方}}{\tau_{\max 矩}}=0.836$，　$\dfrac{I_方}{I_矩}=1.204$

3 - 16 　(1) $\tau_{\max}=33.1$ MPa；　(2) $n=6.5$（圈）

3 - 17 　$F=3070$ N

第 4 章

4 - 1 　(a) $F_{S1}=-3$ kN，$F_{S2}=-3$ kN，$F_{S3}=1$ kN，$F_{S4}=1$ kN，$M_1=0$，
　　　　$M_2=-600$ N・m，$M_3=-600$ N・m，$M_4=-400$ N・m；

　　　(b) $F_{S1}=M/3a$，$F_{S2}=M/3a$，$F_{S3}=M/3a$，$M_1=0$，$M_2=2M/3$，$M_3=-M/3$；

　　　(c) $F_{S1}=0$，$F_{S2}=-qa$，$F_{S3}=-qa$，$M_1=0$，$M_2=-qa^2/2$，$M_3=-qa^2/2$；

　　　(d) $F_{S1}=qa$，$F_{S2}=qa$，$F_{S3}=-qa$，$M_1=-qa^2$，$M_2=0$，$M_3=-qa^2$

4 - 2 　(a) $|F_S|_{\max}=2ql$，$|M|_{\max}=3ql^2/2$；

　　　(b) $|F_S|_{\max}=F$，$|M|_{\max}=Fa$；

　　　(c) $|F_S|_{\max}=F$，$|M|_{\max}=Fa$；

　　　(d) $|F_S|_{\max}=3qa/4$，$|M|_{\max}=9qa^2/32$；

　　　(e) $|F_S|_{\max}=F$，$|M|_{\max}=3Fa$；

　　　(f) $|F_S|_{\max}=F$，$|M|_{\max}=Fa$；

　　　(g) $|F_S|_{\max}=ql$，$|M|_{\max}=ql^2$；

　　　(h) $|F_S|_{\max}=3qa/2$，$|M|_{\max}=qa^2$；

　　　(i) $|F_S|_{\max}=5ql/8$，$|M|_{\max}=3ql^2/16$；

　　　(j) $|F_S|_{\max}=5qa/3$，$|M|_{\max}=25qa^2/18$。

4 - 3 　(a) $|F_S|_{\max}=qa$，$|M|_{\max}=qa^2$；

　　　(b) $|F_S|_{\max}=5qa/3$，$|M|_{\max}=25qa^2/18$；

　　　(c) $|F_S|_{\max}=3F/4$，$|M|_{\max}=3Fa/4$；

　　　(d) $|F_S|_{\max}=F$，$|M|_{\max}=Fa$；

　　　(e) $|F_S|_{\max}=2.7$ kN，$|M|_{\max}=1.4$ kN・m；

　　　(f) $|F_S|_{\max}=2$ kN，$|M|_{\max}=1$ kN・m；

　　　(g) $|F_S|_{\max}=3qa/2$，$|M|_{\max}=9qa^2/8$；

　　　(h) $|F_S|_{\max}=5$ kN，$|M|_{\max}=12.5$ kN・m。

4 - 4 　(a) $|M|_{\max}=Fl/4$；　(b) $|M|_{\max}=Fl/6$；　(c) $|M|_{\max}=Fl/6$；

　　　(d) $|M|_{\max}=3Fl/20$；　(e) 加载方式最好

4 - 5 　略

4 - 6 　$|F_S|_{\max}=3.84$ kN，$|M|_{\max}=19.2$ kN・m

4 - 7　$x = 0.207l$

4 - 8　在这种情况下，杠体上有大小相等的正弯矩和负弯矩

4 - 9　(1) 略；(2) $\dfrac{a}{l} = \dfrac{1}{2\sqrt{2}}$

4 - 10　(a) $|F_S|_{max} = qa$，$|M|_{max} = qa^2$；

　　　　(b) $|F_S|_{max} = 3ql/2$，$|M|_{max} = ql^2$

4 - 11　(a) $|F_S|_{max} = qa$，$|M|_{max} = qa^2/2$，$|F_N|_{max} = qa$；

　　　　(b) $|F_S|_{max} = F/2$，$|M|_{max} = Fa$，$|F_N|_{max} = F/2$；

　　　　(c) $|F_S|_{max} = qa$，$|M|_{max} = qa^2/2$，$|F_N|_{max} = qa/2$

第 5 章

5 - 1　略

5 - 2　$\sigma_{max} = \dfrac{Ed}{D+d}$

5 - 3　(1) $\sigma_1 = \sigma_2 = 61.7$ MPa(压应力)；(2) $\sigma_{max} = 92.6$ MPa；(3) $\sigma_{max} = 104.2$ MPa

5 - 4　$M_{max} = 23.4$ kN·m，$\sigma_{max} = 3.72$ MPa

5 - 5　$\sigma_{max} = 11.8$ MPa

5 - 6　$\sigma_{max} = \pm 40.8$ MPa

5 - 7　$\tau_{max} = 13.33$ MPa，$\tau_A = 7.41$ MPa

5 - 8　强度是安全的

5 - 9　(1) 略；(2) $\sigma_{max} = 60$ MPa

5 - 10　(1) 略；(2) 两根 8 号槽钢

5 - 11　$d = 85$ mm

5 - 12　$b \geqslant 32.8$ mm

5 - 13　最大允许轧制力 $F = 910$ kN

5 - 14　$[q] = 15.68$ kN/m

5 - 15　(1) 2 m $< x <$ 2.67 m；(2) No50b

5 - 16　$a = 1.385$ m

第 6 章

6 - 1　(a) $\theta_B = \dfrac{Fl^2}{2EI}$，$w_{max} = \dfrac{Fl^3}{3EI}(\downarrow)$；(b) $\theta_B = \dfrac{ql^3}{24EI}$，$w_{max} = \dfrac{5ql^4}{384EI}(\downarrow)$

6 - 2　略

6 - 3　略

6 - 4　(a) $\theta_B = \dfrac{Fl^2}{16EI} + \dfrac{M_e l}{3EI}$, $w_C = \dfrac{Fl^3}{48EI} + \dfrac{M_e l^2}{16EI}$ (↓)；(b) $\theta_B = \dfrac{Fl^2}{4EI}$, $w_C = \dfrac{11Fl^3}{48EI}$ (↑)

6 - 5　(a) $w_C = \dfrac{5qa^4}{24EI}$ (↓)；(b) $w_C = \dfrac{qal^2}{24EI}(5l + 6a)$ (↑)

6 - 6　(1) $x = 0.152l$；　(2) $x = l/6$

6 - 7　$w_C = \dfrac{7ql^4}{24EI}$ (↓)，$\theta_A = \dfrac{17ql^3}{48EI}$

6 - 8　$w_C = \dfrac{3Fa^3}{4EI_1}$ (↓)

6 - 9　(a) $F_{Ay} = F_{By} = \dfrac{3}{16}ql$，$F_{Cy} = \dfrac{5}{8}ql$；

　　　(b) $F_{Ay} = \dfrac{57}{64}ql$，$F_{By} = \dfrac{7}{64}ql$，$M_A = \dfrac{9}{32}ql^2$

6 - 10　$F_N = \dfrac{qa^3}{6a^2 + \dfrac{48I}{A}}$

第 7 章

7 - 1　略

7 - 2　(a) $\sigma_\alpha = 35$ MPa，$\tau_\alpha = 60.6$ MPa；

　　　(b) $\sigma_\alpha = 70$ MPa，$\tau_\alpha = 0$；

　　　(c) $\sigma_\alpha = 62.5$ MPa，$\tau_\alpha = 21.6$ MPa；

　　　(d) $\sigma_\alpha = -12.5$ MPa，$\tau_\alpha = 65$ MPa

7 - 3　(a) $\sigma_1 = 37$ MPa，$\sigma_2 = 0$，$\sigma_3 = -27$ MPa，$\tau_{max} = 32$ MPa；

　　　(b) $\sigma_1 = 25$ MPa，$\sigma_2 = 0$，$\sigma_3 = -25$ MPa，$\tau_{max} = 25$ MPa

7 - 4　1 点：$\sigma_1 = \sigma_2 = 0$，$\sigma_3 = -120$ MPa；

　　　2 点：$\sigma_1 = 36$ MPa，$\sigma_2 = 0$，$\sigma_3 = -36$ MPa；

　　　3 点：$\sigma_1 = 70.3$ MPa，$\sigma_2 = 0$，$\sigma_3 = -10.3$ MPa；

　　　4 点：$\sigma_1 = 120$ MPa，$\sigma_2 = \sigma_3 = 0$

7 - 5　(1) $\sigma_\alpha = -45.8$ MPa，$\tau_\alpha = 8.79$ MPa；

　　　(2) $\sigma_1 = 108$ MPa，$\sigma_2 = 0$，$\sigma_3 = -46.3$ MPa

7 - 6　(a) $\sigma_1 = 50$ MPa，$\sigma_2 = 50$ MPa，$\sigma_3 = -50$ MPa，$\tau_{max} = 50$ MPa；

　　　(b) $\sigma_1 = 52.2$ MPa，$\sigma_2 = 50$ MPa，$\sigma_3 = -42.2$ MPa，$\tau_{max} = 47.2$ MPa；

　　　(c) $\sigma_1 = 130$ MPa，$\sigma_2 = 30$ MPa，$\sigma_3 = -30$ MPa，$\tau_{max} = 80$ MPa

7 - 7　$\sigma_x = 80$ MPa，$\sigma_y = 0$，可以求出该点的主应力

7 - 8　$\sigma_1 = 0$，$\sigma_2 = -19.8$ MPa，$\sigma_3 = -60$ MPa，$\Delta l_1 = 3.76 \times 10^{-3}$ mm，$\Delta l_2 = 0$，

$$\Delta l_3 = -7.65 \times 10^{-3} \text{ mm}$$

7-9　(a) $\sigma_{r1} = \sigma_{r2} = 50$ MPa，$\sigma_{r3} = \sigma_{r4} = 100$ MPa，第三或第四强度理论

　　　(b) $\sigma_{r1} = 52.2$ MPa，$\sigma_{r2} = 49.86$ MPa，$\sigma_{r3} = 94.40$ MPa，$\sigma_{r4} = 93.3$ MPa，第三或第四强度理论

　　　(c) $\sigma_{r1} = \sigma_{r2} = 130$ MPa，$\sigma_{r3} = 160$ MPa，$\sigma_{r4} = 140$ MPa，第三或第四强度理论

7-10　(1) $\sigma_1 - \sigma_3 = 135$ MPa，安全；(2) $\sigma_1 = 30$ MPa，安全

第 8 章

8-1　(a) $m-m$ 截面：$F_S = F$，$M = -Fa$；$n-n$ 截面：$F_N = -F$，$M = -2Fa$；

　　　(b) $m-m$ 截面：$F_S = F$，$M_z = Fa$；$n-n$ 截面：$F_S = -F$，$M_x = -2Fa$，$T = 2Fa$；

　　　(c) $m-m$ 截面：$F_N = -F$，$M = -Fa$

8-2　(a) $\sigma_{max}^+ = -11.66$ MPa；(b) $\sigma_{max}^+ = -8.75$ MPa

8-3　许可载荷 $[P] = 200$ N

8-4　$\sigma_{max} = |-181.9 \text{ MPa}| > [\sigma]$，强度不够

8-5　$d = 122$ mm

8-6　截面削弱前 $\sigma_{max}^+ = F/a^2$，截面削弱后 $\sigma_{max}^+ = 8F/a^2$

8-7　$a = 5.2$ mm

8-8　$[F] = 1182.5$ N

8-9　$\sigma_{r3} = 29.8$ MPa $< [\sigma]$，安全

8-10　$\sigma_{r3} = 93.3$ MPa $< [\sigma]$，强度足够

8-11　$d_{r3} = 58$ mm，$d_{r4} = 56$ mm

8-12　$d = 64$ mm

8-13　$\sigma_{r3} = 62.8$ MPa $< [\sigma]$

8-14　$\sigma_{r3} = 44.2$ MPa $< [\sigma]$

8-15　$\sigma_{r3} = 123.05$ MPa $< [\sigma]$

8-16　$\sigma_{r3} = 60.4$ MPa $< [\sigma]$，安全

8-17　略

第 9 章

9-1　$F_{cr} = \dfrac{4k}{l}$

9-2　$d \geqslant 30$ mm

9-3　(1) $F_{cr} = 54.5$ kN；　(2) $F_{cr} = 89.1$ kN；　(3) $F_{cr} = 515.8$ kN

9-4　$F_{cr} = 65.1$ kN

9 - 5　(a) $F_{cr}=5.53$ kN;　　(b) $F_{cr}=22.1$ kN;　　(c) $F_{cr}=69.0$ kN

9 - 6　(a) $F_{cr}=130.9$ kN;　(b) $F_{cr}=261.8$ kN;　(c) $F_{cr}=273$ kN;　(d) $F_{cr}=730$ kN

9 - 7　$\dfrac{h}{b}=1.429$

9 - 8　$[F_{st}]=115.6$ kN　(未超过 5%)

9 - 9　(1) $F_{cr}=118.8$ kN;(2) $n=1.7$,不安全

第 10 章

10 - 1　$\sigma_m=200$ MPa, $\sigma_a=100$ MPa, $r=0.333$

10 - 2　$\sigma_{max}=152.8$ MPa, $\sigma_{min}=-101.8$ MPa, $\sigma_m=25.5$ MPa, $\sigma_a=127.3$ MPa,

　　　$r=-0.666$

10 - 3　$K_\sigma=1.53$, $K_\tau=1.19$

10 - 4　合金钢$[\sigma_{-1}]=34.8$ MPa,碳钢$[\sigma_{-1}]=34.4$ MPa

10 - 5　$n_\sigma=2.92$

10 - 6　$n_{\sigma\tau}=1.4$

10 - 7　$n_\sigma=1.94$

10 - 8　$n_\tau=2.61$

第 11 章

11 - 1　(a) $V_\varepsilon=\dfrac{F^2l^3}{96EI}$,　　$\Delta_C=\dfrac{Fl^3}{48EI}$　　　　(↓)

　　　(b) $V_\varepsilon=\dfrac{M_e^2l}{3EI}$,　　$\theta_A=\dfrac{2M_el}{3EI}$　(↻)

11 - 2　(a) $\Delta_A=\dfrac{Fa^3}{6EI}$　(↓),　$\theta_A=\dfrac{Fa^2}{2EI}$　　(↻)

　　　(b) $\Delta_A=\dfrac{11qa^4}{24EI}$　(←),　$\theta_A=\dfrac{2qa^3}{3EI}$　　　(↺)

11 - 3　(a) $\Delta_B=\dfrac{\sqrt{3}Fa}{12EA}$　(←)

　　　(b) $\Delta_B=\dfrac{(2+2\sqrt{2})Fa}{EA}$　(→)

11 - 4　$\theta_C=\dfrac{5Fa^2}{6EI}$　(↻)

11 - 5　$\Delta_C=\dfrac{8\sqrt{2}Fa}{EA}+\dfrac{2Fa^3}{3EI}$　(↓),　$\theta_C=\dfrac{4\sqrt{2}F}{EA}+\dfrac{5Fa^2}{6EI}$　(↺)

11 - 6　$\Delta_A=\dfrac{qa^3l}{2GI_t}+\dfrac{qa^4}{8EI}+\dfrac{qal^3}{3EI}$　(↓)

11 - 7　$\Delta_A = 0.0168F$ m　(↓)

11 - 8　$\Delta_C = \dfrac{3\pi - 8}{8} \cdot \dfrac{Fa^3}{EI}$　(↓)

11 - 9　$\bar{\theta} = \dfrac{(\pi - 2)FR^2}{4EI}$

11 - 10　$\sigma_d = 251$ MPa，$\Delta l = 60.4$ mm

11 - 11　$\sigma_{max} = 140$ MPa，$\Delta = 0.072$ mm

11 - 12　$\tau_{max} = 0.157$ MPa

11 - 13　$\sigma_d = 94.9$ MPa

11 - 14　(1) $\sigma_{max} = 184.3$ MPa；

　　　　(2) $\sigma_{max} = 15.85$ MPa

11 - 15　$H_{max} = 0.249$ m

11 - 16　$\Delta_{max} = 0.0744$ m，$\sigma_{max} = 168.3$ MPa

11 - 17　$\Delta_d = v\sqrt{\dfrac{Pl}{gEA}}$，　$\sigma_{d,\,max} = v\sqrt{\dfrac{PE}{glA}}$

第 12 章

12 - 1　(a) 四度静不定；(b) 一度静不定；(c) 一度静不定；(d) 二度静不定

12 - 2　(a) $|M|_{max} = \dfrac{M_e}{2}$；　(b) $|M|_{max} = \dfrac{3ql}{8}$

12 - 3　(a) $F_{Bx} = F_{Cx} = \dfrac{F}{\pi}$，$F_{By} = F_{Cy} = \dfrac{F}{2}$；

　　　　(b) $F_{Ax} = F_{Bx} = 0$，$F_{Ay} = F_{By} = \dfrac{4M_e}{\pi R}$；

　　　　　　$M_B = \dfrac{4 - \pi}{\pi} M_e$，$\Delta_{Ax} = -0.0658\dfrac{M_e R^2}{EI}$

12 - 4　$F_{N,\,BC} = \dfrac{2 - \sqrt{2}}{2}F$

12 - 5　$M_A = \dfrac{FR}{\pi}$，$M_C = -FR\left(\dfrac{1}{2} - \dfrac{1}{\pi}\right)$，$\Delta_{A/B} = \dfrac{(\pi^2 - 8)FR^3}{4\pi EI}$

12 - 6　(a) $|M|_{max} = \dfrac{Fl}{4}$；　(b) $|M|_{max} = \dfrac{2ql^2}{7}$

12 - 7　(a) $M_{max} = \dfrac{ql^2}{12}$，　$\Delta_{A/B} = \dfrac{ql^4}{64EI}$；

　　　　(b) $M_{max} = \dfrac{Fl}{8}$，　$\Delta_{A/B} = \dfrac{Fl^3}{96EI}$；

　　　　(c) $M_{max} = \dfrac{Fl}{2}$，　$\Delta_{A/B} = 0$；

(d) $M_{max} = \dfrac{ql^2}{4}$, $\quad \Delta_{A/B} = 0$

12 - 8 $\quad F_x = \dfrac{8 - 2\pi}{\pi^2 - 8} F$, $\quad F_y = F$

12 - 9 $\quad M_A = 0.099 FR$

12 - 10 $\quad |M|_{max} = qa^2$, $\quad |T|_{max} = 0.145 qa^2$

附录 A

A - 1 $\quad$ (a) $z_C = \dfrac{2R \sin\alpha}{3\alpha}$; $\quad$ (b) $z_C = \dfrac{4R}{5}$

A - 2 $\quad$ (a) $y_C = 11.2$ mm, $z_C = 5.3$ mm, $A = 193.9$ mm^2, $I_y = 5.7 \times 10^3$ mm^4,

$\qquad I_z = 1.93 \times 10^4$ mm^4;

$\quad$ (b) $y_C = 100$ mm, $z_C = 50$ mm, $A = 3.55 \times 10^3$ mm^2, $I_y = 1.58 \times 10^6$ mm^4,

$\qquad I_z = 2.37 \times 10^7$ mm^4

A - 3 $\quad$ (1) $I_y = 1.029 \times 10^8$ mm^4, $I_z = 9.53 \times 10^7$ mm^4; (2) $a = 171.3$ mm

A - 4 $\quad$ (a) $I_z = \dfrac{1}{12} bh^3$; $\quad$ (b) $I_z = \dfrac{\sqrt{3}}{96} a^4$

A - 5 $\quad I_z = \left(\dfrac{1}{9} - \dfrac{\pi}{512} \right) \cdot \dfrac{h^4}{2}$

A - 6 $\quad I_z = \dfrac{1}{64} \pi d^4 - \dfrac{1}{12} a^4$

A - 7 $\quad$ (a) $I_z = 1.73 \times 10^9$ mm^4; $\quad$ (b) $I_z = 8.09 \times 10^5$ mm^4

参 考 文 献

[1]　刘鸿文. 材料力学：Ⅰ. 6 版. 北京：高等教育出版社，2017.

[2]　刘鸿文. 材料力学：Ⅱ. 6 版. 北京：高等教育出版社，2017.

[3]　单辉祖. 材料力学. Ⅰ. 4 版. 北京：高等教育出版社，2016.

[4]　单辉祖. 材料力学. Ⅱ. 4 版. 北京：高等教育出版社，2016.

[5]　苏翼林. 材料力学：上册. 2 版. 北京：高等教育出版社，1995.

[6]　苏翼林. 材料力学：下册. 2 版. 北京：高等教育出版社，1995.

[7]　苟文选. 材料力学：Ⅰ. 3 版. 北京：科学出版社，2017.

[8]　苟文选. 材料力学：Ⅱ. 3 版. 北京：科学出版社，2017.

[9]　张功学. 工程力学. 2 版. 北京：国防工业出版社，2008.

[10]　贾争现. 工程力学. 西安：西北大学出版社，2002.